核酸药物递送关键技术及应用

(Nucleic Acid Drug Delivery Technology and Application)

主　编　姜新义

副主编　赵　坤　陈　晨　荆卫强

山东大学出版社
SHANDONG UNIVERSITY PRESS
·济南·

图书在版编目(CIP)数据

核酸药物递送关键技术及应用 / 姜新义主编. —济南：山东大学出版社，2024.3
ISBN 978-7-5607-8209-6

Ⅰ. ①核… Ⅱ. ①姜… Ⅲ. ①核酸—药物—载体—研究 Ⅳ. ①TQ464.6

中国国家版本馆 CIP 数据核字(2024)第 073216 号

策划编辑 毕玉璇
责任编辑 朱雪蕊
封面设计 王秋忆

核酸药物递送关键技术及应用
HESUAN YAOWU DISONG GUANJIAN JISHU JI YINGYONG

出版发行 山东大学出版社
社　　址 山东省济南市山大南路 20 号
邮政编码 250100
发行热线 (0531)88363008
经　　销 新华书店
印　　刷 山东蓝海文化科技有限公司
规　　格 787 毫米×1092 毫米 1/16
12.75 印张 293 千字
版　　次 2024 年 3 月第 1 版
印　　次 2024 年 3 月第 1 次印刷
定　　价 82.00 元

《核酸药物递送关键技术及应用》编委会

主　编　姜新义

副主编　赵　坤　陈　晨　荆卫强

编　委（以姓氏笔画为序）

马露露　孔智超　石崇灯　付志鹏
刘　颖　刘妙言　刘泽娟　孙唯一
李世琪　李彩萍　杨贞梅　张　晶
张子阳　张玉霖　陈　晨　岳　啸
郑作林　泊龙宇　赵　坤　赵晓天
荆卫强　姜新义　姚子超　贾　臻
徐欣欣　高晋昕　唐春伟　董祥晖
韩　坤　韩茂森

内容简介

近年来随着生物医学技术革新，核酸药物在治疗遗传病、肿瘤和病毒感染等疾病方面显示出巨大优势。核酸药物递送系统是保证核酸药物有效性和安全性的关键，其在保护核酸结构、增强靶向能力和减少不良反应等方面起重要作用，因此正成为全球核酸药物研发的热点。本书对核酸药物递送策略进行了系统的综述，对不同组织/器官的靶向递送研究实例进行了翔实的介绍，实现了基础理论与实际应用的结合。

本书分为八章。第一章概括了核酸药物的分类、发展史、最新研究进展；第二章重点介绍了核酸药物递送需要克服的生物学屏障，为更好地克服生物学屏障递送核酸药物提供了理论基础；第三章对肝脏靶向核酸药物递送技术进行了介绍，重点围绕肝部疾病和系统性疾病的核酸药物设计展开论述；第四章介绍了肝脏以外组织/器官靶向核酸药物递送技术，包括脑靶向、脾靶向、肺靶向和其他重要组织/器官靶向核酸药物递送技术；第五章重点介绍了工程化免疫细胞疗法以及基于病毒载体、非病毒载体的细胞靶向核酸药物递送技术；第六章围绕亚细胞器靶向核酸药物递送系统，论述了线粒体、细胞核靶向核酸药物递送技术及其所面临的挑战；第七章系统介绍了核酸药物递送关键技术的应用实例——核酸疫苗递送技术的研究进展；第八章展望了核酸药物递送关键技术发展所面临的机遇和挑战。

本书希望能为从事核酸药物递送技术的研究人员提供相关的理论基础、设计思路、研究方法和技术，也为从事其他药物递送领域的研究者提供参考。

序

核酸药物在遗传病、癌症、病毒性肝炎、新型冠状病毒感染等疾病的防治中应用广泛，是当今生物医药研发中极具发展潜力的药物类型之一。随着核酸修饰与递送技术的发展以及越来越多的核酸药物获得 FDA 和 EMA 的批准，核酸药物现已成为继小分子药物以及抗体药物之后的新一类药物开发热点，现急需一本面向药学相关专业学生的教材，以普及核酸药物递送相关知识，从而为我国新药创制培养更多掌握核酸药物递送技术的专业人才。

核酸药物的研发可以追溯到 20 世纪 50 年代。在过去几十年中，该领域取得了突破性的发展，技术逐步成熟。从 20 世纪 60 年代初发现 mRNA 分子，到 2006 年 RNAi 技术获得诺贝尔奖，从首个 ASO 药物 Foiirsen 上市再撤市，再到 2014 年 GalNac 递送系统的开发，核酸药物研发历经波折并迎来拐点，2016 年后多款重磅小核酸药物陆续上市，mRNA 疫苗也因 2019 年新冠病毒感染催化新冠商业化“神话”，将核酸制药产业推向高潮。近年来，随着国家卫生体制改革的深入，制约医药行业创新型企业发展的政策瓶颈被逐渐解除，国家监管体制、法律法规和产业政策的变更鼓励医药行业尤其是创新药行业的发展。《医药工业发展规划指南》《“十四五”医药工业发展规划》等政策相继出台，明确提出要大力开展生物技术药物创制和产业化，重点发展领域中包括核酸药物。一系列国家相关政策的出台，为核酸药物行业的发展提供了有力保障。在我国核酸药物发展历史中，mRNA 和小核酸行业发展历程有所不同。mRNA 领域整体发展时间较欧美地区稍晚，但发展速度较快，部分院校及公司(如艾美疫苗)基本于2010年以后开始涉足mRNA领域。而在小核酸药物领域,2005年前后,一批小核酸领域科学家开始回国创业;国内的新老企业都通过授权引进、共同开发等方式快速进入并布局,我国也慢慢涌现了自己的领军企业。

姜新义教授2012年从复旦大学药学院博士毕业以后,曾到斯坦福大学留学工作近5年,2017年回国开展独立研究。自入职山东大学以来,他坚持"教书育人、培根铸魂"的教育理念,躬身投入本、硕、博不同层次人才培育的各个环节,主讲药学院核心课程"药剂学"、"生物药剂学与药物动力学"(入选"双一流高校专业课程TOP100"和"山东省一流课程")、"核酸药物递送关键技术及应用"和"现代药剂学(全英文)"等;围绕国家医药健康领域重大需求,聚焦生物医药"卡脖子"问题,在教学科研中注重加强学生服务国家医药健康重大战略的思想意识,近5年以独立或最后通讯作者在*Nature Nanotechnol*、*Science Translational Medicine*、*Nature Communication*等期刊发表核酸药物递送相关论文20余篇;授权发明专利8项,PCT专利2项;完成核酸制剂成果转让2项。数年辛勤耕耘终有收获,目前,他已培养30余位品学兼优的博士后、博士、硕士等,这些学生毕业后分布于祖国的科研、教育、医疗等各行各业,为祖国生物医药健康事业贡献力量。

在长期的教学和科研实践中,姜教授深感一本合适的核酸药物递送关键技术教材对本科生和研究生的培养非常重要。因此,多年前他就筹备撰写这样一本教材,以反映最新的学科概貌,又不至于太过深奥,可以作为核酸药物递送系统设计入门之用。经过多年的努力,终于完成了书稿,可喜可贺!由于姜新义教授一直在药物制剂领域一线从事科研和教学工作,熟悉本学科领域的主要内容和前沿发展方向,因而对本学科具有较好的理解和认识。我阅读了这部书稿,感觉本书内容新颖,语言浅显易懂,从核酸药物概述到递送需克服的生物屏障,再到不同组织/器官核酸药物的递送系统设计和应用都有涉及,不但包括常见的肝脏靶向核酸药物递送技术,而且包括肝脏以外组织靶向、细胞靶向以及亚细胞器靶向的核酸药物递送技术等,系统、全面地反映了核酸药物递送的关键技术。书中案例充分,且许多案例更是姜新义教授研究团队多年来发表的研究成果。尤其是有些章节,比如mRNA药物、亚细胞屏障、肝脏靶向核酸药物病毒和非病毒递送载体、基于病毒和非病毒载体的工程化免疫细胞疗法以及临床应用与总结等,都是他精心撰写的,并提供了大量最新文献,这些内容可以说是首次进入国内同类教材。相信本教材的出版,将丰富药剂学的学科内涵，让大家从教材中接触到科研文献中的前沿领域，对推动我国药物制剂学的人才培养和新药创制事业一定会有重要作用。

当然，核酸药物递送技术仍处于不断发展中，尤其是随着药物递送系统和人工智能技术的快速发展，新的核酸药物递送方法和技术也将不断涌现，学科内容将随之不断提升。因此，本教材不可能包罗万象，涵盖核酸药物递送的每一个细节。我将乐意看到，随着学科的不断发展，本教材以后也能得到不断的修订和完善，以满足大家学习和研究的需求。

北京大学药学院教授

中国药学会药剂专业委员会主任委员

2024 年 2 月 6 日于北京

前言 PREFACE

近年来，随着生物医学技术的革新，核酸药物在治疗遗传病、肿瘤和病毒感染等疾病方面显示出巨大优势。核酸药物在基因转录后、蛋白质翻译前阶段进行调控，有望引领“现代新药研发的第三次浪潮”。核酸药物主要分为小核酸药物和 mRNA 药物两大类。小核酸药物包括小干扰 RNA(siRNA)、反义寡核苷酸(ASO)等，目前全球有 14 款小核酸药物获批上市，其适应证以肿瘤和遗传病为主。而国内小核酸药物仍处于发展初期，但随着我国研发能力的提升，小核酸药物研发有望在差异化创新方向取得突破。mRNA 药物按用途和药物类型主要可分为三类，即预防性疫苗、治疗性疫苗和治疗性药物。其中，mRNA 核酸疫苗在新冠病毒感染防控中取得了巨大成功，目前，全球已有 3 款新冠病毒 mRNA 疫苗获批上市。核酸药物递送系统是保证核酸药物有效性和安全性的关键，其在保护 RNA 结构、增强靶向能力和减少不良反应等方面起重要作用。核酸药物递送系统主要包括脂质类纳米(lipid nanoparticle，LNP)递送系统、聚合物递送系统和核酸偶联递送系统等。其中，N-乙酰半乳糖胺(GalNAc)共偶联递送系统是最有效的小核酸药物递送系统；LNP 递送系统是最常见的 mRNA 药物递送系统。尽管核酸药物目前取得了一些成功，但是也面临较多的问题和挑战，诸如有效靶基因缺乏、非肝脏组织或细胞靶向性不佳等，如何有效解决上述问题正成为全球核酸药物研发的难点及热点。近 5 年来，每年有上千篇核酸药物递送的研究报道(Pubmed 检索结果)，但迄今尚缺少一本系统介绍核酸药物递送技术的图书。

本书分为八章。第一章为概论，介绍了核酸药物的分类，包括 ASO 药物、siRNA 药物、mRNA 药物、DNA 药物；第二章介绍了核酸药物递送需要克服的生物学屏障，包括系统屏障、器官屏障、亚器官屏障、细胞屏障、亚细胞屏障，为克服生理屏障递送核酸药物提供理论基础；第三章围绕肝脏靶向核酸药物递送技术，介绍了肝脏的生理解剖和代谢特征，同时概述肝脏靶向核酸药物递送载体，并围绕肝部疾病和系统性疾病论述了肝脏靶向核酸药物递送系统的应用；第四章介绍了肝脏以外组织/器官靶向核酸药物递送技术，包括脑靶向、脾脏靶向、肺靶向和其他重要组织/器官靶向核酸药物递送技术；第五章重点介绍了细胞靶向核酸药物递送技术，包括工程化免疫细胞疗法、基于病毒载体的工程化免疫细胞疗法、基于非病毒载体的工程化免疫细胞疗法以及临床应用与总结；第六章围绕亚细胞器靶向核酸药物递送技术，详细介绍了线粒体、细胞核等亚细胞器的结构和功能，同时论述了线粒体、细胞核靶向核酸药物递送技术及其所面临的挑战；第七章概述了核酸药物递送技术在疫苗方面的应用，系统介绍了核酸在疫苗开发方面的优势、作用机制，并探讨了核酸药物递送技术的挑战和局限性以及纳米颗粒在递送核酸疫苗方面的优势；第八章展望了核酸药物递送关键技术发展所面临的机遇和挑战。全书既有核酸药物递送的系统综述，又有核酸药物靶向递送的代表性研究实例；既有基础的理论阐述，又有具体的研究方法及编写者的研究心得，具有理论结合实际的鲜明特点。希望本书的问世能够为从事核酸药物递送技术研究的人员提供相关的理论基础、设计思路、研究方法和技术，也为从事其他药物递送领域的研究者提供借鉴和参考；同时也希望对我国核酸药物递送系统的研究和发展有所帮助。

衷心感谢国家自然科学基金和山东省重点研发计划——重大核酸创新药物靶向递送载体关键技术研究与开发(2007CB935800)对本书的大力支持。本书的编写也得到了各有关院校、研究所的大力支持及帮助。本书的内容凝聚了编写者的研究心得，引用了相关研究者的研究成果，也包含众多研究人员的辛勤工作，如山东大学赵坤教授，陈晨、石崇灯博士，张晶、刘颖、付志鹏、赵晓天、杨贞梅、唐春伟、韩茂森、高晋昕、孙唯一、韩坤、董祥晖、孔智超、泊龙宇、郑作林、岳啸、徐欣欣、贾臻、姚子超、刘妙言、张子阳、李彩萍、李世琪、马露露。此外，山东大学齐鲁医院的荆卫强、刘泽娟、张玉霖博士也为本书做了很多编务工作，在此一并致谢。

虽然我们已经尽了很大的努力，但由于个人的学术水平有限，再加上日新月异的学科发展，书中难免有疏漏之处，敬请广大专家和读者批评指正。

编　者

2024 年 2 月

目录 CONTENTS

第一章　核酸治疗药物概述

核酸治疗药物是一类核苷酸药物，是从动物、微生物的细胞内提取出的核酸（包括核苷酸和脱氧核苷酸）或者用人工合成法制备的具有核苷酸结构的药物，主要在基因水平上发挥作用。核酸治疗药物按照功能分类包括反义寡核苷酸（antisense oligodeoxynucleotide，ASO）药物、信使 RNA（messenger RNA，mRNA）药物、小干扰 RNA（small interfering RNA，siRNA）药物、小激活 RNA（small activating RNA，saRNA）药物、非编码 RNA（non-coding RNA，ncRNA）药物、质粒 DNA（plasmid DNA，pDNA）药物、核酸适配体药物等。核酸药物的临床应用面临着稳定性差、靶向性弱、难以跨越体内屏障等难题，发展更加简单实用、低毒高效、精准递送核酸药物的载体和相应核酸化学结构的修饰，将成为核酸药物研究的热点方向。通过核酸化学结构的修饰可以提高部分核酸药物在体内的稳定性和靶向性，从而在提高递送效率的同时降低药物的免疫原性。应用核酸药物载体可以帮助药物靶向病灶，有助于核酸药物实现更高效的内体逃逸，促进药物在体内发挥作用。本章主要介绍反义寡核苷酸药物、小干扰 RNA 药物、信使 RNA 药物和质粒 DNA 药物及其相应的前沿递送技术。

第一节　反义寡核苷酸药物

一、反义寡核苷酸药物的定义和特征

（一）定义

反义寡核苷酸（ASO）为化学合成的单链核苷酸分子（见图 1-1-1），通常为 13～30 个核酸序列的短片段（故称为“寡核苷酸”）。这一核酸序列与靶向基因序列互补（故称为“反义”），可以通过沃森-克里克（Watson-Crick）碱基配对的方式与特异的 RNA 序列结合。在生物信息学指导下通过精心设计，可使该核苷酸片段对目标 RNA 具有高度的特异性，以达到基因靶向治疗的目的。

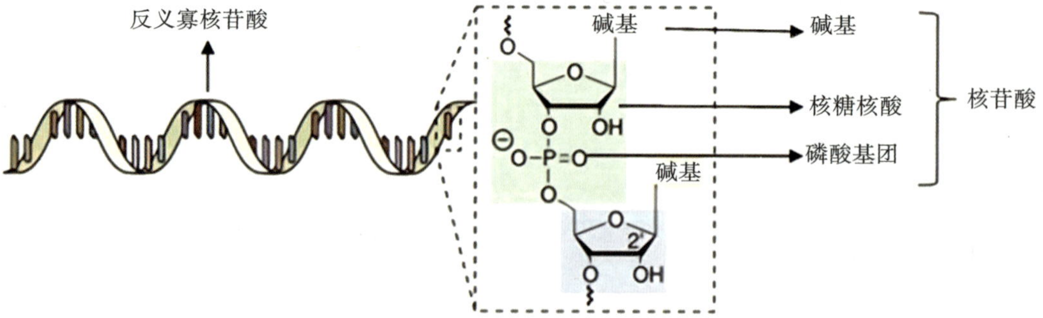

图 1-1-1　反义寡核苷酸结构示意图[1]

（二）药代动力学特征

用于全身给药的 ASO，主要给药途径是肠道外给药，包括静脉（intravenous，IV）注射和皮下（subcutaneous，SC）注射。全身给药后，硫代磷酸酯（PS）修饰的单链 ASO 将在数分钟至数小时内从血液迅速转移到组织中。ASO 的快速转运主要通过细胞内吞实现，一旦 ASO 进入细胞内，就会在抑制或改变其靶向 RNA 表达方面表现出较长的半衰期（2～4 周）和较长时间的作用效果。

1.静脉/皮下注射后的吸收和分布

皮下注射后，ASO 被迅速地从注射部位吸收到循环系统中，并在 3～4 h 内达到峰值血浆浓度。静脉注射或皮下注射后，血浆浓度多以指数方式从峰值浓度迅速下降，其体内动力学特征是开始时快速分布占主导地位，其中药物在几分钟或几小时内从循环系统转移到组织，然后处于半衰期长达数周或更长的终末消除阶段。在血浆中观察到的表观终末消除率与组织中 ASO 的缓慢消除率一致，表明分布后阶段血浆浓度与组织浓度之间存在平衡（见图 1-1-2）。

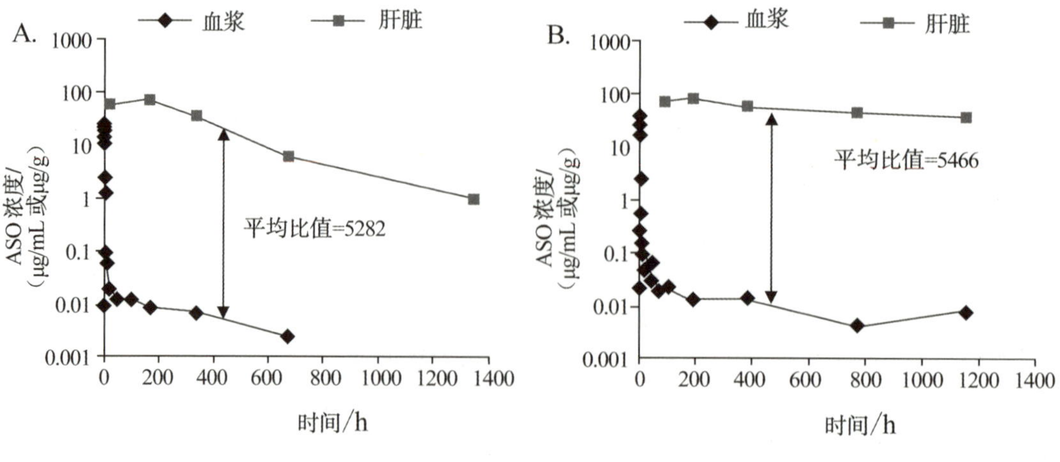

图 1-1-2　反义寡核苷酸体内动力学示意图[2]

2.与血浆蛋白结合

含有硫代磷酸酯骨架的 ASO 在所有物种中都广泛地与血浆蛋白结合（≥85%），其中白蛋白可以说是大多数物种（包括人类）体内结合药物量最多的蛋白质。蛋白质与白蛋白的结合具有相对较低的亲和力，这有助于防止药物在肾脏滤过中丢失，同时仍能促进药物在组织中摄取。由于 ASO 与血浆中蛋白质的结合能力很大，因此血浆蛋白结合在临床相关剂量下并不饱和。

相比之下，缺乏电荷、与血浆蛋白结合较少或较弱的寡核苷酸表现出更快的血液清除速度，这主要是由于其能够在血液中代谢或通过尿液排泄。这些化合物及其代谢物很容易被过滤和排泄，导致它的组织摄取量很低或者可以忽略不计。由于这些原因，尽管肾脏是寡核苷酸体内分布浓度最高的器官，但其寡核苷酸浓度仍然非常低。因此，适当和平衡的血浆蛋白结合才能将药物广泛而显著地递送到全身的组织和细胞，结合得过紧或不足都会导致药物分布特性不佳。

二、反义寡核苷酸药物的作用机制

根据其化学性质、结合序列和靶标的不同，单链 ASO 可以通过几种不同的作用机制调控基因表达或修饰前 mRNA 剪接（见图 1-1-3）。因为暂未发现细胞机制能进化到可促进反义链识别的程度，ASO 被认为可以在没有蛋白质辅助的情况下找到其靶标。一旦通过 Watson-Crick 碱基配对与 RNA 结合，ASO 便可以形成 RNA-DNA 杂交体，成为核糖核酸酶 H（RNase H）的底物，进而导致靶标 mRNA 降解。RNase H 家族由普遍表达的酶组成，这些酶可水解 RNA-DNA 杂交体的 RNA 链。这一过程中，RNase H1 是必要的介质，其催化水解过程亦是 ASO 活动的限制步骤。然后水解的 RNA 产物通过细胞核和细胞质中的正常细胞降解途径进行处理。RNase H 募集 ASO 包括使用寡脱氧核苷酸磷酸二酯、硫代磷酸酯和 2-氟寡脱氧核苷酸，其中连续五个 2′-脱氧残基就可以在体外激活 RNase H。

（一）直接结合 mRNA

一旦与 RNA 结合，ASO 便可以与 RNA 形成 RNA-DNA 杂交体，成为 RNase H 的底物，从而导致靶标 mRNA 降解。

（二）阻断起始密码子

靶向 AUG 起始位点的 ASO 可以空间阻断 RNA 结合蛋白复合物（如核糖体亚基）的结合，从而抑制靶标 mRNA 的翻译。

（三）增加空间位阻

在由毒性 RNA 功能获得机制引起的疾病中，设计与非翻译区（untranslated region，UTR）高亲和力互补结合的 ASO 可以通过增加空间位阻阻止 RNA 结合蛋白的结合和分离。ASO 可以通过核糖体机制的空间阻滞来调节基因表达，这可能导致功能蛋白的表达减少、剪接调节和(或)恢复。

(四)扰乱 mRNA 生成

ASO 与 mRNA 前体的剪切因子相结合，扰乱 mRNA 的形成过程，这一干扰通常会导致 mRNA 外显子缺失，从而干扰疾病相关蛋白质的产生。寡核苷酸与前体 mRNA 的结合也可用于掩盖前体 mRNA 上的多聚腺苷酸化信号，迫使细胞使用替代的多聚腺苷酸化位点。其他寡核苷酸修饰(如 2′-O-烷基、肽核酸)可通过不同的机制来抑制蛋白质表达，例如抑制 mRNA 加工的关键步骤——内含子切除。与 RNase H 依赖性 ASO 相比，当与几乎任何转录本杂交时，寡核苷酸修饰都可以抑制蛋白质表达，只有某些 mRNA 区域是充当空间阻滞的 ASO 的有效靶点。

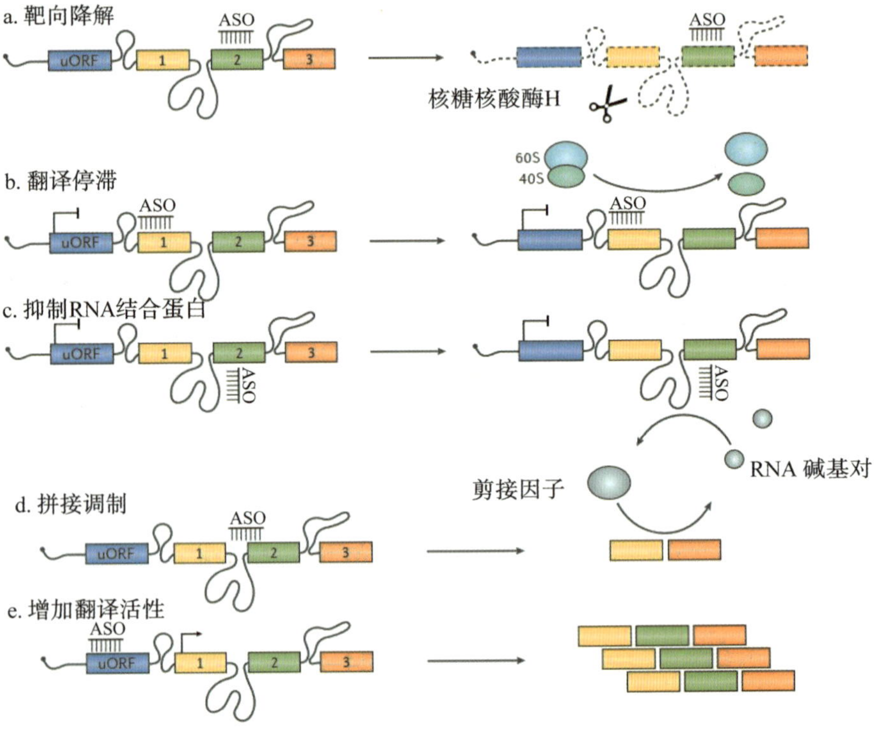

图 1-1-3　ASO 作用机制示意图[3]

(五)与上游开放阅读框结合

上游开放阅读框(upstream open reading frame，uORF)的翻译通常会抑制主阅读框即目标蛋白的表达。ASO 与 uORF 结合后可以抑制 uORF 的表达、上调主阅读框的表达，这种情况通常用来治疗某些因蛋白质表达下调所导致的疾病。

此外，ASO 与内含子-外显子连接的结合会破坏剪接位点的稳定性，或者可以置换或募集剪接因子(其身份尚未完全确定)，导致排除或包含特定的外显子。这种方法可能对已知剪接缺陷的疾病最有益，并且可用于恢复正常的基因功能。

三、反义寡核苷酸药物的研发与挑战

(一)ASO 的化学修饰

具有未修饰磷酸核糖骨架的 ASO 对核酸内切酶和核酸外切酶的快速降解具有很高的敏感性,ASO 的首次体内应用只显示出有限的临床潜力。目前已经能够对 ASO 应用大量的化学修饰,从而显著改善其药理学特性(见图 1-1-4)。

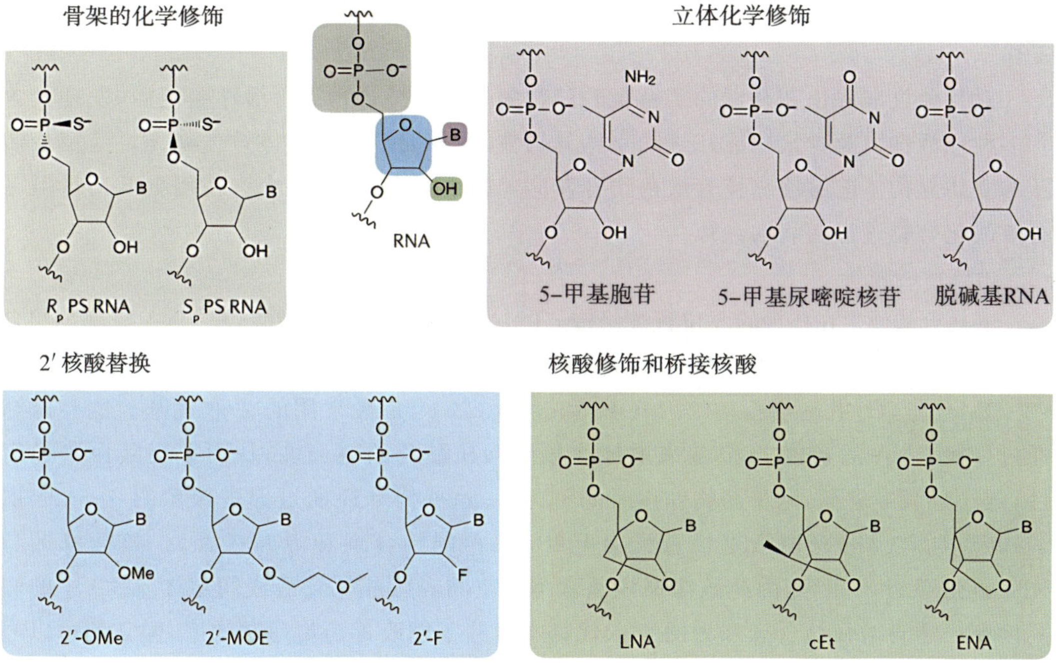

图 1-1-4　用于 ASO 药物的常见化学修饰[4]

1.骨架的化学修饰

硫代磷酸酯键的掺入使核苷酸间磷酸基团的一个非桥接氧原子被硫取代,这种修饰广泛用于治疗性寡核苷酸。PS 骨架修饰在 ASO 设计中易于耐受,并且不会破坏 RNase H 的活性。PS 键的掺入具有赋予 ASO 核酸酶抗性和促进其与血浆及细胞内蛋白质结合的双重作用。寡核苷酸与血浆蛋白(如白蛋白)的相互作用可增加药物循环时间、减少肾脏清除率,具有改善药代动力学的作用。然而,含 PS 的间隙体 ASO 与血浆 α2-巨球蛋白(α2-macroglobulin,A2M)的结合是非特异性的。寡核苷酸的 PS 修饰也会增强其与细胞内蛋白质(如核仁素)的相互作用,促进它们在细胞核中的积累。

对细胞核酸酶的耐药性会增加 ASO 的组织滞留时间和药物作用时间。在需要避免长时间基因沉默而导致毒性的情况下,可以掺入一个或多个磷酸酯键(PO)键进行修饰,通过降低其核酸酶稳定性来“调整”寡核苷酸的持久性。PS 骨架修饰的不足之处是会降低寡核苷酸对其靶标的结合亲和力，这一问题可以通过加入其他类型的修饰来弥补。

2.立体化学修饰

在PS键中引入额外的硫原子，会在每个修饰的磷原子处形成一个手性中心，从而存在两种可能的立体异构体形式（分别称为S_p和R_p）。因此，所有PS骨架的寡核苷酸实际上有2^{19}种可能的排列方式（即超过五十万个不同的分子）。每个立体中心的理化性质在疏水性/离子特性、核酸酶抗性、靶标亲和力和RNase H活性等方面都不同。制药公司Wave Life Sciences开发了一种用于合成具有明确立体化学结构的寡核苷酸的方法，这种方法正在推进针对各种适应证的具有明确立体化学结构的寡核苷酸药物的研发工作。

对目前批准或正在开发的寡核苷酸药物的外消旋混合物进行活性鉴定后，发现其含有多种低活性以及少量功能亢进的立体异构体，使得混合物的整体效力降低。鉴定最活跃的立体异构体能够使寡核苷酸药物开发向前迈出一大步，从而允许使用更低剂量但更有效的化合物进行疾病的治疗。

3.核糖的修饰

寡核苷酸通常在核糖的2′位置被修饰。DNA（2′-脱氧核糖核苷酸）和RNA碱基的组合对间隙体ASO（即用于产生RNase H底物异源双链体）的活性至关重要。同样，2′-O-甲基（2′-OMe）、2′-O-甲氧基乙基（2′-MOE）和2′-氟（2′-F）是最常用的2′取代基。这些修饰通过替换RNA的亲核2′-羟基来增加寡核苷酸核酸酶的耐药性，从而提高其血浆稳定性，延长组织半衰期，延长药物作用时间。此外，这些修饰还通过促进核糖的3′-endo褶皱构象（RNA样）来增强寡核苷酸对互补RNA的结合亲和力。然而，2′-核糖修饰与RNase H活性不相容，因此该修饰体通常用于空间嵌段寡核苷酸或间隙体ASO中的侧翼序列。尽管增强结合亲和力的2′取代物本身并不能改善药物递送效率，但它们可以通过达到其预期靶标的注射剂量比例从而补偿有限的药物生物利用度。

对于空间嵌段和间隙ASO，寡核苷酸只需要与其同源靶标结合（在间隙ASO中支持具有DNA间隙的RNase H切割）。对于siRNA，情况更为复杂。因为寡核苷酸必须具有加载到Argonaute2（AGO2）蛋白中的能力并支持剪切。然而，即使使用2′-OMe和2′-F化学成分对siRNA进行广泛的化学修饰，甚至在每个2′-羟基都被修饰的情况下，仍能够产生具有活性的siRNA，这表明RNA干扰（RNA interference，RNAi）机制对化学修饰具有显著的耐受性。此外，完全化学修饰对siRNA生物偶联物的活性非常重要。相反，在siRNA某些特定位置引入2′-核糖修饰可以消融RNA诱导沉默复合物（RNA-induced silencing complex，RISC）加载和沉默活性。这种现象可灭活siRNA双链体的客链，从而最大限度地减少其介导的脱靶沉默效应发生的可能性。2′-OMe修饰还可以消除ASO引导RNA诱导的免疫反应。这些寡核苷酸药物通过位于细胞质或内体中的细胞模式识别受体以序列和化学依赖性方式刺激免疫反应。具体来说，Toll样受体（Toll like receptor，TLR）可以诱导干扰素反应：Toll样受体3（TLR3）识别双链RNA基序，Toll样受体7（TLR7）和Toll样受体8（TLR8）识别单链RNA，而Toll样受体9

(TLR9)可识别未甲基化的 CpG 二核苷酸。同样,视黄酸诱导基因蛋白Ⅰ(RIG-Ⅰ)和依赖双链 RNA 的蛋白激酶(PKR)系统也可识别细胞质中的双链 RNA。为了产生治疗性免疫刺激寡核苷酸,常使用 5′-三磷酸修饰的寡核苷酸。

4.桥接核酸修饰

桥接核酸(bridged nucleic acid,BNA)是一种特殊的核苷酸,其核糖的褶皱因 2′和 4′碳原子之间的桥梁而被固定于 3′-endo 构象。最常用的变体是锁核酸(locked nucleic acid,LNA),如 2′,4′-约束的 2′-O-乙基(约束乙基)BNA(cEt);另外,还有一种较为少见的变体,即 2′-O,4′-C-乙烯桥接核酸(ENA)。这些 BNA 显著增强了抗核酸酶的稳定性和寡核苷酸对靶 RNA 的亲和力。特别是在 LNA 的情况下,每个修饰的核苷酸通常能导致抗核酸酶的熔解温度升高 3~8 ℃。因此,BNA 修饰已被广泛用于间隙体的侧翼区域,用以优化靶标结合。此外,cEt 侧翼 3-10-3 间隙比 MOE 5-10-5 等效物更有效。然而,BNA 核苷酸与 RNase H 介导的切割不相容,因此它们不能用于修饰 DNA 间隙区域。此外,LNA 修饰也已用于空间阻滞 ASO,如 miRNA 抑制剂等。

5.碱基和末端的修饰

核酸的碱基修饰策略也正在研究中,如嘧啶甲基化(5-甲基胞苷和 5-甲基尿苷/核苷)。此外,非碱性核苷酸(即缺乏核酸碱基的核苷酸)已用于消除 miRNA 样沉默,同时保持靶向切片器活性以及突变转录本的等位基因特异性沉默。5′末端的磷酸化在 miRNA 的调控中起着至关重要的作用,因为该基团与 AGO2 的 MID 结构域具有重要联系。因此,当细胞磷酸酶去除该末端磷酸基团时,会导致 siRNA 的效力降低。添加 5′-(E)-乙烯基磷酸酯修饰作为磷酸盐模拟物,可以防止核酸外切酶降解。此外,末端倒置的非碱性核糖核苷酸也被作为一种策略,用于阻断核酸外切酶活性。

6.替代化学修饰

虽然大多数寡核苷酸来源于 RNA 或 DNA,但已有与这些天然原型有很大差异的其他化学物质(见图 1-1-5)。磷酸二酰胺吗啉基寡核苷酸(phosphorodiamidate morpholino oligomers,PMO)是一种电荷中性的核酸类似物,其中五元核糖杂环被六元吗啉环取代。到目前为止,美国食品药品监督管理局(Food and Drug Administration,FDA)已经批准了两种 PMO 药物——依替普利森和戈洛地森,它们分别靶向抗肌萎缩蛋白 mRNA 的外显子 51 和 53。由于 PMO 骨链连接包含手性中心,所以 PMO 药物必然是外消旋混合物。与上述 PS 修饰相比,暂无研究人员详细探讨 PMO 的立体化学对药物性能的影响。另一种策略是使用肽核酸(peptide nucleic acid,PNA),这是一种以假肽聚合物骨架替代 DNA/RNA 的 PO 骨架的核酸模拟物。由于 PMO 和 PNA 都是不带电的核酸分子,可以与带电的递送促进部分共价偶联,例如细胞穿透肽(cell-penetrating peptide,CPP)。这类化学物质的一个缺点是:PMO 和 PNA 与血浆蛋白的相互作用很小,使得它们可通过尿液排泄迅速清除。使用受限的 DNA 类似物称为三环 DNA(tcDNA),每次修饰可将 RNA 靶标寡核苷酸双链体的稳定温度提高 2.4 ℃。全身给药的 tcDNA ASOs 在大脑中表现出活性,这表明这些分子具有在血-脑屏障(blood-brain barrier，BBB）中递送寡核苷酸的能力。鉴于 PMO、PNA 和 tcDNA 的非天然结构，这些化学成分不太适合应用于 RNase H 和 RNAi，而更适用于空间嵌段寡核苷酸，特别是剪接校正。然而，最近 tcDNA 被整合到一个旨在沉默突变亨廷顿蛋白（huntingtin，HTT）转录本的间隙体的侧翼序列中，这为治疗亨廷顿病带来了一定的希望。

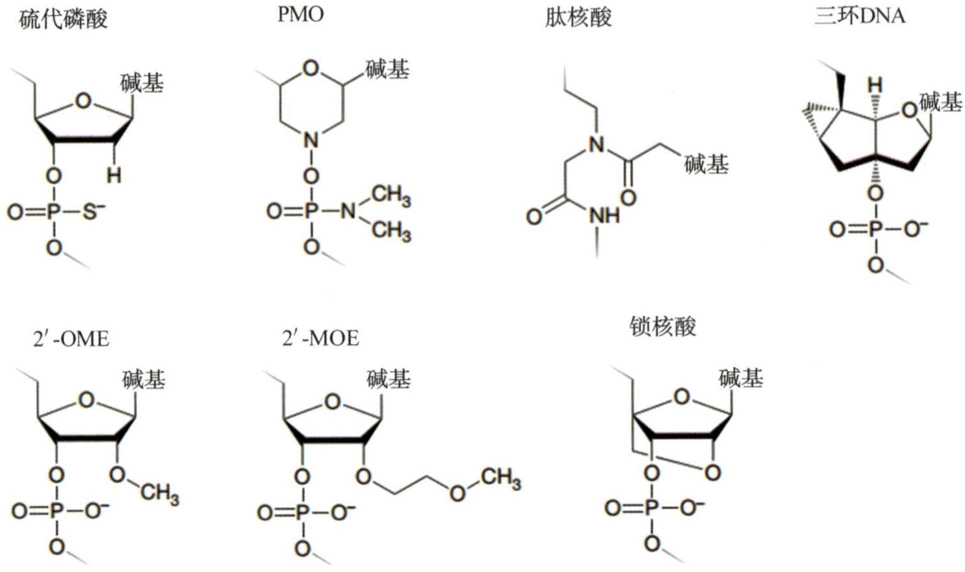

图 1-1-5　ASO 化学修饰单元结构示意图[4]

（二）挑战

细胞内递送被认为是影响靶细胞内有效 ASO 活性的主要因素。虽然 ASO 的细胞摄取率很低，但那些被内化的 ASO 可以通过内吞作用吸收并运输到细胞核与靶标结合（见图 1-1-6）。许多细胞表面受体可结合 ASO，包括整合素、清道夫受体和 Toll 样受体。研究表明，具有硫代磷酸骨架的寡核苷酸能够通过被动扩散和主动转运在细胞核和细胞质之间连续穿梭，所以进入细胞核不是影响 ASO 活性的限速步骤。无论是以裸 ASO、化学偶联物还是与载体结合的形式，进入细胞的寡核苷酸都会遇到错综复杂的膜室迷宫，包括早期和再循环内体、晚期内体、多囊泡体以及溶酶体，其中内体内容物最终被转移到细胞内进行降解。尽管运输机制通常能有效地将内化物质引导至适当的细胞内目的地，但 ASO 必须逃离内体隔室，才能到达其目标位置。内化后，ASO 从内体运输到细胞质中，这一步骤是寡核苷酸治疗的重要限速步骤。因此，增强 ASO 从内体逃逸的药物干预可能提高临床上的寡核苷酸活性，目前的策略依赖于改变内体屏障的性质，例如使用可滴定肽或聚合物调节内体内 pH，或使用小分子选择性通透内体区室以改善寡核苷酸向胞质溶胶的释放。

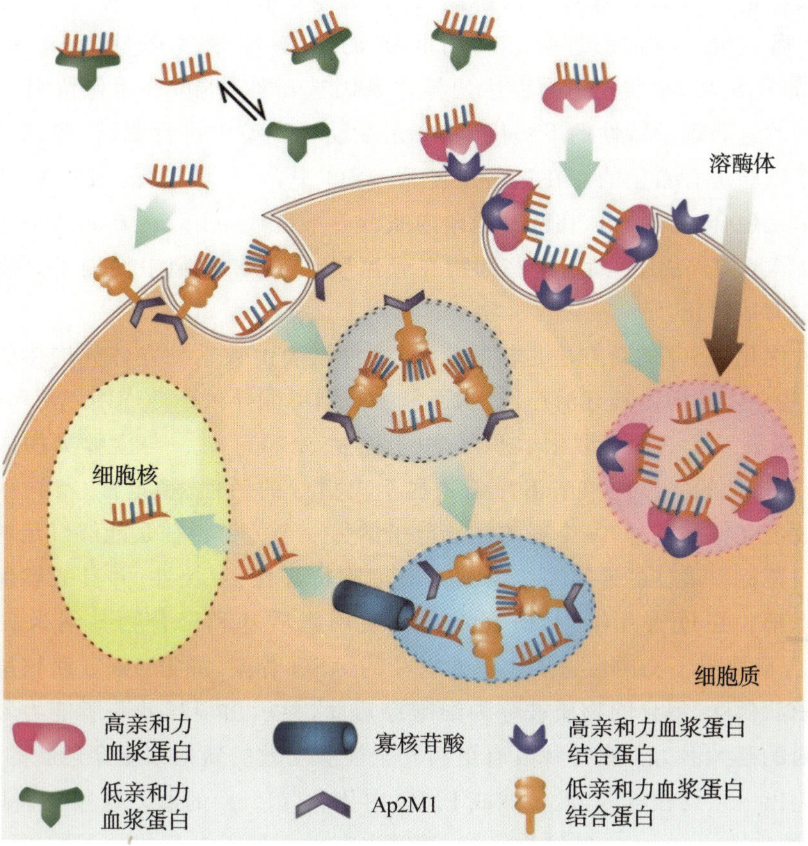

图 1-1-6　细胞摄取 ASO 示意图[5]

了解 ASO 如何进入细胞和在细胞内的运输过程有助于改善 ASO 的活性，从而设计、开发出更有效的 ASO 药物。小鼠体内实验表明，在体内全身缓慢输注药物比推注药物更易使肝脏的摄取增加。通过输注在较长的时间内使肝脏内维持较低的血浆 ASO 浓度，可以使更多的 ASO 被摄入细胞。尽管肝脏中 ASO 的浓度较高，但其活性却几乎无法显现，这表明在细胞内以低浓度呈现的 ASO 可能通过非生产性摄取途径进入，导致有效活性降低。因此，推注 ASO 促进了体内（特别是肝脏）更好的生产性摄取，可能会克服可饱和的非生产性摄取。非生产性摄取与无义 ASO 的竞争可能导致肝脏对 ASO 的体积摄取减少，但反义活性却反常增加，这种反义活性的增加是通过靶 RNA 的沉默程度来确定的。综上所述，在体外和体内细胞中至少有两种摄取途径，一种导致生产性反义活性，另一种导致 ASO 隔离（非生产性摄取）（见图 1-1-6）。了解早期内体摄取和分选途径可能会有助于揭示这些机制。此外，细胞内蛋白质结合可能与硫代磷酸盐 ASO 的定位或转运有关。

可以采用多种方法来改进 ASO 设计，包括对大量 mRNA 互补序列进行实证测试、确定系统 RNase H 的活性、使用组合阵列、使用计算方法进行二级结构预测，以及基于预测统计模型的计算机预筛选方法。此外，正如亨廷顿病的实验模型所证明的那样，ASO可以通过靶向与突变等位基因相关的单核苷酸多态性（single nucleotide polymorphism，SNP）来实现基因表达的等位基因选择性抑制，从而保留野生型拷贝的功能。具有改进药理学特性的下一代ASO正在动物模型中进行测试，测试结果证明对其进行临床试验是有希望的。在这些下一代ASO中，一个例子是tcDNA，其中乙烯桥与环丙烷单元融合。据报道，在两种迪谢内肌营养不良（Duchenne muscular dystrophy，DMD）小鼠模型中外周给药后，这些药物在骨骼肌、心脏和大脑中促进了更高程度的抗肌萎缩蛋白剪接纠正。

另一种优化ASO的新方法是核酸疗法，这种核酸由数千种立体异构体的混合物组成，其中一些立体异构体具有治疗作用，而另一些则可能导致毒性作用。制药公司Wave Life Sciences开发了一种新型化学平台，用于控制ASO手性。与立体异构体混合物相比，这些合理设计的立体纯核酸治疗药物显示出更好的活性、稳定性、特异性和免疫原性。除了效力和特异性外，一个好的候选分子的另一个关键特征是能够以足够的浓度达到其细胞内靶标。最佳的递送系统需要具有细胞特异性、可控性，并且能够保护核酸免受核酸酶降解。在过去几年中，研究人员在使用脂质基和聚合物基纳米载体以促进ASO递送方面取得了实质性进展。中性电荷的ASO骨架，如PMO或肽核酸寡核苷酸与短阳离子肽偶联，得到的物质被称为细胞穿透肽，显示出很强的跨膜能力和治疗神经退行性疾病的巨大潜力。在寻找具有更高安全性和功效的新型细胞穿透肽的过程中，研究人员鉴定出一系列被称为“肽核酸或PMO内化肽”（Pips）的肽。这些分子基于黑腹果蝇的原始肽（R6-penetratin）的结构修饰，该肽含有六个带正电荷的氨基酸（精氨酸）和一个由疏水性氨基酸组成的大块侧链，可实现有效的细胞摄取。在动物模型中，全身递送的肽偶联PMO在骨骼肌和心脏中有效地恢复了抗肌萎缩蛋白的治疗水平。此外，在患有严重脊髓性肌萎缩症（spinal muscular atrophy，SMA）的小鼠中全身施用先进的肽-寡核苷酸Pip6a-PMO，在中枢神经系统和外周组织中都显示出比标准裸ASO给药更好的疗效。

ASO更有效的开发引起公众对这些新分子安全性的担忧，这些担忧应该尽早解决，避免转化成临床问题。与反义疗法相关的不良反应可分为杂交依赖性效应介导（如脱靶效应）和杂交非依赖性的介导（如先天免疫系统受体的拮抗作用或补体激活）。由于第一代ASO的细胞渗透率和靶点参与性较差，因此杂交介导的脱靶效应从未被视为一个主要问题。新化学成分的开发大大提高了ASO药物效力，同时也使设计更短的序列成为可能，这进一步降低了补体激活的可能性。然而，随着序列长度的缩短，脱靶效应可能成为一个更现实的问题。目前，寡核苷酸安全工作组建议在ASO药物发现和开发过程中对ASO的脱靶效应进行实验评估。

四、反义寡核苷酸药物的应用

（一）已上市的 ASO 药物

在过去的几年里，多种 ASO 药物已获得 FDA 批准（见表 1-1-1），其中较多地用于 DMD 和脊髓性肌萎缩症的治疗。这代表了该领域的一个里程碑，充分展示出该策略在治疗人类疾病方面前所未有的潜力。

表 1-1-1　已上市的 ASO 药物

获批药物	基因靶点	适应证	给药方式	获批年份
Vitravene（Ionis Pharmaceuticals）	巨细胞病毒基因（UL123）	巨细胞病毒感染	玻璃体注射	1998 年（2002 年/2006 年撤回）
Exondys51（Sarepta Therapeutics）	肌营养不良蛋白（外显子 51）	迪谢内肌营养不良症	鞘内注射	2016 年
Tegsedi（Ionis Pharmaceuticals）	转甲状腺素蛋白（TTR）	遗传性转甲状腺素蛋白淀粉样变性	皮下注射	2018 年
Spinraza（Ionis Pharmaceuticals）	运动神经元存活（SMN2）	脊髓性肌萎缩	鞘内注射	2016 年
Kynamro（Ionis Pharmaceuticals）	载脂蛋白 b-100	高胆固醇血症	皮下注射	2013 年
Waylivra（Ionis Pharmaceuticals）	载脂蛋白 CⅢ	家族性乳糜微粒血症综合征	皮下注射	2019 年
Vyondys53（Sarepta Therapeutics）	肌营养不良蛋白（外显子 53）	迪谢内肌营养不良症	皮下注射	2019 年
Amondys45（Sarepta Therapeutics）	肌营养不良蛋白（外显子 45）	迪谢内肌营养不良症	皮下注射	2021 年

（二）ASO 药物实例分析

Nusinersen（商品名 Spinraza）是一种经完全硫代磷酸盐和 2′-MOE 修饰的核糖核苷酸 ASO，被批准用于治疗脊髓性肌萎缩症（SMA）。SMA 是一种常染色体隐性遗传病，由存活运动神经元基因 1（survival motor neuron gene 1，*SMN 1*）的功能丧失突变引起。*SMN 1* 突变导致存活运动神经元蛋白的缺乏进而引起运动神经元变性。*SMN 1* 及其旁系同源物 *SMN 2* 的 DNA 序列都编码 SMN，但 *SMN 2* 增强子内的碱基替换意味着两个基因的主要 mRNA 产物是不同的剪接亚型。*SMN 1* mRNA 产生全长 *SMN*，而 *SMN 2* mRNA 缺乏外显子 7，产生截短的无功能 *SMN*。一小部分 *SMN 2* 转录本保留外显子 7，而具有较大 *SMN 2* 拷贝数的纯合 *SMN 1* 突变携带者具有较轻的 SMA 表型。Spinraza 的机制就在于利用这种作用进行 SMA 治疗。ASO 结合 *SMN 2* pre-mRNA，修饰剪接以促进包含外显子 7，从而增加 *SMN 2* mRNA 翻译的全长 *SMN* 的比例（见图 1-1-7）。由于

Spinraza 并不直接靶向 SMA 的致病基因，因此 ASO 的结合不依赖于 *SMN 1* 突变类型，这意味着 Spinraza 是所有 SMA 患者的可行治疗选择。

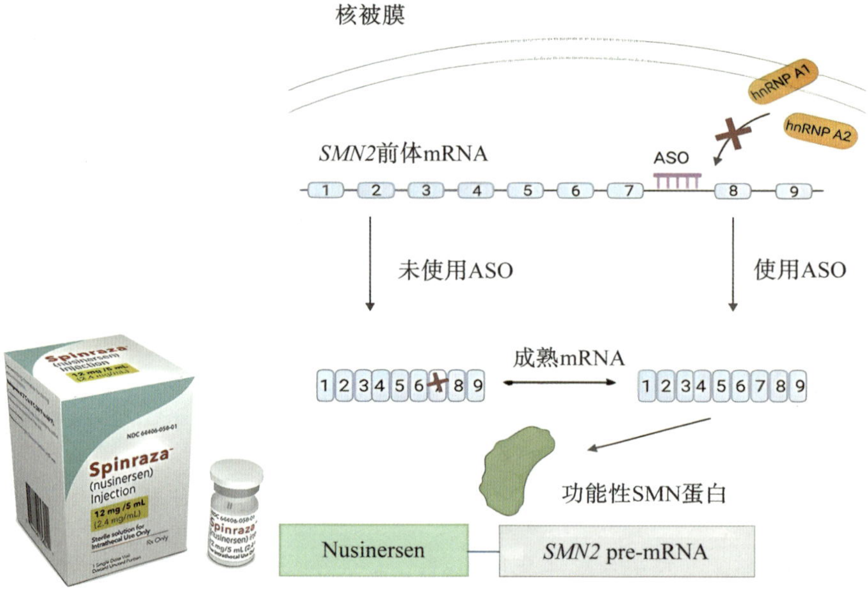

图 1-1-7　Spinraza 作用机制

在 Spinraza 的第一个Ⅰ期递增剂量临床试验中，分别设置了 1 mg、3 mg、6 mg 和 9 mg的鞘内药物剂量组，报告了 89%的受试者的轻度和中度不良反应。治疗 9～14 个月后，1 mg 和 3 mg 剂量组脑脊液 SMN 浓度保持稳定，6 mg 和 9 mg 剂量组脑脊液 SMN 平均增加 118%和 161%。经过 9～14 个月的治疗后，与基线相比，9 mg 剂量组的受试者在治疗后 85 天，其 Hammersmith 功能性运动量表扩展（HFMSE）评分（用于评估运动功能）改善了 17.6%，治疗后 9～14 个月进一步提升了 32.8%。相比之下，1 mg、3 mg和 6 mg 剂量组的 HFMSE 评分改善并不显著。

两项Ⅲ期临床试验对大剂量 Spinraza 在婴儿和晚发性 SMA 患者中的疗效进行了评估。结果显示，与未经治疗的婴儿相比，接受 Spinraza 治疗的婴儿面临死亡或需要永久通气的风险降低了 47%，并且在运动方面的反应提高了 51%。接受 Spinraza 治疗的晚发性 SMA 患者的 HFMSE 评分也出现了具有临床意义的改善。在这两项试验中，治疗组和假注射组之间不良反应的发生频率相近。这些不良反应主要包括呕吐、发热、便秘和下呼吸道感染。同时在接受治疗的婴儿和晚发性 SMA 患者中，血小板计数降低和尿蛋白升高的比例分别为 16%和 56%，而相应未治疗患者的比例则为 14%和 34%。Spinraza 已被批准用于儿童和成人 SMA 患者的鞘内注射给药治疗。患者首先需要接受四次初始负荷剂量给药，分别在第 1 天、15 天、31 天和 61 天进行，每次剂量为 12 mg。之后每四个月需接受一次维持剂量治疗。这种给药途径确保了 Spinraza 能够直接输送到脑脊液中，从而使药物能够在中枢神经系统内有效地到达其靶标。

第二节 小干扰 RNA 药物

一、小干扰 RNA 药物的定义和作用机制

(一)定义

小干扰 RNA(siRNA)又称短干扰 RNA 或沉默 RNA,为化学合成的双链核苷酸分子,通常含 20～25 个核苷酸,它干扰与其互补的核苷酸序列的基因转录后需要降解的 mRNA 表达,从而防止翻译。

(二)作用机制

长的双链 RNA(double-stranded RNA,dsRNA)是 siRNA 的前体,这些长 dsRNA 被名为"Dicer"的胞质 dsRNA 特异性 RNase 切割成含有 20～25 个核苷酸的 siRNA 片段。然后 siRNA 被整合到由 RISC 和 AGO2 蛋白构成的结构中。通过这种相互作用,siRNA 的反义链与特定靶 mRNA 上的互补序列结合,而正义链与靶 mRNA 的互补序列结合从复合体中释放出来并降解。当反义 siRNA 与 mRNA 序列之间完全互补,会触发裂解途径,AGO2 核糖核酸内切酶将靶 mRNA 切成小片段,从而阻断 mRNA 转化为功能性蛋白。目前,合成靶基因特异性 siRNA 被设计用于各种生物医学领域,包括促进基因靶向疗法的发展。这些合成 siRNA 直接装载在 RISC-AGO2 复合体中,经外源性转染进入细胞或器官后模拟 Dicer 裂解产物,导致高效降解抑制目标 mRNA(见图 1-2-1)。

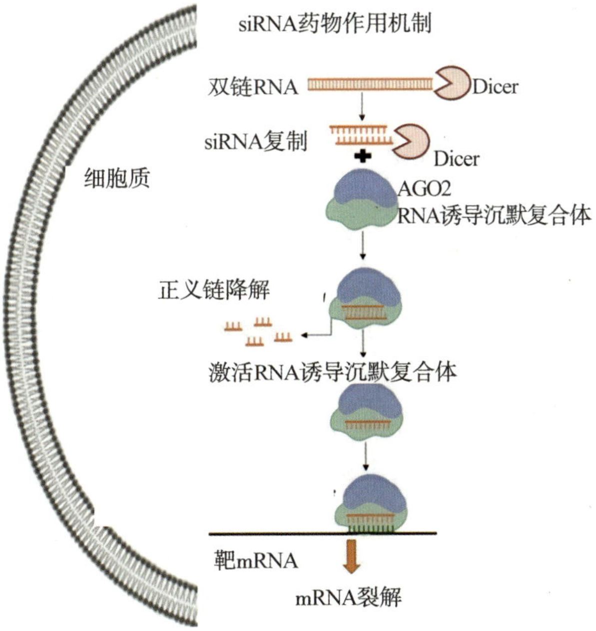

图 1-2-1 siRNA 药物作用机制示意图[6]

二、小干扰 RNA 药物的递送障碍

系统给药的外源性 siRNA 在实现基因沉默之前需要克服一系列障碍，如核酸酶的降解作用和 siRNA 在体内短暂的循环、血液循环中的免疫识别、目标组织中的积累、有效的跨膜运输以及成功从内体和溶酶体逃逸到细胞质。通过进行化学修饰，核酸酶降解和免疫识别方面的难题已经得到了很好的解决，但一些其他障碍仍需克服。

在血液循环中，非特异性结合和肾小球滤过会阻碍 siRNA 在目标组织中的积累。负载 siRNA 的纳米制剂的中性表面电荷有利于减少循环中不利的蛋白质结合。然而，对于某些递送系统，纳米制剂在特定组织或细胞上的附着需要蛋白质修饰或蛋白质冠形成。例如，可电离脂质纳米颗粒(lipid nanoparticle，LNP)主要通过与血清脂蛋白[如载脂蛋白 E3(ApoE3)]的相互作用在肝脏中积累，这种相互作用进而导致受体[例如低密度脂蛋白受体(low density lipoprotein receptor，LDLR)]的特异性识别。相比之下，配体-siRNA 偶联物可以通过配体(如糖类、肽、抗体、适配体、小分子等)与表面受体之间的特异性识别和相互作用，将 siRNA 转运到所需的组织和细胞中。这种主动靶向策略不仅显著减少了 siRNA 在非预期组织中的积累，从而降低了产生不良反应和毒性的风险，还可在低剂量下实现有效的基因沉默。

siRNA 的分子长度为 7～8 nm，直径为 2～3 nm。如果分子太大则无法穿过细胞膜，如果分子过小就会被肾小球清除，如粒径小于 8 nm 的分子很容易过滤到尿液中。因此，一旦 siRNA 离开血液，它们就会积聚在膀胱中，并在几分钟到半小时内迅速排出体外，这可以防止其在目标组织或细胞中积累。将 siRNA 封装到囊泡中或将其与某些配体偶联，可以有效避免肾脏清除，还可以将 siRNA 递送至所需的组织或细胞。

人工 siRNA 因具有相对较高的分子质量(13～16 kDa)和净负电荷，所以难以穿过细胞膜。裸 siRNA 通常只能被少数类型的细胞吸收，如视网膜神经节细胞(retinal ganglion cell，RGC)和神经元。研究人员致力于开发各种载体以实现高效的跨膜递送，阳离子细胞穿透肽成为早期阶段的选择。这些 CPP 通常带有富含精氨酸的序列，可以通过胍基团与细胞表面的负磷酸盐、硫酸盐和羧酸盐之间的相互作用形成双齿键，这种相互作用导致膜孔形成，促进细胞摄取 siRNA。另一种策略是将 siRNA 负载负电荷，为了使 siRNA 能够更容易与膜结合，可以通过带正电荷的脂质或聚合物中和 siRNA 的负电荷，并通过吸附性胞饮作用实现内化。

最后，siRNA 必须从内体和溶酶体有效地逃逸到细胞质中，其中 siRNA 的反义链需要加载到 RISC(RNA 诱导的沉默复合体)中。许多递送系统采用酸碱度敏感单元来响应内体和溶酶体的 pH 变化。它们通过吸收 H^+ 在表面呈现正电荷，然后随着内体或溶酶体中的渗透压增加，Cl^- 发生内流，这些变化可能导致膜破坏和 siRNA 释放到细胞质中。这种所谓的“质子海绵效应”或“胶体渗透压效应”会导致膜不稳定或膜肿胀。然而，内体释放的潜在机制仍有待进一步阐明。仅有 1%～2%的内化 LNP 负载 siRNA 被释

放到细胞质中，而且这仅在内化后的有限时间范围内发生。因此，进一步了解其逃逸机制以及如何提高逃逸效率对 siRNA 药物开发具有重要意义。脂质纳米颗粒和 N-乙酰半乳糖胺(GalNAc)-siRNA 偶联物都已实现向肝细胞的有效 siRNA 递送。

三、小干扰 RNA 药物的研发与挑战

(一)siRNA 的化学修饰

在开发 siRNA 疗法的早期阶段，许多药物都是基于完全未修饰或略微修饰的 siRNA 设计的，以靶向适当的组织，使靶基因沉默。这些分子可以在体内，特别是在接受局部给药的组织中(如眼部)介导基因沉默。然而，通过这些方式可能会观察到有限的疗效和潜在的脱靶效应。化学修饰的 siRNA，例如用 2′-O-甲基(2′-OMe)取代 2′-OH 的 siRNA 或 2′-甲氧基乙基(2′-MOE)基团或某些核苷酸被锁核酸(LNA)取代，解锁核酸(unlocked nucleic acid，UNA)30 或乙二醇核酸(GNA)能有效抑制免疫刺激 siRNA 驱动的先天免疫激活，增强活性和特异性，降低脱靶诱导的毒性。为了增强 siRNA 的效力并降低其潜在毒性，研究人员已经建立并测试了许多化学修饰的 siRNA。根据核苷酸的天然结构，化学修饰单元可以放置在磷酸盐主链、核糖部分或碱基处。

1.磷酸基团的修饰

PS 键已被用于 ASO 修饰，这种修饰是通过硫原子取代磷酸二酯键中的一个非桥接氧来实现的。PS 键修饰的寡核苷酸具有核酸酶抗性，这些分子更容易与血浆蛋白尤其是白蛋白结合。与未改性的同类产品相比，PS 键修饰的寡核苷酸具有更长的体内循环时间。尽管 PS 键修饰降低了寡核苷酸与其靶序列之间的结合亲和力，在一定程度上加重了高 PS 含量的化学相关毒性，但 PS 键修饰对于 siRNA 和 ASO 的稳定性与效能来说，仍然是非常重要和必要的。因为与未修饰的寡核苷酸相比，PS 键修饰的寡核苷酸具有更强的疏水性且更稳定，对某些蛋白质具有更高的亲和力。适当的蛋白质结合可以延长循环中寡核苷酸的半衰期，半衰期可能长达几天。蛋白质结合通常有利于寡核苷酸进入细胞。然而，过度的蛋白质结合与体内毒性呈正相关。因此，PS 键修饰的位置和数量对其应用至关重要。

此外，其他残基已被鉴定并成功用于取代寡核苷酸中的磷酸二酯基团并改变完整链的性质，包括硫代磷酸酯(PS2)、甲基磷酸酯(MP)、甲氧丙基磷酸酯(MOP)和肽核酸(PNA)。PS2 修饰可以增加 RISC 和 siRNA 之间的亲和力。MP 和 MOP 修饰的位点特异性掺入已被用于减少 ASO 的蛋白质结合，这是因为 PS 骨架带负电荷，而烷基磷酸盐呈电中性。因此，在 DNA 间隙 5′端的 2 或 3 位掺入的 MOP 显著减轻了 ASO 的肝毒性。PNA 通常也用于修饰检测探针，以捕获和检测某些核酸靶标。

此外，在 siRNA 的 5′末端使用各种类似物进行磷酸盐或单链 siRNA(ss-siRNA)修饰是一种增强 siRNA 活性的修饰策略。外源性引入的 siRNA 的 5′-磷酸使 siRNA 更容易被 RISC 复合体识别和结合。5′-磷酸可以通过裂解因子多核糖核苷酸激酶亚单位 1(Clp1)

介导的细胞中的磷酸化或实验室中的化学合成进行修饰。随着对提高 siRNA 稳定性的需求，现已经确定了一系列类似物，该类似物具有与天然磷酸盐相似的构象和电子特性，但对去磷酸化酶具有抗性。为了优化寡核苷酸的体外和体内性能，研究者们设计了多种修饰策略，包括 5′-(E)-乙烯基磷酸酯[5′-(E)-VP]、5′-甲基磷酸盐、(S)-5′-C-甲基含磷酸盐、5′-硫代磷酸酯等。在这些策略中，5′-(E)-VP 修饰，具体是在 5′-末端用(E)-乙烯基磷酸酯部分取代桥氧和碳，表现出最有效和代谢稳定的机制。这种取代所形成的疏水结构不仅增强了完整寡核苷酸的稳定性，还有利于 RISC 的负载。Ionis Pharmaceuticals 公司首先开发并拥有5′-(E)-VP结构的知识产权。该技术首先应用于 ss-siRNA，并实现了理想的药效学和药代动力学特征。用 5′-(E)-VP 和其他特异性修饰结构修饰 ss-siRNA 能够在体内有效抑制 ss-siRNA 的靶向基因表达。受这一发现的启发，5′-(E)-VP 修饰被进一步应用于双链 siRNA。数据显示，这种修饰改善了 siRNA 在组织中的积累和停留时间，并通过提高 Argonaute-2 结合来增强体内 siRNA 效力。

2.核糖的修饰

由于核糖核酸酶需要 2′-OH 基团来水解 RNA，2′位置的核糖修饰已被广泛用于保护 siRNA 免受核糖核酸酶的攻击。2′-O-甲基(2′-O-Me)是一种天然存在的核糖结构，是迄今为止药物开发中最常用的修饰单元。它可以通过阻断亲核 2′-OH 基团来增强 siRNA 的稳定性。此外，2′-O-Me 还增加对其靶标 mRNA 的亲和力并降低体内的免疫原性。基于 2′-O-Me 修饰，已经鉴定出一系列类似物，其中 2′-O-甲氧基乙基(2′-O-MOE)是 2′-O-Me 最有用和最流行的类似物之一。这种修饰不仅保留了 2′-O-Me 的稳定性和亲和力优势，而且进一步提高了 siRNA 对核酸酶的抵抗能力。另一种广泛使用的 2′-OH 取代物是 2′-O-氟(2′-O-F)。由于氟的高电负性，修饰后的 siRNA 更易于采用 C3′-endo 构象，从而在结合亲和力方面具有显著优势。此外，2′-阿拉伯基-氟(2′-Ara-F)是一种替代的氟取代形式，也可用于修饰核酸治疗药物，例如反义寡核苷酸和 siRNA。2′-O-苄基和2′-O-甲基-4-吡啶[2′-O-CH2Py(4)]在体内掺入 siRNA 的引导链时均具有良好的耐受性。具有四个 2′-O-苄基或六个 2′-O-甲基-4-吡啶修饰的 siRNA 在体内显示出与未修饰的 siRNA 相当的活性，当这些修饰单元放置在 siRNA 引导链的 8 和 15 位置时，可以表现出更高的活性。

此外，2′-C、4′-C，甚至整个糖环都可以发生修饰，从而产生包括 UNA、LNA、GNA、(S)-cEt-BNA、tcDNA 和 PMOs 在内的分子。UNA 由于存在未连接的 2′和 3′碳，具有更高的柔韧性和热不稳定性，可以通过在双链 siRNA 中引入化学不对称性结构来阻断客链的进入并促进导链的 RISC 负载。同样，乙二醇核酸(GNA)也是一种热不稳定核苷酸，可以通过将其包含在 siRNA 引导链的种子区域，来有效消除脱靶效应所诱导的肝毒性。LNA 是一种双环结构，包含 2′-氧和 4′-碳之间的桥梁，它将核糖“锁定”在其首选的 C3′-endo 构象中，并显著增加碱基配对的亲和力。在 LNA 设计成功之后，更多的双环甚至三环类似物，包括乙基桥核酸(ENA)、约束乙基(cEt)核酸和三环 DNA 已被设计并连续掺入 RNA 或 DNA 链中。此外，PMO77 在结构上与经典的核苷酸有显著区别，其核糖亚基被吗啉亚基所取代。由于 PMO 在生理 pH 下呈现为不带电状态，它并不是 RNase H 的底物，因此，PMO 主要应用于阻断 RNA 的剪接或翻译过程。

3.碱基的修饰

碱基置换对核酸药物开发大有裨益，例如，假尿苷的取代 2-硫脲啶、N6-甲基腺苷、5-甲基胞苷等。尿苷和胞苷残基的其他碱基类似物可以降低先天免疫识别，同时使 siRNA 对核酸酶更具抵抗力。然而，siRNA 的人工碱基替代与 ASO 类似，基本上处于研发阶段。制药公司出于对可能掺入基因组中的代谢非天然残基安全性的担忧，对这些分子持谨慎态度，更倾向于使用天然存在的碱基结构（5mC 和 6mA）来进行特定碱基的修饰。

具有胡斯坦（Hoogsteen）或沃森-克里克（Watson-Crick）面部定位的 N-乙基哌啶三唑修饰的腺苷类似物也用来修饰 siRNA，这种修饰会破坏核苷酸/TLR8 的相互作用，从而降低 siRNA 的免疫原性。N-乙基哌啶 7-EAA 三唑（7-EAA，7-乙炔基-8-氮杂-7-脱氮杂腺苷）能与尿苷很好地配对，形成 A 型螺旋结构。该分子将被 RNA 链中的禽成髓细胞性白血病病毒（AMV）逆转录酶识别为腺苷。此外，6′-苯基吡咯胞嘧啶（PhpC）是一种胞嘧啶模拟物，具有出色的碱基配对保真度、热稳定性和高荧光强度。含有 PhpC 的 siRNA 不仅显示出与母体分子相当的基因沉默活性，其荧光特性还使得它可被用于进行基于荧光检测，甚至可用于探索细胞中 siRNA 的细胞摄取和运输过程。siRNA 活性对 2，4-二氟甲苯基核糖核苷（rF）的内部尿苷取代具有良好的耐受性。与尿苷-腺苷对相比，rF 和腺苷（A）之间的碱基配对相对不稳定，因为氟原子比尿苷更疏水，不能用作氢键受体。

此外，许多其他不太常见的碱基类似物也被用于 siRNA 修饰。它们的应用有助于研究人员更好地了解基因沉默的机制，并有助于开发用于减轻由有害蛋白质结合或不需要的 mRNA 靶向引起的脱靶效应的新方法。

4.STC 和 ESC 设计

标准模板化学（STC）是 Alnylam Pharmaceuticals 建立的通用修饰模式。当正义和反义 siRNA 的长度分别为 21 nt 和 23 nt(在下面的描述中分别称为“S21 nt”和“AS23 nt”)时，将 2 个 PS 键放置在反义链的 3′末端，在 5′端的正义链的 9、10 和 11 位置掺入三个连续的 2′-F 部分，在从 5′端开始的反义链的 11、12 和 13 位置放置连续的 2′-OMe 修饰。在两条链的其他位置都使用了替代的 2′-OMe 和 2′-F 部分。2′-OMe 和 2′-F 互补地用于两条 siRNA 链的所有位置。在正义链的中间放置三个连续的 2′-F 部分，可促进 RISC 中正义链的切割和去除，正义链的释放是 RISC 激活的先决条件，位于末端的 PS 键和 OMe 可以增强 siRNA 抵抗降解酶攻击的能力。

STC 设计可以显著增强 siRNA 的稳定性和亲和力，同时保持内在 RNAi 活性不受影响。ALN-AT3 治疗是另一种 STC 修饰的 RNAi 疗法，在单次皮下（s.c.）给药后也显示出有效且持久的基因沉默效果。由于瑞武西兰组和安慰剂治疗组之间的死亡不平衡，瑞武西兰的临床研究被终止。尽管 Alnylam 的详尽调查报告已明确表明，瑞武西兰治疗患者的死亡与试验药物并无直接关联，但 STC 修饰的 siRNA 疗法仍面临争议。因此，增强稳定化学（ESC）应运而生，具体表现为该设计包括在反义链的 5′端和正义链的 3′端的另外四个 PS 键连接和 2′-F 取代的减少，可能是因为大量使用 2′-F 会增加毒性。与 STC 设计固有的变化相比，这些变化显著增强了 siRNA 的效力和持续时间。ESC 设计方面的进步使较低的剂量就可以实现所需的药效学效果，并显著降低给药频率。最终，在一项Ⅰ/Ⅱ期临床研究中，Cemdisiran（ALN-CC5）在接受单剂量测试治疗药物后长达1 年以上实现了有效的基因沉默，是制药史上的里程碑事件。

（二）GalNAc-siRNA 偶联物

1.GalNAc-siRNA 偶联物的特征

N-乙酰半乳糖胺（GalNAc）是同体糖蛋白受体（ASGPR）的配体。ASGPR 是一种在肝细胞膜表面高度特异性表达（大约 500000 个拷贝/细胞）的内吞受体，在其他细胞中几乎不表达。ASGPR 和网格蛋白介导的内吞作用可以有效地将半乳糖衍生的配体从细胞表面转运到细胞质中。在此过程中，ASGPR 在 15 min 内再次呈现在细胞表面（见图 1-2-2）。

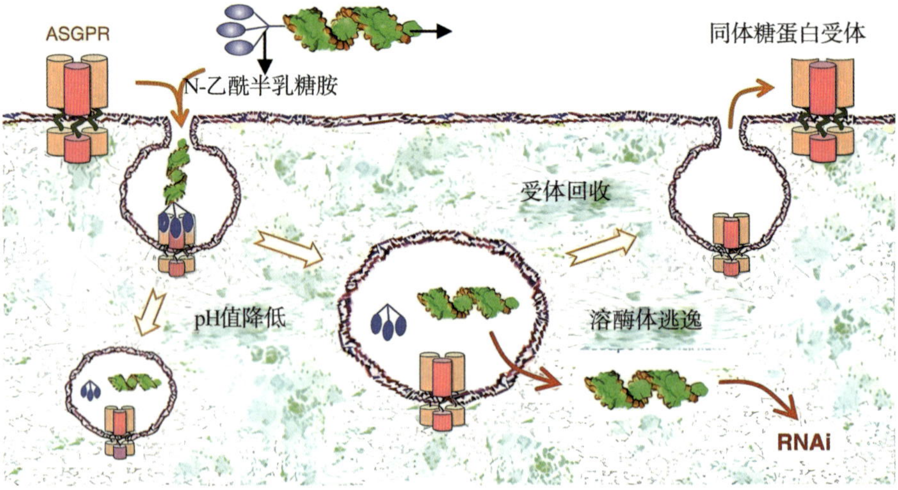

图 1-2-2　GalNAc-siRNA 作用机制示意图[7]

构效研究表明，当间距大约为 20 Å（1Å$=10^{-10}$ m）时，三价和四价的 GalNAc 的亲和力比单价和二价的高几个数量级。因此，三价或四价的 GalNAc 部分与具有专有连接结构的 siRNA 共价偶联。皮下给药的 GalNAc-siRNA 比静脉给药的性能更好，主要原因是皮下给药的 GalNAC-siRNA 需要穿过结缔组织以及毛细血管和淋巴内皮细胞才能在循环中积累，这一过程改变了 GalNAc-siRNA 的药代动力学特征。因为静脉给药的 GalNAC-siRNA 从循环系统中迅速排泄到肾脏，所以皮下给药的 GalNAC-siRNA 在肝脏中的蓄积比静脉给药的 GalNAc-siRNA 更高。

2.基于 GalNAc-siRNA 偶联物的疗法

Givosiran 是全球首个被 FDA 批准的 GalNAc 偶联 RNAi 药物，可靶向氨基乙酰丙酸合酶 1(ALAS1)，用以治疗成人急性肝卟啉病(acute hepatic porphyrias，AHP)。该药物使用 ESC 修饰 siRNA，使其具有更高的稳定性，从而允许以显著较低的剂量每季度给药一次。根据 Alnylam 公布的临床数据，与接受安慰剂治疗的患者相比，接受 Givosiran 治疗的患者复合卟啉病发作的年化发生率平均降低了 74%。此外，Inclisiran 和 Lumasiran 正在进行新药商业化评估，其中 Inclisiran(NCT02963311)是一款靶向前蛋白转化酶枯草杆菌蛋白酶 kexin9 型(PCSK9)的 siRNA，在Ⅱ期试验表现出有效且持久的基因沉默效果和低密度脂蛋白胆固醇(LDL-C)水平的降低。Lumasiran 是一种用于治疗原发性高草酸尿症 1 型(PH1)的 RNAi 药物，其功能是抑制乙醇酸氧化酶的表达。Lumasiran 的Ⅰ/Ⅱ期研究显示，在所有实验组中，相对于基线，使用 Lumasiran 后尿草酸盐(Uox)的平均最大减少量为 75%(每月 1 mg/kg、每月 3 mg/kg 和每季度 3 mg/kg；$N=20$)。所有接受 Lumasiran 治疗的患者中尿草酸盐与肌酐的比率最大下降 77%。在Ⅰ/Ⅱ期研究中也观察到可接受的安全性和耐受性特征。此外，Vutrisiran(NCT02797847)的Ⅰ期临床研究结果显示，在 5～300 mg 六个剂量组中，单剂量服用 Vutrisiran 后，血清 TTR 降低的效果维持了长达 1 年。

许多 GalNAc 偶联寡核苷酸药物正在进行临床研究(见表 1-2-1)[8]。例如，Fitusiran(ALN-AT3)正在进行Ⅲ期临床试验。Fitusiran 通过抑制抗凝血酶(AT)的表达，发挥治疗血友病和罕见出血性疾病(RBDs)的药理作用。该药物采用了 Alnylam 开发的 ESC-GalNAc 递送平台。Ⅱ期研究(NCT02554773)显示每月使用 50 mg 或 80 mg Fitusiran(低于 2.5 mg/kg)可使抗凝血酶水平比基线降低 78%～88%。

表 1-2-1 GalNAc-siRNA 药物临床实验

药物	公司	临床阶段	靶点	适应证
Fazirsiran	Arrowhead	Ⅲ期	AAT	AAT 缺乏性肝病
Fitusiran	Alnylam/Sanofi	Ⅲ期	抗凝血酶	血友病/出血性疾病
Olpasiran	Amgen	Ⅲ期	脂蛋白 A	心血管疾病
Cemdisiran	Alnylam	Ⅱ期	补体 C5	补体介导的疾病
AB-729	Arbutus	Ⅱ期	病毒蛋白	乙型肝炎感染
JNJ-3989	Arrowhead/JNJ	Ⅱ期	HNV 病毒蛋白	乙型肝炎感染
Belcesiran	Alnylam/Dicerna	Ⅱ期	AAT	乙型肝炎感染
ALN-HBV02	Alnylam	Ⅰ/Ⅱ期	HBV 病毒蛋白	慢性 HBV 感染
ALN-HSD	Alnylam/Regereron	Ⅰ/Ⅱ期	HSD17B13	非酒精性脂肪性肝炎(NASH)
SLN-124	Silence	Ⅰ/Ⅱ期	TMPRSS6	地中海贫血
DCR-HBVs	Dicerna/Roche	1 期	HNV 病毒蛋白	乙型肝炎感染

续表

药物	公司	临床阶段	靶点	适应证
DCR-A1AT	Dicerna	Ⅰ期	SERPINA1	Alpha 1 抗胰蛋白酶缺乏性肝病
Zilebesiran	Alnylam	Ⅰ期	血管紧张素原	高血压

(三)脂质或类脂质纳米颗粒

脂质或类脂质纳米颗粒(LNP)最初是作为基于 DNA 的药物载体而开发的,它的结构可以保护被捕获的 siRNA 免受核酸酶攻击和肾脏清除,并将 siRNA 转运到靶组织和细胞。经典 siRNA-LNP 包含相似的组分,如阳离子或可电离脂质、二硬脂酰基磷脂酰胆碱(DSPC)、胆固醇和聚乙二醇(polyethylene glycol,PEG)脂质。siRNA-LNPs 在静脉给药后主要积聚在肝脏、脾脏和肾脏中。

大多数制药公司和研究所正致力于开发新型可电离脂质,旨在实现 siRNA 的高效肝细胞靶向递送,同时最大限度地减少不良反应。例如,来自 Arbutus Biopharma、Alnylam Pharmaceuticals 和麻省理工学院的研究团队继续建立基于脂质的递送系统。Arbutus 和 Alnylam 已经开发了三代脂质输送系统,他们使用了 DLin-DMA(1,2-二烯酰氧基-3-二甲氨基丙烷)、DLin-MC3-DMA[(6Z,9Z,28Z,31Z)-七三烯-6,9,28,31-四烯-19-基-4-(二甲基氨基)丁酸酯]和 L319(二[(Z)-壬-2-烯-1-基]9-[[4-(二甲基氨基)丁酰基]氧基]十七烷二酸酯)作为关键脂质并得出它们的中位有效剂量(ED50s)分别为 1 mg/kg、0.005 mg/kg 和 0.01 mg/kg 以下。其中,L319 是从 DLin-MC3-DMA 衍生而来的,通过在疏水烷基链内引入可生物裂解的酯键,使其在体内易于降解,其代谢物是脂肪酸 β 氧化途径的潜在底物。L319 能够迅速从血浆、肝脏和脾脏等细胞内区室中消除,并在体内有效排泄,这显示出其对 L319-LNP 的高度全身耐受性。这一特性使得 L319 在 siRNA 递送系统中具有广阔的应用前景,为未来的肝细胞靶向治疗提供了新的可能性。

经过 10 多年的技术演进,已经建立了一些理论来指导新型人工脂质的合理设计。Jayaraman 等[9]表明脂质或类脂质的 pK_a 对于在体内将 siRNA 递送至肝细胞非常重要。此外,这些研究人员阐明了 siRNA-LNP 的 PEG-脂质含量对递送的影响,得出的结论是,与 PEG-C16 和 PEG-C18 相比,PEG-C14 显示出最高的递送效率。此外,Arcturus Therapeutics、Dicerna Pharmaceuticals、Silence Therapeutics、Sirius Therapeutics(2014 年被 Alnylam 从默克公司收购)和苏州瑞博生命科学还大力开发基于脂质的 siRNA 递送系统,部分已推进到临床阶段。

(四)其他递送平台

聚合物材料[如聚乙烯亚胺(PEI)、聚二甲基硅氧烷(PTMS)、延长递送系统(LODER)]构成了其他重要的 siRNA 递送平台。这些递送平台具有负载正电荷的特性，可以实现高细胞摄取和内体逃逸。除 LODER™之外，基于环糊精的 RONDEL™是 Calando Pharmaceuticals 开发的另一种聚合物药物，曾进行过Ⅰ期临床研究。重复性、制造可控性、安全性和生物降解性等是研究人员在研究聚合物时需要关注的关键问题。因此，设计简单、可生物降解、靶向或天然存在的聚合物是基于聚合物药物的潜在发展方向。

此外，其他一些系统对 siRNA 治疗开发也很重要，包括 EnGeneIC 开发的 EDV™纳米细胞平台、Sirnaomics Inc 所采用的 HKP 递送系统、源自各种细胞类型的细胞外囊泡或外泌体、多肽、树枝状聚合物、RNA 纳米颗粒、无机纳米颗粒等。

（五）siRNA 药物研发挑战

siRNA 在体内需要具有良好的稳定性、持久的效果和高度的安全性。然而，递送系统存在潜在的不良反应风险。例如，当使用病毒载体在体内传递核酸时，由于其可能产生的不良反应，目前的应用主要局限于临床前研究。临床上则主要依赖于化学合成的载体系统，如阳离子脂质和大多数无机纳米颗粒。尽管这些系统有其优势，但它们也同样存在诱导细胞凋亡和引发炎症的风险。

此外，生物体内的递送系统还需满足易于生产、质量控制和运输的要求，以实现大规模临床应用。然而遗憾的是，目前尚未建立起完善的 RNA 药物临床前毒性评价模型。由于非灵长类动物（NHP）与人类基因组序列的重叠度有限，从小鼠模型中获得的 RNA 药物剂量-反应关系不能直接应用于人类，因而难以准确预测药效。为了更准确地评估 RNA 药物的安全性和有效性，可以考虑扩大使用非人灵长类动物模型，或选择与疾病相关的类器官作为评价模型。

另一方面，外源性寡核苷酸可能表现出免疫原性，从而引发免疫反应。为了应对这一挑战，化学修饰技术得到了广泛应用。这些修饰技术能够增强 siRNA 的稳定性，减少或消除脱靶效应和免疫原性。尽管化学修饰取得了显著成效，能够在低剂量下实现长效的基因沉默，但脱靶诱导的毒性等问题仍然不容忽视。因此，在 siRNA 药物的研发过程中，对其毒性和免疫原性的仔细评估至关重要，这需要在临床前和临床研究阶段进行深入的探索。

四、小干扰 RNA 药物的应用

（一）已上市的 siRNA 药物

2018 年第一款 siRNA 药物 Patisiran 上市，它是由两条部分互补的单链组成的 siRNA 和四种脂质赋形剂组成的脂质纳米颗粒，siRNA 被包裹在 LNP 中，以保护其免受内源性核酸酶降解，并促进其靶向传递到肝脏。之后 2019～2022 年四年间上市的四款 siRNA 药物，则采用 N-乙酰半乳糖胺（N-acetyl-D-galactosamine，GalNAc）修饰递送系统。LNP 靶向递送一般通过静脉给药，而 GalNAc 修饰递送系统一般采用皮下给药的方式（见表 1-2-2）。截至 2023 年，全球已上市 6 款 siRNA 疗法，均靶向递送至肝脏治疗相关疾病。这些疗法均由 Alnylam 公司开发或参与研发，siRNA 疗法市场几乎被 Alnylam 垄断。

表 1-2-2　已上市的 siRNA 药物

获批药物	基因靶点	适应证	给药方式	获批年份
Patisiran (Alnylam)	转甲状腺素蛋白(TTR)	遗传性 TTR 淀粉样变性	静脉给药	2018
Givosiran (Alnylam)	5′-氨基乙酰丙酸合酶 1(ALAS1)	急性肝卟啉症	皮下给药	2019
Lumasiran (Alnylam)	羟基酸氧化酶 1(HAO1)	罕见遗传肝病 1 型原发性高草酸尿症	皮下给药	2020
Inclisiran (Novartis)	前蛋白转化酶枯草杆菌蛋白酶 9 型(PCSK9)	脊髓性肌萎缩	皮下给药	2020
Vutrisiran (Alnylam)	转甲状腺素蛋白(TTR)	遗传性 TTR 淀粉样变性	皮下给药	2022
Nedosira (NOVO NORDISK)	乳酸脱氢酶 A(LDHA)	原发性高草酸尿症 Ⅰ 型	皮下给药	2023

（二）临床实例

Givosiran(商品名 Givlaari)是一种基于 GalNAc-siRNA 技术的 RNAi 药物，已经获得 FDA 批准，用于治疗急性肝卟啉症。急性肝卟啉症是一种由血红素生物合成途径相关基因突变引发的疾病。当存在增加氨基乙酰丙酸合酶(ALAS1)表达的物理触发因素时，氨基乙酰丙酸(ALA)和胆色素原积聚，这些有毒中间体会损害神经组织，并引发急性、危及生命的严重腹痛、神经病变(中枢神经和外周神经)以及神经精神症状。在 Givosiran 问世之前，急性肝卟啉症的唯一治疗方法是输注外源性血红素。Givosiran 则利用 RNAi 机制来减少和防止 ALAS1 表达的升高，为急性肝卟啉症患者提供了新的治疗途径。

该技术临床转化的主要局限之一在于，除了肝活检外，尚缺乏合适的诊断生物标志物。为了克服这一局限，研究人员研发了基于血清和尿液中 ALAS1-mRNA 浓度的生物标志物。这一创新不仅显著提升了临床诊断的准确性和便捷性，更提供了一种非侵入性的药效学生物标志物，可用于有效监测治疗终点。值得注意的是，循环 RNA 在多种物种(包括啮齿动物和非人灵长类动物)中的存在显示出惊人的相似性，这进一步证明了其与肝脏表达具有紧密关联。此外，在患者样本中观察到循环 ALAS1-mRNA 水平升高的类似现象，进一步验证了该生物标志物在临床应用中的潜力和价值。

在一项包含三个部分的Ⅰ期试验中，共有 33 名受试者接受了 Givosiran 治疗，而

10 名受试者则接受了安慰剂。试验数据揭示，单次皮下注射 2.5 mg/kg 剂量的 Givosiran 后，受试者体内的循环 ALAS1-mRNA 减少了 80%以上，同时循环中的 ALA 和胆色素原水平也相应降低。随后的Ⅲ期试验中，主要关注的结局指标是复合卟啉症发作（包括住院、紧急护理或血红素给药）在 6 个月内的年化率。结果显示，在接受 Givosiran 治疗的 48 名患者中，发作率下降了 74%。此外，次要结局指标包括尿 ALA 和胆色素原水平，这些指标在接受 Givosiran 治疗的受试者中均呈现明显较低的水平。然而，在接受治疗的个体中，研究者也观察到一些不良反应，其中较为常见的有肝酶升高、慢性肾病、注射部位反应以及恶心等。这些发现为 Givosiran 在相关疾病治疗中的应用提供了重要的参考依据。

第三节 mRNA 药物

mRNA 药物作为生物技术领域的创新之一，通过利用 mRNA 分子的生物合成机制，为精准、定制的治疗方法提供了新的可能[10]。相对于传统的疫苗和治疗手段，mRNA 药物将编码治疗信息的 mRNA 分子以多种方式输送至细胞内，利用细胞内核糖体合成特定蛋白质，从而引发机体的自身免疫反应。临床试验表明，mRNA 药物在疫苗研发、癌症治疗以及遗传性疾病治疗等领域取得了显著的成就。尽管 mRNA 药物在应用中面临着免疫反应和技术复杂性等挑战，其快速开发、个性化治疗的潜力仍然为医学研究和治疗提供了崭新的视角。随着该领域的不断发展和优化，mRNA 药物将为未来医学疾病治疗带来深远的影响，为实现更高效、安全的治疗方案提供了有力支持。

一、mRNA 药物基本原理与历史背景

1961 年，悉尼・布伦纳（Sydney Brenner）、弗朗索瓦・雅各布（François Jacob）和马修・梅塞尔森（Matthew Meselson）三位科学家用感染了噬菌体的细菌证明了 mRNA 的存在[11]。mRNA 作为编码蛋白遗传信息的载体，研究人员开始思考是否可以直接将 mRNA 作为药物来发挥治疗作用。在当时，mRNA 的合成是一个难以突破的问题，此外 mRNA 自身的不稳定性和免疫原性也阻碍着该类药物的发展。

62 年后，北京时间 2023 年 10 月 2 日，诺贝尔生理学或医学奖揭晓，该奖项由卡塔琳・卡里科博士和德鲁・魏斯曼博士共同获得。诺贝尔奖委员会指出，这两位科学家在核苷酸碱基修饰方面的发现为新冠病毒 mRNA 疫苗的成功研发创造了可能性。mRNA 一旦注射到人体内，免疫系统会将 mRNA 分子识别为“异物”，并发动攻击，导致其迅速降解。由于这种攻击，mRNA 所携带的信息无法被有效传递，阻碍了体内产生相应蛋白质的过程。卡塔琳・卡里科和德鲁・魏斯曼通过多年努力找到一种可以使 mRNA 稳定不被免疫系统攻击的方法。RNA 是由腺嘌呤（adenine，A）、尿嘧啶（uracil，

U)、鸟嘌呤(guanine,G)和胞嘧啶(cytosine,C)四种碱基组成的,哺乳动物细胞中 RNA 的核苷酸碱基经常被化学修饰,而体外转录合成的 mRNA 则没有。正是由于这个差别,免疫系统才能够清晰地识别外源 mRNA。卡里科和魏斯曼发现,将外源 mRNA 做一些特殊的修饰,如 m5C、m6A、m5U、s2U 或使用假尿苷替代尿苷,免疫系统便丧失了对这些 mRNA 的监视能力[12]。

mRNA 是由 DNA 链转录而来的单链核糖核酸,由五个主要部分组成:5′帽、3′Poly(A)尾、开放阅读框、5′非翻译区(5′UTR)和 3′非翻译区(3′UTR)。开放阅读框负责携带蛋白质合成的编码信息,这些编码信息在转录和加工后被用于合成功能性蛋白质。体外转录(in vitro transcription,IVT)mRNA 已成功在小鼠骨骼肌细胞中进行转录和表达,从而确立了 mRNA 治疗的可行性[8]。IVT 成熟 mRNA 制备包括几个步骤:线性 DNA 模板获取、IVT、5′加帽和添加 Poly(A)尾。mRNA 转移到细胞后,聚腺苷酸结合蛋白(PABP)与聚腺苷酸尾部结合,并与真核翻译起始因子(eIF)相互作用。eIF 与 5′帽、UTR、PABP、起始子甲硫氨酰转移 RNA(tRNA)和 40S 核糖体亚基相互作用,导致 mRNA 环化并形成起始复合物。40S 核糖体亚基扫描转录起始密码子后,会招募 60S 核糖体亚基并释放 eIF 以开始氨基酸链延伸[13]。成熟 mRNA 包括编码区、UTR、poly(A)尾部和 5′帽,被核糖体识别并由 tRNA 携带以产生蛋白质。

mRNA 的结构元件是在转录过程中产生的。真核生物中,RNA 聚合酶在体内将基因转化为初级 mRNA 转录物时合成前体 mRNA,该转录物通常仍含有非编码序列内含子,并通过 mRNA 加工(包括 5′mRNA 加帽、修饰、剪接等)进一步去除成为成熟 mRNA。基于 mRNA 的方法,理论上可以在体外或体内转染细胞中通过蛋白质合成机器来产生任何蛋白质或肽,与基于 DNA 的药物不同,mRNA 转录物具有相对较高的转染效率和较低的毒性,因为它们不需要进入细胞核即可发挥功能。mRNA 不存在意外感染或机会性插入突变的潜在风险,具有较高的安全性。与瞬时的传统蛋白质/肽药物相比,翻译成编码的蛋白质/肽能够触发持久表达[14]。显然,相对于 DNA 或蛋白质/肽,mRNA 的这些优势使得基于 mRNA 的技术和产品能够迅速发展,在生物医学领域,这将惠及人类生活的各个方面,特别是数百万患有疑难病症的患者。

二、mRNA 递送系统

mRNA 递送技术对于当前基于 mRNA 的疗法仍然是一个巨大的挑战。由于 mRNA 是带有负电荷的大分子,难以穿越带有负电荷的细胞膜并进入细胞质,因此难以实现有效的胞内递送。同时,mRNA 在细胞内的存活时间较短,容易被核酸酶降解。为了实现 mRNA 的有效递送和保护其免受降解,需要适当的递送系统,以增强其进入细胞的能力并实现内体逃逸。目前 LNP 是最被广泛认可的一种 mRNA 递送载体,其组分包括可电离脂质、胆固醇、辅助脂质、PEG 脂质及 mRNA[15]。

可电离脂质可以通过静电作用与带负电的核酸结合，形成初始的复合物。可电离脂质的特点是在生理 pH 下呈电中性，在内体的酸性环境下带正电，从而有利于内体逃逸和核酸释放。阳离子脂质则是永久性带正电的脂质，由于其高毒性和低效性，已基本被可电离脂质所取代。可电离脂质的结构一般包括头部、连接片段和尾部(见图 1-3-1)，这些部分的大小、电荷、亲脂性、生物降解性等都会影响 LNP 的性能。辅助脂质可以与可电离脂质或阳离子脂质的疏水端相互作用，增加 LNP 的稳定性，改善其流动性和融合性。辅助脂质的类型和比例也会影响 LNP 的形态、粒径、电荷等物理化学性质。胆固醇可以进一步增强 LNP 的稳定性、流动性和融合性，同时也可以调节 LNP 的生物分布和药代动力学参数。胆固醇的含量一般占总脂质的 10%～50%。PEG-脂质可以修饰 LNP 的表面，形成亲水的外壳，防止 LNP 的聚集和与血浆蛋白的结合，延长 LNP 的循环寿命，提高 LNP 的生物利用度。PEG-脂质的含量一般占总脂质的 1%～10%[16]。

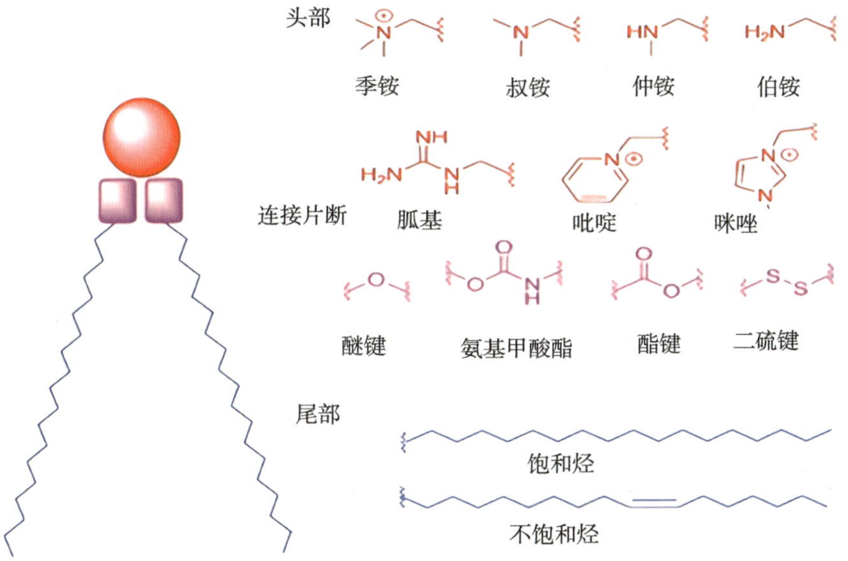

图 1-3-1　可电离脂质结构通式[16]

LNP 的制备方法有多种，主要包括脂质体挤出法、薄膜水化法、纳米沉淀法、微流控法和冲击射流式混合法等。其中，微流控法是目前最常用的方法，可以在几秒钟内完成 LNP 的制备，具有快速、高效、可控和可扩展的特点。该方法的原理是将脂质溶液和核酸溶液分别注入两个微流道，然后在一个混合室中以高速碰撞的形式实现 LNP 的自组装(见图 1-3-2)。

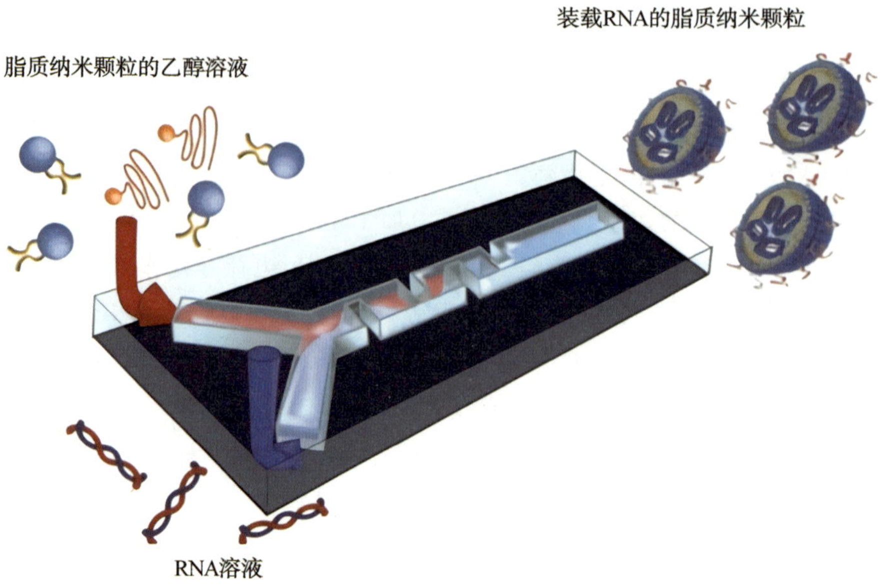

图 1-3-2　微流控法合成脂质纳米颗粒[17]

LNP 可以封装和递送各种类型的核酸，如 mRNA、siRNA、pDNA 等。LNP 具有保护核酸不被降解、提高细胞内递送效率、调节免疫反应等优点，已被广泛应用于疫苗、基因治疗、癌症治疗等领域。已经有两种基于 LNP 的 mRNA 疫苗获得了多个国家和地区的批准或授权，分别是 Comiraty 和 Spikevax，都是通过肌内注射的方式给药。这两种疫苗主要区别在于使用了不同的 mRNA 序列和 LNP 载体，从而影响疫苗在稳定性、免疫原性、有效性和不良反应等方面的表现。研究人员认为，未来几年将会看到能够增加遗传有效负载的保留能力、具有更高靶向效率和更少生物分布的 LNP 的开发。这些 LNP-mRNA 复合物对体内细胞重编程可能具有至关重要的作用，这将有助于人们根据疾病表型，将成纤维细胞和干细胞重编程为不同的细胞类型。基于核酸-LNP 的这些疗法在个性化医疗中具有巨大的应用潜力，可以在广泛的应用中进行探索[18]。新型 LNP 的发展将进一步支持 CRISPR(clustered regulatory interspaced short palindromic repeat，规律间隔成簇短回文重复序列)和其他基于基因编辑的工具的开发，以改善生物学和医疗保健的多个方面。

三、mRNA 药物发展现状

RNA 领域药物的演进经历了三个主要阶段：首先是 1970～2005 年的初期阶段，RNA 首次引入医疗领域并开始进行临床试验。在这一时期，1998 年，第一种 ASO 药物 fomivirsen sodium 获得美国 FDA 批准上市，并于 1999 年获得欧洲药物管理局(EMA)批准。其后进入 2005～2016 年的第二阶段，RNA 研究取得显著进展，2006 年，安德鲁・法厄

(Andrew Fire)和克雷格·梅洛(Craig Mellow)因RNAi的发现获得了诺贝尔奖。在此期间,许多公司成立,新型RNA药物不断涌现,进入临床试验。第三阶段从2016年开始至今,呈现出稳步的发展态势。在2018～2020年间,共有4款siRNA药物和3款ASO药物获得批准,并进行了大量的临床试验研究。截至目前,全球已经研发了1283个与RNA相关的药物,并在全球范围内展开了145039个临床试验,其中403个临床试验在中国进行。

基于mRNA的治疗药物的开发主要包括mRNA设计、mRNA合成、mRNA装载、药效学研究、药代动力学研究、体内外安全性评价、生产和临床试验[19]。mRNA设计是开发过程的关键一环,涉及确定传递所需蛋白质信息的序列。设计过程需要考虑到稳定性、免疫原性和目标蛋白质的最佳表达。合成阶段则涉及使用合成技术在实验室中生成设计好的mRNA序列,确保其高效、准确地传递信息。在治疗的实际应用中,mRNA需要以适当的方式被载入递送工具(如纳米颗粒或脂质体)中。这一步骤对于确保mRNA的稳定性、目标细胞递送以及避免免疫系统的不必要激活至关重要。

mRNA药物可以被划分为三大类别,包括预防性疫苗、治疗性疫苗以及治疗性药物(蛋白质编码疗法)[20]。预防性疫苗例如辉瑞(Pfizer)和莫德纳(Moderna)的COVID-19疫苗,这些疫苗利用mRNA传递冠状病毒的蛋白质编码信息,激发免疫系统产生对病毒蛋白质的免疫反应。这种免疫反应使得免疫系统在未来遇到真实病毒时能够更快、更有效地应对,从而预防感染。mRNA技术也可以用于开发其他疫苗,如流感疫苗。由于mRNA药物的生产过程较为迅速,疫苗的更新和调整也更为便捷,有望提高对流感病毒等变异病原体的应对能力。目前,全球有数家mRNA药企的mRNA新冠病毒疫苗已经获得上市许可并开始流通,包括已经获得上市许可的国外的辉瑞公司和莫德纳公司,以及已经获得紧急使用授权(the emergency use authorization,EUA)的中国的石药集团、艾博和斯微。其中,由辉瑞公司合作开发的BNT162b2(Comirnaty©)和莫德纳公司开发的mRNA-1273(Spikevax©)这两款mRNA新冠病毒疫苗取得了巨大成功,展示了mRNA技术在医药领域的潜力和应用前景[21]。

mRNA药物用于开发治疗性疫苗,特别是癌症免疫疗法领域。治疗性mRNA的设计旨在个性化地构建mRNA序列,最大程度满足应用需求。在众多实际应用场景中,关键是优化每个传递的mRNA分子以实现最佳功能蛋白输出。这一过程受到细胞内mRNA半衰期以及翻译效率的共同影响。具体来说,翻译效率取决于核糖体的数量(核糖体密度),以及核糖体沿mRNA移动的速度(即蛋白质合成的速率)。在设计治疗性mRNA时,目标在于精确调控这些关键因素,以确保所需的治疗效果能够达到最优化[22]。肿瘤mRNA疫苗的应用是通过向患者注射mRNA,使其体内产生癌细胞特异性抗原,激活免疫系统攻击肿瘤细胞。这种个性化的治疗方法有望提高癌症患者的治疗效果,并减少对正常细胞的损害。

mRNA治疗药物利用人工合成的mRNA分子来表达特定的蛋白质,从而达到治疗或预防疾病的目的,目前该类药物多应用于罕见病的治疗。mRNA治疗性药物的作用原理是将 mRNA 递送到目标细胞的胞质中，利用细胞自身的翻译机制，产生所需的蛋白质，激活细胞功能或免疫应答。优势是具有广泛的适用性和灵活性，可以针对不同的疾病和个体进行定制，也可以快速响应新的或变异的病原体。治疗性 mRNA 的应用领域广泛，包括传染病疫苗、肿瘤免疫治疗、蛋白替代疗法以及基因编辑等。相较于 mRNA 疫苗，治疗性 mRNA 的研发面临着更为复杂的挑战。mRNA 疫苗只需产生少量蛋白质，免疫系统就可以通过细胞和抗体反应来扩大免疫信号。相比之下，为了满足治疗的有效水平[23]，治疗性 mRNA 需要产生比疫苗高 1000 倍以上的蛋白质。

目前，已经有多种 mRNA 药物进入临床试验或已上市，最具有影响力的便是针对 COVID-19 的新冠病毒疫苗。mRNA 新冠病毒疫苗是一种利用人工合成的 mRNA 分子来预防新型冠状病毒感染的疫苗。mRNA 新冠病毒疫苗的原理是将编码新冠病毒刺突蛋白(S 蛋白)的 mRNA 注射到人体内，使人体细胞能够合成 S 蛋白，并引发免疫系统产生抗体和记忆细胞，从而在遇到真正的病毒时能够将其识别和消灭。如由辉瑞和拜恩泰科(BioNTech)开发的 Tozinameran，是一款用于预防新型冠状病毒感染的 mRNA 疫苗，已在多个国家和地区获批上市或紧急使用。该疫苗采用两剂次的接种方案，每剂次含30 μg的 mRNA，接种间隔 21 天。该疫苗的有效率为 95%，对预防重症和死亡也有很好的效果。该疫苗的常见不良反应包括注射部位疼痛、红肿、发热、头痛、乏力等，症状一般较轻微，持续时间较短。我国石药集团和艾博生物共同研发的 ARCoVax 是中国首款 mRNA 新冠病毒疫苗，采用两剂次的接种方案，每剂次含 4 μg 的 mRNA，接种间隔 28 天。该疫苗的有效率为 78.6%，对预防重症和死亡也有很好的效果。针对恶性肿瘤的 mRNA 肿瘤疫苗一直为研究者和医药企业所青睐。由科威瓦克(CureVac)和勃林格殷格翰(Boehringer Ingelheim)联合开发的 CV8102，是一款用于治疗黑色素瘤等实体瘤的 mRNA 肿瘤疫苗，已在欧盟获批上市，是全球首款 mRNA 肿瘤疫苗。该疫苗采用四剂次的接种方案，每剂次含 600 μg 的 mRNA，接种间隔 14 天。该疫苗的作用机制是通过表达四种肿瘤相关抗原，诱导免疫系统对肿瘤细胞发起攻击。该疫苗的有效率为 33.3%，对延长生存期也有一定的效果。

四、mRNA 药物的未来展望

mRNA 药物领域的前景充满了学术探索和创新的潜力。这一新兴技术的发展为医学疾病治疗提供了广泛的可能性。通过准确调控 mRNA 序列，疾病治疗可实现个体化，为患者提供更为有效的个性化医疗解决方案。在癌症治疗领域，mRNA 药物的引入为精准医学带来了创新性的手段。通过精细的基因表达调控，mRNA 药物能够提高治疗效果，实现对癌细胞的高度特异性治疗，对正常细胞的损害最小化。在疫苗领域，mRNA 技术展现出卓越的应用前景。其迅速响应的能力使其成为面对新型感染病毒时的理想选择，灵活的设计和生产技术使其能够快速适应病毒变异，提高疫苗的广谱性。在遗传性疾病治疗方面，mRNA 药物为治疗方案开辟了创新性的途径。通过传递正常的基因信息，mRNA 可能治疗或缓解某些遗传性疾病，为患者提供更为精确的治疗手段。在免疫调节方面，mRNA 技术具有广泛的应用前景。尤其对于自身免疫性疾病的治疗，研究者有望通过调控免疫系统的活性，开发更为个性化和精准的治疗方法。

随着技术的不断发展，mRNA 药物在神经科学、代谢疾病、老龄化相关疾病等领域的应用也值得深入探讨，其灵活性和高度定制的特性为在这些领域发现创新性治疗方案提供了广泛的研究机遇。总体而言，mRNA 药物的前景充满学术上的挑战和机遇，对医学领域的发展具有深远的影响，为未来疾病的治疗提供了更为精确、安全和个性化的策略。

第四节 DNA 药物

质粒 DNA 基因治疗是使用质粒 DNA 作为载体的基因药物治疗方法。质粒是一种独立于染色体的遗传成分，大多为环形双链 DNA 分子，能在细胞质中稳定自主复制。在特定条件下，这些质粒可能会逆转地整合到宿主染色体上，并与染色体的复制同步进行[24]。因此，质粒 DNA 在基因克隆中是最常见的载体分子。质粒 DNA 基因治疗药物的设计借助这种特性，通过引入、修复或替代目标基因，为治疗一系列疾病提供了一种前景广阔的途径。

一、DNA 药物简介

DNA 药物旨在修复、替代或调控患者体内的异常基因，以治疗遗传性疾病。基因治疗领域的关键问题包括设计有效的递送系统，确保治疗基因能够准确而安全地到达患者的细胞。DNA 药物是一种具有巨大潜力的生物技术药物，可以用于一些难以用传统药物治疗的疾病，如遗传性疾病、癌症、病毒感染等。DNA 药物的优点是可以精确地调控基因表达，具有高效、持久、特异性和安全性的特点。但是，DNA 药物也面临着一些挑战，如递送效率、稳定性、免疫反应、伦理问题等。因此，DNA 药物的研发需要不断创新和完善，以期为人类健康带来更多的福音。

二、DNA 药物发展现状

1972 年，有研究首次提出采用基因疗法来治疗人类遗传疾病。1990 年，质粒 DNA 在生物制药领域取得突破性进展，有学者在同年的研究中将含有氯霉素乙酰基转移酶、萤光素酶和 β-半乳糖苷酶基因的质粒盐溶液注入小鼠的骨骼肌中，发现在这种“裸”质粒 DNA 分子中编码的报告基因在肌肉细胞中表达。这一重大发现开启了将质粒 DNA 用作生物药物治疗或预防的可能性。

DNA 药物的发展经历了几个阶段，从最初的裸 DNA、质粒 DNA，到后来的病毒载体、非病毒载体、纳米载体等，DNA 药物的转染效率、表达水平、靶向性和持久性不断提高。回顾近 30 年的发展历程，质粒 DNA 基因治疗药物的发展可以划分为技术手段的发展、临床试验的探索以及上市应用这三个阶段。这表明在基因治疗的探索和完善中，DNA 药物的制备在技术层面得到提升，并逐步进入了实际的临床应用阶段。截至 2022 年 4 月，根据 Biomedicine[25] 的统计，全球范围内质粒 DNA 基因治疗药物的临床试验总数达到 482 个，占据基因治疗临床试验总量的 14.7%。这一数字仅次于以腺病毒和逆转录病毒为载体的基因治疗的临床试验数量，表明质粒 DNA 基因治疗在全球范围内仍然占据临床研究的重要地位。在基因治疗产品中，以病毒和质粒 DNA 为载体的治疗方法是最为普遍的。相较于采用病毒作为载体的基因治疗药物，质粒 DNA 基因治疗产品几乎没有基因整合的风险并且不存在免疫原性问题，具备更高的安全性。与 mRNA 药物相比，人们认为质粒 DNA 基因治疗药物更安全、生产过程更简单、产品稳定性更好，同时对运输和储存的要求也较低。

目前已有 14 种批准上市的基因疗法，主流的 DNA 药物给药方式是通过病毒载体给药。我国已获批两款基因插入有关药物：用于治疗手术后复发黑色素瘤的 Imlygic 和用于治疗头颈部鳞状细胞癌的 Gendicine。Imlygic 由美国的安进（Amgen）公司开发，是欧盟在 2015 年批准的第一款基于病毒的免疫疗法，也是美国在 2015 年批准的第一款用于黑色素瘤的免疫疗法，用于治疗或预防不能手术切除的黑色素瘤，特别是在皮肤或淋巴结转移的黑色素瘤。Imlygic 通过皮下或肌内注射的方式，将一种经过改造的单纯疱疹病毒（HSV-1）送入人体细胞，从而激活免疫系统，抑制黑色素瘤的生长和扩散。Gendicine 是一种基于 DNA 的基因疗法，由中国的深圳赛百诺公司开发，用于治疗或预防由 *TP53* 基因突变引起的头颈部鳞状细胞癌。Gendicine 通过静脉注射的方式，将一种携带有正常 *p53* 基因的重组腺病毒送入人体细胞，从而恢复 *p53* 的功能，刺激细胞凋亡和免疫反应，抑制肿瘤的生长和转移。

美国时间 2021 年 3 月 1 日，Inovio Pharmaceuticals，Inc.（NASDAQ：INO）公司首次宣布了一项针对宫颈癌前病变的 VGX-3100 Ⅲ期临床试验的积极结果。VGX-3100 是一种基于 DNA 的免疫疗法，由 Inovio Pharmaceuticals 公司开发，用于治疗或预防由人乳头状瘤病毒-16（HPV-16）和（或）HPV-18 引起的宫颈、肛门、外阴和阴茎的高级别鳞状上皮内病变（high-grade squamous intraepithelial lesion，HSIL）。VGX-3100 通过其专有的智能设备 CELLECTRA© 将两种质粒 DNA 分别导入人体皮肤或肌肉细胞，这些质粒 DNA 分别编码 HPV-16 和 HPV-18 的 E6 和 E7 蛋白。这些蛋白质是 HPV 感染和癌变的关键因素，能够抑制细胞的正常凋亡和增殖。VGX-3100 能够诱导人体产生针对 E6 和 E7 蛋白的特异性 T 细胞免疫反应，从而清除 HPV 感染的细胞，恢复正常的组织结构和功能。采用 VGX-3100 有望成为治疗 HPV 相关的 HSIL 的第一个非手术的免疫疗法，一经批准，该治疗方法将是全球首个专门用于处理 HPV 相关癌前病变的非手术治疗方法。目前，全球范围内对于宫颈、肛门和外阴癌前病变，除了手术外，暂时没有有效的药物治疗方案。

三、DNA 药物的未来展望

DNA 药物是一种利用质粒 DNA 作为载体，将目的基因导入人体细胞，从而实现基因治疗或预防的药物。质粒 DNA 药物具有结构简单、安全性高、生产成本低、稳定性好等优点，已经在缺血性疾病、肿瘤、感染性疾病等的治疗领域展现出广阔的应用前景。质粒 DNA 药物的发展还面临着一些挑战，主要包括质粒 DNA 的转染效率低、目的基因的表达量低、质粒构象的不稳定等。为了解决这些问题，研究人员正在探索新的质粒构建、递送系统、给药方式等技术手段。例如，利用 CRISPR（成簇规律间隔短回文重复）-Cas9 等基因编辑技术，可以实现对细胞基因组的精准修复或改造，提高质粒 DNA 药物的靶向性和持久性；利用基因枪、纳米颗粒、电穿孔等递送系统，可以增强质粒 DNA 的细胞摄取和核递送，提高质粒 DNA 药物的转染效率和表达水平；根据不同的适应证和目的基因，选择最合适的质粒 DNA 药物的给药途径（透皮给药、静脉注射、肌内注射），可以提高质粒 DNA 药物的生物利用度和药效。质粒 DNA 药物是一种具有巨大潜力的基因治疗药物，随着科学技术的进步和临床试验的积累，未来有望在更多的疾病领域中发挥重要的作用，为人类健康带来福音。

参考文献

[1]KULKARNI J A, WITZIGMANN D, THOMSON S B, et al. The current landscape of nucleic acid therapeutics[J]. Nat Nanotechnol, 2021, 16(6): 630-643.

[2]GEARY R S. Antisense oligonucleotide pharmacokinetics and metabolism[J]. Expert Opin Drug Metab Toxicol, 2009, 5: 381-391.

[3]RINALDI C, WOOD M J A. Antisense oligonucleotides: the next frontier for treatment of neurological disorders[J]. Nat Rev Neurol, 2018, 14: 9-21.

[4]ROBERTS T C, LANGER R, WOOD M J A, et al. Advances in oligonucleotide drug delivery[J]. Nat Rev Drug Discov, 2020, 19: 673-694.

[5]KOLLER E, VINCENT T M, CHAPPELL A, et al. Mechanisms of single-stranded phosphorothioate modified antisense oligonucleotide accumulation in hepatocytes[J]. Nucleic Acids Res, 2011, 39(11): 4795-4807.

[6]KARA G, CALIN G A, OZPOLAT B. RNAi-based therapeutics and tumor targeted delivery in cancer[J]. Adv Drug Deliver Rev, 2022, 182: 114113.

[7]SPRINGER A D, DOWDY S F. GalNAc-siRNA conjugates: Leading the way for delivery of RNAi therapeutics[J]. Nucleic Acid Ther, 2018, 28(3): 109-118.

[8]AN G. Pharmacokinetics and Pharmacodynamics of GalNAc-Conjugated siRNAs[J]. J Clin Pharmacol. 2024, 64(1): 45-57.

[9]JAYARAMAN M, ANSELL S M, MUI B L, et al. Maximizing the potency of siRNA lipid nanoparticles for hepatic gene silencing in vivo. Angew Chem Int Ed Engl, 2012,51:8529-8533.

[10]MASCOLA J R,FAUCI A S. Novel vaccine technologies for the 21st century [J]. Nat Rev Immunol,2020,20(2):87-88.

[11]BRENNER S,JACOB F,MESELSON M. An unstable Intermediate carrying information from genes to ribosomes for protein synthesis[J]. Nature,1961,190:576-581.

[12]KARIKÓ K,BUCKSTEIN M,NI H,et al. Suppression of RNA recognition by Toll-like receptors : the impact of nucleoside modification and the evolutionary origin of RNA[J]. Immunity,2005,23(2):165-175.

[13]FABBRI L,CHAKRABORTY A,ROBERT C,et al. The plasticity of mRNA translation during cancer progression and therapy resistance[J]. Nat Rev Cancer,2021, 21(9):558-577.

[14]SAHIN U,KARIKÓ K,TÜRECI Ö. mRNA-based therapeutics—developing a new class of drugs[J]. Nat Rev Drug Discov,2014,13(10):759-780.

[15]KON E,AD-EL N,HAZAN H L,et al. Targeting cancer with mRNA-lipid nanoparticles:key considerations and future prospects[J]. Nat Rev Clin Oncol,2023,20(11):739-754.

[16]EYGERIS Y,GUPTA M,KIM J,et al. Chemistry of lipid nanoparticles for RNA Delivery[J]. Acc Chem Res,2022,55(1):2-12.

[17]KULKARNI J A, WITZIGMANN D, CHEN S, et al. Lipid nanoparticle technology for clinical translation of siRNA therapeutics[J]. Acc Chem Res,2019,52(9):2435-2444.

[18]PRAKASH G,SHOKR A,WILLEMEN N,et al. Microfluidic fabrication of lipid nanoparticles for the delivery of nucleic acids[J]. Adv Drug Deliv Rev, 2022, 184:114197.

[19]CHAUDHARY N,WEISSMAN D,WHITEHEAD K A. mRNA vaccines for infectious diseases: Principles, delivery and clinical translation[J]. Nat Rev Drug Discov,2021,20(11):817-838.

[20]XIE W,CHEN B,WONG J. Evolution of the market for mRNA technology [J]. Nat Rev Drug Discov,2021,20(10):735-736.

[21]赵长春,黄海,辜勇军,等.全球 mRNA 药物产业化动态浅析[J].药学学报,2023, 58(8):2353-2363.

[22]METKAR M,PEPIN C S,MOORE M J. Moore,tailor made:The art of therapeutic mRNA design[J]. Nat Rev Drug Discov,2024,23(1):67-83.

[23]ROHNER E,YANG R,FOO K S,et al. Unlocking the promise of mRNA

therapeutics[J]. Nat Biotechnol, 2022, 40(11): 1586-1600.

[24]LUO Z S, YUAN Z, SARMIENTO T, et al. Phosphatidylserine lipid nanoparticles promote systemic RNA delivery to secondary lymphoid organs[J]. Nano Lett, 2022, 22: 8304-8311.

[25]AMERI H, KESAVAMOORTHY N, Bruce D N. Bruce frequency and pattern of worldwide ocular gene therapy clinical trials up to 2022[J]. Biomedicines, 2023, 11(12): 3124.

第二章
核酸药物递送需要克服的生物学屏障

核酸药物治疗已成为治疗癌症、遗传性疾病和传染病等多种疾病的潜在新型治疗手段。然而，核酸分子本身所具备的亲水性、负电荷以及高分子量等特性，导致其稳定性差、易于降解，很大程度上限制了核酸药物的应用。核酸药物递送系统的开发与应用有效解决了核酸分子的固有问题，但其在体内递送过程中还面临着很多生理屏障的挑战。这些生理屏障作为人体自我保护的物理机制，不仅有助于维持体内环境的稳态，还有助于保护内部器官和组织免受细菌、病毒、化学物质和灰尘等外界有害物质的侵害。然而，这些屏障在抵御外界威胁的同时，也阻碍了药物在体内的转运和在疾病部位的有效积累，这在一定程度上限制了药物的疗效。

核酸药物的治疗过程要求它们精确地到达并作用于特定的组织、细胞以及亚细胞部位。质粒 DNA 需进入细胞核内进行转录，反义 RNA 和小干扰 RNA 则需要在细胞质基质中对相应的 mRNA 靶点进行调控。为了提高核酸药物的递送效率与治疗效果，需要深入了解并阐明核酸药物递送过程中所面临的各种屏障，主要包括系统屏障、器官屏障、亚器官屏障、细胞屏障以及亚细胞屏障等。只有全面了解药物与不同生理屏障之间的相互作用，才能有针对性地设计创新高效核酸药物递送系统，推动其在临床治疗中的广泛应用。

第一节　系统屏障

对于系统给药的核酸药物，血液是一个不利的环境，其中存在诸多防御外来物质的机制。在这些机制中，蛋白冠（protein corona，PC）和单核-吞噬细胞系统（mononuclear phagocyte system，MPS）的形成是核酸药物递送面临的两大挑战。

一、蛋白冠的形成

当暴露在血液中时，纳米颗粒会将血浆中的蛋白质等生物分子吸附在其表面，这是一个热力学上有利的过程。这一层生物分子被生动地称为“生物分子冠”，是一种新的表面修饰，在很大程度上影响了纳米颗粒在体内的物理化学性质和生物行为。由于在大多数研究中，蛋白冠是生物分子冠中最受关注的组分，且蛋白冠在生物分子冠的形成和生物学效应中起主导作用，故下文主要介绍蛋白冠。

维持体内给药后的理化特性对核酸药物的疗效非常重要。然而，蛋白冠的形成显著地改变了其物理化学性质，包括表面电荷、大小、形态、分散性、刚性和完整性。除脂质纳米颗粒(LNPs)外，大多数核酸纳米递送系统的表面都带正电荷，以促进其与阴离子核酸的结合。然而研究表明，由于带负电荷的蛋白质的竞争，核酸倾向于从循环系统中分离，然后被血清中的核酸酶降解。不仅如此，这种蛋白质之间的静电吸引可以逆转纳米颗粒的表面电荷，增大纳米颗粒的尺寸，改变其形态，并导致其在体内聚集。聚集物的形成进一步改变纳米颗粒的内吞作用，影响核酸药物的转染效率。因此，脂质纳米颗粒的中性的表面电荷和核酸的装载方式，使其更能抵抗蛋白质吸附引起的负面影响，并能更好地保护核酸[1]。由蛋白冠引起的另一个不可忽视的影响是纳米颗粒的完整性受损。蛋白质在表面的不对称吸附以及蛋白质诱导的黏附作用会对纳米颗粒产生各向异性应力，对于刚度较低的纳米颗粒，可导致局部囊泡破裂和核酸药物过早释放。

被细胞或其他生物实体直接“看到”的是蛋白冠，或者至少主要是蛋白冠，而不是纳米颗粒本身。因此，在很大程度上，蛋白冠决定了纳米颗粒与生物系统之间的相互作用。这些相互作用与纳米颗粒的体内行为密切相关，包括血液循环、免疫反应、靶向性和生物分布。

由于负载核酸药物的 LNPs 与某些病毒之间的相似性，LNPs 很可能被识别为入侵者，并激活宿主的防御机制，调理作用就是这种机制之一。在血液循环中，LNPs 被免疫球蛋白、补体蛋白和纤维蛋白原等调理蛋白结合并标记，很容易被巨噬细胞吞噬，导致在血液循环中被快速清除，从而降低核酸药物的效用。除了先天免疫应答外，LNPs 已被证明可以诱导特异性抗体，抗体将吸附在 LNPs 表面形成蛋白冠，不利于核酸药物发挥效用。例如，聚乙二醇-脂质(polyethylene glycol-lipid，PEG-lipid)通常被纳入 LNPs 中以提高其药代动力学，从而导致抗 PEG IgG 和 IgM 的产生。在反复给药后，LNPs 很容易被这些特异性抗体包裹，引发一系列免疫反应。一方面，这些抗体直接通过 Fc 受体介导免疫细胞对 LNPs 的识别和随后的清除。另一方面，抗体与 PEG 化 LNPs 的结合可能启动 LNPs 表面补体级联激活，不仅增强 C3b 和 iC3b 等补体蛋白的调理，还导致过敏性毒素 C3a 和 C5a 的释放[2]。这些过敏性毒素激活肥大细胞或其他免疫细胞，产生一系列继发性炎症介质，导致过敏反应或其他超敏反应。这种类型的反应被称为补体激活相关的假性过敏反应(complement activation-related pseudoallergic reactions，CARPA)，并已被确定为是由聚乙二醇化脂质体引起的超敏反应的机制。最近现代医疗服务公司和辉瑞生物科技公司研发的 COVID-19 mRNA 疫苗接种后的过敏反应率与许多传统疫苗相比略高。因两种疫苗中均使用了 PEG-脂质，又考虑到抗 PEG IgG/IgM 水平与反应原性之间的强相关性，CARPA 可能是其潜在机制。因此，蛋白冠在介导 LNPs 的免疫应答中发挥着重要作用，通常会损害核酸药物的生物利用度，并导致不良反应的发生[3]。

器官、组织或细胞特异性LNPs传递对于最大限度地提高核酸药物治疗效果和减少不良反应至关重要。在这方面，用靶向配体修饰LNPs是应用最广泛的方法。然而，许多基于配体的靶向LNPs并不能在体内有效发挥作用，蛋白冠被认为是“罪魁祸首”，它的形成阻碍或保护LNPs表面的配体与它们的受体结合。蛋白冠本身也可以直接影响LNPs的生物分布。由于许多血浆蛋白具有内源性受体，这些蛋白质的吸附可能引导LNPs向表达特定受体的组织或细胞分布。例如，补体3(complement 3，C3)的结合被识别导致了LNPs在脾脏中的分布，这是由于B细胞和脾脏巨噬细胞上的补体受体识别C3。一旦纳米颗粒被调理蛋白调理，调理蛋白与其在巨噬细胞表面受体之间的相互作用，它们很容易直接进入肝脏和脾脏。不仅如此，载脂蛋白E(apolipoprotein E，ApoE)虽然在血浆中不丰富，但却大量特异性地吸附在LNPs表面[4]。在ApoE吸附后，由于ApoE与肝细胞上高表达的低密度脂蛋白受体(low-density lipoprotein receptor，LDLR)的相互作用，LNPs很容易被肝细胞吸收并在肝脏中积累。白蛋白和载脂蛋白A-I(apolipoprotein A-I，Apo A-I)通过结合清道夫受体，在介导肝细胞摄取LNPs和肝脏生物分布中发挥作用。玻璃体结合蛋白常见于阳离子LNPs的蛋白冠中，倾向于将LNPs导向$\alpha_v\beta_3$整合素(玻璃体结合蛋白受体)高表达的组织，如肺组织和一些肿瘤。纤维蛋白原是LNPs能够在肺中分布的另一个重要原因。总的来说，蛋白冠的形成赋予了LNPs新的表面特性，这在很大程度上决定了LNPs在体内的最终靶向部位[5]。

研究者们已经进行了大量的实验来克服蛋白冠对LNPs的有害影响。到目前为止，PEG化仍然是最广泛使用的策略，其中PEG锚定在LNPs表面，由于其高亲水性，在颗粒表面诱导一个厚的水化层，以防止蛋白质接近[见图2-1-1(b)]。通过PEG化减少调理素的吸附和随后被巨噬细胞快速清除，可以延长许多LNPs的血液循环时间。这种延长的血液循环通过增强高通透性和滞留效应(enhanced permeability and retention effect，EPR)，促进药物在肿瘤等靶部位的积累，并降低毒性。但需要注意的是，PEG链引起的空间位阻也会减少细胞摄取和内吞体逃逸，阻碍核酸药物递送入细胞内[见图2-1-1(b)]。为了解决这个问题，已经开发出了可剪切的PEG脂质，其中包含PEG和锚定脂质之间对微环境敏感的化学键。在特定条件下的微环境中，如酸性pH下，酶或还原物质存在时，这些化学键会断裂并从LNPs表面释放PEG[6]。这种策略不仅保留了PEG屏蔽蛋白冠的能力，还尽量减少了其对转染的负面影响。另一个不可忽视的问题是PEG的免疫原性，由于PEG在制药、化妆品和食品中的广泛应用，人群中抗PEG抗体的存在已被广泛报道。这些抗体会对PEG化的LNPs产生不良反应，如超敏反应和加速血液清除(accelerated blood clearance，ABC)。因此，PEG替代品，如乳糖、两性离子聚羧甜菜碱和聚精氨酸，正应用于基于LNP的核酸药物递送系统中，以提高核酸药物的转染效率和安全性。虽然这些修饰是有效的，但也不可能完全阻止蛋白质的吸附。最近有研究者提出，正是在PEG化纳米载体的蛋白冠中存在聚簇蛋白(载脂蛋白J)，而不是聚合物效应，提供了其“隐形”特性，因此，蛋白冠的影响在某些情况下也是有利因素。鉴于蛋白质吸附在很大程度上影响LNPs的器官或细胞向性，利用蛋白冠进行核酸药物的靶向递送成为了近年来的热点。通过合理设计 LNPs 的组成，特定的血浆蛋白质可以集中在 LNPs 的蛋白冠中，作为内源性靶向配体，引导 LNPs 靶向相应的器官或细胞，而无须额外修饰靶向配体[见图 2-1-1(b)]。Onpattro 是利用内源性血浆蛋白冠进行靶向的一个例子。一旦 LNPs 被注入血液，PEG 脂质迅速从 LNPs 解吸，为 ApoE 结合创造了有利的条件。ApoE 在 LNPs 表面的富集促进了 ApoE-LDLR 介导的内吞作用，从而导致肝脏选择性积累[7]。

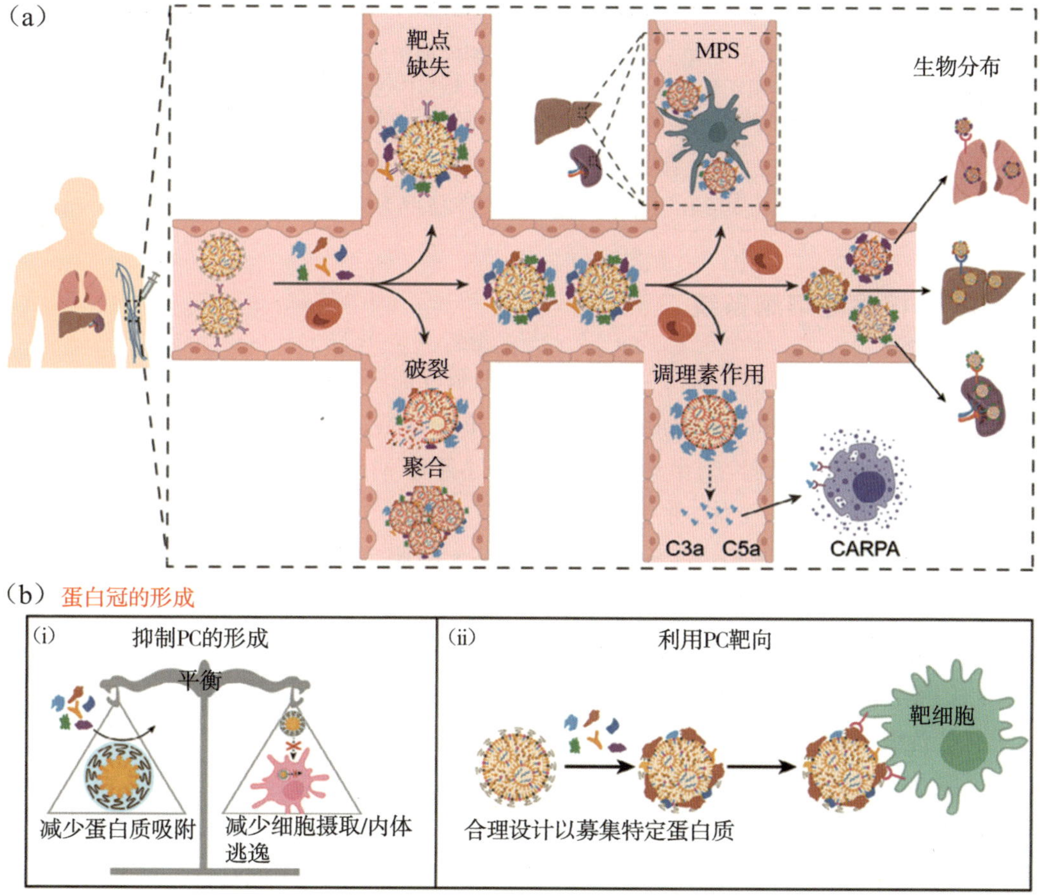

(c) MPS

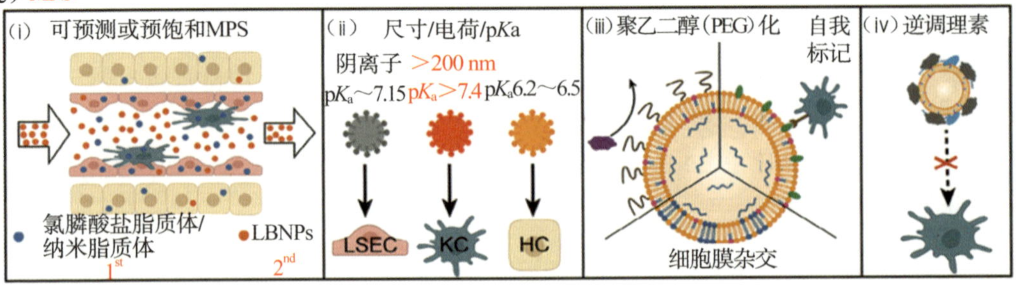

(a)由 PC 和 MPS 引起的不良反应。(b)克服 PC 有害影响的策略，包括(ⅰ)聚乙二醇化和(ⅱ)合理设计脂基纳米颗粒，将 PC 用于靶向或其他目的。(c)减少 MPS 摄取的策略，包括(ⅰ)使用氯膦酸盐脂质体或纳米脂质体，可预测或预饱和 MPS，(ⅱ)调整尺寸、电荷或 pK_a，(ⅲ)通过聚乙二醇化或仿生策略减少调理，以及(ⅳ)用逆调理素预吸附。

图 2-1-1　系统障碍和应对策略的示意图[22]

二、单核吞噬细胞系统

作为先天免疫防御的一部分，单核吞噬细胞系统能够清除血液循环中的生物碎片和外来颗粒，其包含具有强大吞噬能力的细胞，如单核细胞、巨噬细胞和树突状细胞。一旦纳米颗粒被调理蛋白调理，纳米颗粒很容易通过各种 MPS 细胞的特殊受体识别，包括 Fc、补体、整合素和清除受体，并引发吞噬作用[见图 2-1-1(a)]。库普弗细胞(Kupffer cells，KCs)和脾巨噬细胞构成了全身主要的 MPS 细胞，能够有效地清除血液中的纳米颗粒，将其隔离在肝脏和脾脏等 MPS 器官中[8]。这可能对 LNPs 有以下影响：一方面，考虑到巨噬细胞和树突状细胞在适应性和先天免疫系统中的重要作用，这些细胞对 LNPs 的内化有利于免疫治疗；另一方面，纳米颗粒的快速血液清除和在 MPS 器官的积累限制了核酸药物在非 MPS 位点的可用性，并可能导致脱靶效应。

如图 2-1-1(c)所示，克服 MPS 引起的负面影响的一个相对直接的方法是在 LNP 给药前使用氯膦酸钠脂质体或氯喹，来耗尽巨噬细胞或使其失能。然而，巨噬细胞在免疫系统中具有重要作用，而这些药物通常会对巨噬细胞产生不可逆的毒性。因此短暂占据 MPS 细胞是一种更安全有效的策略。Saunders 等在注射 LNPs 前注射了一种纳米聚合物——一种大小优化的空脂质体，使肝 MPS 细胞暂时饱和，这在很大程度上提高了 mRNA 和 siRNA 的转染效率[9]。

粒径大小、电荷和 pK_a 显著影响 LNPs 的肝细胞趋向性[见图 2-1-1(c)]。减少 LNPs 的粒径大小有助于减少 MPS 细胞的识别和清除。在肝脏中，库普弗细胞通过吞噬作用吞噬较大的颗粒(超过 200 nm)，而小颗粒通过肝窦到达肝细胞或通过内吞作用被肝窦内皮细胞(hepatic sinusoidal endothelial cells，HSECs)内化。阴离子 LNPs 主要通过清道夫受体介导的内吞作用被 HSECs 而非 Kuffer 细胞所吸收。因此，表面带负电荷的 LNPs 在减少巨噬细胞清除方面优于中性或带正电荷的 LNPs。需要注意的是，清道夫受体也在 Kuffer 细胞上表达，所以无法通过这种策略完全避免 MPS 摄取。LNPs 的肝内分布受到 pK_a 的影响。随着 pK_a 的增加，LNPs 的首选细胞从肝细胞（pK_a 6.2～6.5）转变为 HSECs（pK_a 约为 7.15），最后是 Kuffer 细胞（pK_a>7.4）[10]。这与蛋白冠组成的变化有关。

蛋白冠在介导吞噬过程中是不可缺少的，另一种避免被 MPS 清除的方法是减少纳米颗粒与调理蛋白的结合。PEG 化通常用于防止蛋白质在 LNPs 上的吸附，以及减弱细胞摄取的能力，为克服 MPS 清除提供了一个有用的策略[见图 2-1-1(c)]。一些类似的仿生策略已经被开发出来，通过细胞膜杂交或用内源性标志物修饰，为 LNPs 提供隐形特性[见图 2-1-1(c)]。通过细胞膜蛋白或自身标志物，减少调理作用，MPS 将把 LNPs 识别为"自身"，减少清除[11]。

与调理素相比，异常调理蛋白，如血清白蛋白和簇集素，有助于抑制吞噬细胞的摄取。因此，在 LNPs 上预吸附是一种可行的逃避清除的方法[见图 2-1-1(c)]。最近的一项研究表明，在构建人工富含异常调理素的蛋白冠后，DNA 修饰的脂质体比传统的 PEG 化脂质体具有更明显的逃避免疫细胞捕获的能力。

第二节　器官屏障

靶向给药是药物递送领域一个高度期望的目标，它不仅提高了治疗效率，而且有助于确保安全性。然而，大多数纳米药物的靶向效率仍较低，基于 LNPs 的核酸药物递送仍然是一个挑战[见图 2-2-1(a)]。不同类型的 LNPs 具有不同的内在优先靶器官。例如，静脉注射后，阳离子脂质体/核酸复合物倾向于与血浆蛋白形成凝集，导致肺部靶向性，不利于大多数非肺核酸治疗。与之相反的是，LNPs 通常在静脉注射后在肝脏中积累，为肝外核酸药物的递送造成了不可逾越的障碍，这主要是受肝脏的解剖特征和蛋白冠的影响。

此外，一些局部屏障，如血-脑屏障和血迷路屏障，在很大程度上阻止了 LNPs 进入这些被保护的器官。局部使用 LNPs 是解决这一挑战最直接的方法；然而，这限制了 LNPs 在某些表面器官的使用[见图 2-2-1(b)]。对于更广泛的应用，系统给药仍然是首选。LNPs 的靶向策略有两类：被动靶向，它依赖于载体特征（大小和血液循环时间）以及局部生理状态（血管分布、渗漏和淋巴引流）；主动靶向，利用配体-受体的相互作用。传统上，主动靶向是通过在制备过程中在纳米颗粒表面结合配体来实现的。这些配体功能化的活性靶向纳米颗粒将通过配体-受体识别与靶向细胞相互作用并被靶细胞内化。然而，如前所述，蛋白冠的形成显著降低了主动靶向效率。因此，以蛋白冠为内源性靶向配体利用蛋白冠靶向已成为一种很有前途的递送方法，虽然由于蛋白冠的动态特性，其机制很复杂，但蛋白冠中的一些高丰度蛋白质可能对介导靶向具有重要作用。通过正确设计 LNPs 的特性，可以将具有内在靶向能力的蛋白质特异性地整合到 LNPs 的蛋白冠中，通过蛋白质-受体相互作用将 LNPs 引导到靶向位点，作为一种有效的间接主动靶向策略。

局部给药，包括但不限于侧脑室注射、脑室内注射、玻璃体腔注射、视网膜下注射、结内注射、皮内注射、肌内注射、皮下注射、瘤内注射、鼻内灌注和雾化，使 LNPs 能够绕过那些阻碍其在靶器官积累的屏障[见图 2-2-1(b)]。例如，脂基纳米颗粒(lipid-based nanoparticle，LBNP)通过侧脑室注射、鼓室内注射、玻璃体内注射和视网膜下注射，分别被送入大脑、内耳和神经视网膜，允许在这些器官中表达外源核酸。淋巴结是重要的淋巴器官，淋巴细胞、抗原呈递细胞(antigen-presenting cells，APC)和其他免疫细胞在淋巴结中产生一系列的免疫反应。结内注射基于 LNPs 的 mRNA 疫苗已对抗原显示出强大的免疫反应。由于肌肉和皮肤中存在丰富的抗原呈递细胞、血管和淋巴管，肌内、皮下和皮内注射可以诱导有效的淋巴结引流，不需要复杂的注射过程。

局部给药对 LNPs 的靶向递送是有效的，但这种方法需要专业的注射技能。此外，该技术具有侵入性，可对脆弱的器官造成严重损害。如果局部使用 LNPs，也可能出现新的障碍。经过优化的 LNPs 不能仅仅通过改变给药途径来进行局部应用，还需要进一步的设计和优化。

被动靶向不需要外源性或内源性配体；相反，靶向是通过 LNPs 和生物系统之间的非特异性相互作用来实现的。在某些器官(如肝脏)或病理环境(如肿瘤或炎症)中，血管内皮表现为“开窗现象”或不连续性，因此，血液循环中的 LNPs 可以渗漏到这些器官或微环境中，导致选择性分布。理论上以匹配开窗的大小调整 LNPs 的大小可以使 LNPs 在目标位点有效积累。除了大小之外，在血液循环中的时间也会影响 LNPs 的被动靶向效率——循环时间延长将导致 LNPs 渗漏的机会增加。在实体肿瘤中，由于肿瘤细胞的快速增殖，血管存在很大的缺陷，这使得小于截止尺寸(200～800 nm)的纳米颗粒得以进入肿瘤基质[12]。此外，较小的 LNPs 可以更有效地穿透富含间质的肿瘤组织，获得更好的肿瘤积累效果。同样，肝毛细血管中的内皮细胞通常不是连接排列的，而是含有许多开窗(50～200 nm)，形成所谓的肝窦。肝窦开窗的直径决定纳米颗粒的渗漏情况，研究表明，在 30 nm 和 45 nm 大小时，LNPs 在小鼠的肝脏中积累最低，脾脏中积累最高，这很可能是由于物理选择。除了上述的尺寸选择性渗漏外，大的脂基纳米颗粒(超过 500 nm)很容易被困在肺内的毛细血管中[见图 2-2-1(c)]。综上所述，被动靶向 LNPs 是一个物理选择过程，LNPs 与细胞之间没有特异性相互作用的过程，可以将 LNPs 递送到某些器官和癌变部位，如肝、肺和肿瘤。然而，由于一些生理状态是高度可变的，如血管渗漏的程度，LNPs 的分布无法控制，这限制了核酸药物的递送效率。

除了被动靶向外，LNPs 还可以通过主动靶向被运送到作用位点。主动靶向依赖于 LNPs 上的配体和靶细胞上的受体之间的分子识别。由于这些配体-受体的相互作用是特异性的，可以促进内吞作用，主动靶向比被动靶向具有更高选择性和效率。根据靶向配体的来源，主动靶向可分为外源性靶向和内源性靶向。外源性靶向是一种直接的方法，其中外源性配体通过化学或物理作用偶联到 LNP 上，静脉注射后，由于这些配体功能化的 LNPs 与特定受体之间的相互作用，其通过全身到达靶细胞。在内源性靶向中，靶配体是给药后结合在 LNPs 表面的内源性蛋白。在这种策略中，LNPs 必须被设计为能够促进蛋白冠形成过程中特定蛋白质的吸附；这些蛋白质作为内源性靶向配体，引导 LNPs 进入表达这些特定蛋白质受体的细胞。

外源性靶向相对简单，且在一定程度上效率较高，研究人员们在此方面付出了大量努力。迄今为止，抗体、多肽、适配体、糖类和小分子的化学药物衍生化合物已被用作不同传递目的的靶向配体[见图 2-2-1(d)]。肝脏是机体重要的代谢器官，由肝细胞、肝窦内皮细胞、肝星状细胞、Kc 细胞等非实质肝细胞组成。在大多数情况下，肝细胞是核酸药物的靶细胞，因为它们能够产生重要的血浆蛋白，而且无唾液糖蛋白受体(asialoglycoprotein receptors，ASGPR)和 LDLR 在肝细胞表面高表达。N-乙酰半乳糖胺(GalNAc)是最有前途的 ASGPR 配体，其与 siRNA 的直接偶联已在临床上获得批准，以提高肝脏递送效率[13]。用 GalNAc 修饰 LBNP 也是一种可行的靶向肝细胞的策略。肝脏中的其他细胞类型也可能是核酸治疗的高效靶点。造血干细胞在诱导肝纤维化中发挥重要作用，维生素 A、pPB 肽和阿尼沙酰胺已被选为 LBNPs 的靶向配体。此外，还可使用甘露糖作为配体，通过结合 CD206 甘露糖受体来靶向 HSEC 和 KC。脾脏是免疫细胞如巨噬细胞、树突状细胞和淋巴细胞等的聚集地。靶向脾脏和免疫细胞在免疫相关疾病的治疗中具有重要意义。甘露糖是靶向巨噬细胞和树突状细胞的首选，因为甘露糖受体在这些抗原呈递细胞的表面高表达。此外，通过用抗 DEC205 单链抗体包裹 LNPs，有学者成功地将 siRNA 递送到树突状细胞，并增强了基因沉默效果。受吞噬细胞识别和清除凋亡细胞机制的启发，一些研究将磷脂酰丝氨酸(phosphatidylserine，PS)(一种“eat-me”信号)整合到 LNPs 中，诱导巨噬细胞受体介导的巨噬细胞识别，从而导致脾脏和淋巴结靶向。针对 T 淋巴细胞，已经使用了抗 CD3、抗 CD4、抗 CD5、抗 ly6 和抗整合素 β7 抗体。然而，需要注意的是，它们的一些受体，如 CD3，对 T 细胞的效应功能至关重要，因此绝不能忽视使用这些抗体可能产生的不良反应。例如，携带抗人 CD3 单克隆抗体的 LNPs 已被证明可诱导循环和脾脏 T 细胞亚群的消耗。肺靶向也是人们关注的重点之一。用整合素结合肽修饰 LNPs 能够将基因表达定向到气道上皮，而 GALA 肽和抗 PECAM-1 抗体被成功地用于靶向肺内皮。由于侵入性侧脑室注射的高风险，全身给药后的脑选择性核酸递送是非常重要的。通过用靶向脑内皮细胞上受体的配体来修饰 LNPs，LNPs 可以通过受体介导的胞吞作用穿过血-脑屏障。这些配体包括靶向转铁蛋白受体的转铁蛋白和转铁蛋白受体抗体，以及靶向低密度脂蛋白受体相关蛋白质 1(low density lipoprotein receptor-related protein 1，LRP-1)的血管蛋白。骨骼也是核酸治疗中重要但具有挑战性的部位。有学者成功地实现了体内成骨细胞特异性的 Plekho1 基因沉默，使用 LNPs 与适配体结合，显示其可以特异性靶向成骨细胞。在另一项研究中，研究人员合成了一系列双膦酸盐结合的可电离类脂质材料，并在 LNPs 中配置；这些 LNPs 在静脉注射后成功地将 mRNA 传递到骨微环境中。最近，一种抗 CD117 偶联的 LNPs 被研发出来，这种 LNPs 可以有效地靶向骨髓中的造血干细胞[14]。

虽然外源性活性靶向具有广泛的应用前景，但靶向效率很大程度上取决于配体的化学性质——稳定性、接枝密度、取向和偶联方法。因此，外源性活性靶向 LBNPs 的制备必须谨慎进行。更重要的是，血液中的蛋白质吸附可能覆盖靶向配体，导致其被破坏甚至丧失定位能力。因此，需要更可靠的靶向递送策略。

内源性主动靶向代表了一种新的药物传递范式，它基于对纳米颗粒合成特性、形成的蛋白冠和随后在体内的代谢之间关系的理解[见图 2-2-1(d)]。虽然目前还没有一般的规则来界定 LNPs 在体内的代谢，但人们的研究还在不断进行。如上所述，富含 ApoE 的蛋白冠通常形成在可电离的 LNP 的表面，这在靶向肝细胞中起着关键作用。得益于这一现象，很容易获得较高的核酸药物传递效率。此外，了解这一机制有助于开发更有效的肝靶向 LNPs。值得注意的是，通过在配方中加入第 5 种可电离的阳离子脂质，LNPs 的肝脏传递效率提高了 10 倍以上。这些 LNPs 被证明可以有效地结合 ApoE，再次突出了 ApoE 在肝脏靶向中的重要作用。同样，Qiu 等合成了一系列尾部含有酯键(o 系列)的类脂质，并将其配置成 LNPs。体内试验结果显示，这些 o 系列 LNPs 以肝脏特异性的方式递送核酸，递送效率比 FDA 批准的 MC-3 LNPs 更高[15]。白蛋白和 ApoE 是这些 o 系列 LNPs 蛋白冠冠状蛋白中最丰富的两种蛋白质，表明内源性主动靶向肝脏可能涉及多个蛋白质。LNPs 的肺选择性传递也已通过内源性主动靶向实现。阳离子脂质与带负电荷的血浆蛋白如玻璃体连接蛋白相互作用。利用这一特性，将(2,3-二油酰-丙基)-三甲基铵-氯盐(DOTAP)、双十二烷基二甲基溴化铵(DDAB)等阳离子脂质添加到 LNPs 的配方中，选择性地招募玻璃体素到其蛋白冠中。然后，富含玻璃体素的蛋白冠通过玻璃体结合蛋白和肺中高表达的 $\alpha_v\beta_3$ 整合素之间的相互作用引导 LNPs 进入肺。同样的方法也被用于增强 siRNA 对实体肿瘤的传递。此外，将含有酰胺键的脂质装载到 LNPs 的类脂质已被证明可以调节 LNPs 蛋白冠的蛋白质组成，从而将 mRNA 从肝脏重新定向到肺。值得注意的是，与阳离子脂质添加的 LNPs 相比，该方法导致了不同的蛋白冠组成(最丰富的蛋白质是白蛋白和纤维蛋白原)和转染的肺细胞群(主要是肺内皮)。因此，阐明蛋白冠中不同蛋白质在细胞水平上对靶向的影响是极为重要的。如前所述，补体蛋白对 LNPs 的调理促进了 LNPs 在脾脏中的积累。因此，添加促进补体蛋白与 LNPs 结合的脂质可能有助于将核酸直接递送到脾细胞。此外，由于 ApoE 具有较高的肝脏亲和力，因此它在 LNPs 传递到脾脏和其他器官中起着拮抗作用。所以，调整 LNPs 的组成可以减少 ApoE 的吸附，有助于脾脏的靶向。另外，负电荷与 LNPs 的淋巴器官靶向之间有很强的联系。将阴离子脂质掺杂到 LNPs 中可形成富含 β2-糖蛋白Ⅰ的蛋白冠，从而导致脾特异性 mRNA 的递送。在另一项具有指导意义的研究中，串联调整了 RNA-脂质体(RNA-liposome，RNA-LPX)的脂质和 RNA 的比率，以研究净电荷对体内靶向性的影响。令人惊讶的是，带负电荷的颗粒(正负电荷比为 1.7：2 或更少)可高效靶向至脾脏和其他淋巴器官。通过 FDG-PET/CT 成像(脑葡萄糖代谢显像-正电子发射体成像-计算机体层成像)进一步证实了该系统的脾脏靶向性。在机制上，APC，特别是淋巴器官中未成熟的树突状细胞，吸收 RNA-LPX 并有效地翻译 RNA。然而，促进 RNA-LPX 在脾脏中分布的潜在机制尚不清楚。由于电荷显著影响 LBNPs

上蛋白冠的组成，因此蛋白冠介导的内源性靶向是可能的原因之一。

虽然利用蛋白冠进行内源性靶向是可行的，但仍有一些关键问题有待解决。首先，由于可以选择无数可能的脂质分子和物质的量比来形成 LNPs，因此筛选具有内源性活性靶向能力的 LNPs 对于 mRNA 的递送具有重要意义。文库筛选是最直接的方法，即制备一系列不同成分和物质的量比的 LNPs，并进行动物实验，以研究它们在体内的代谢。该策略已成功筛选出内源性靶向脑、肺、肝、脾、淋巴结、胎盘和特异性细胞群的 LNPs。然而，试错过程是低效的，需要更具成本效益的策略。有研究团队开发了基于条形码的策略，同时识别多个具有不同属性的 LNPs 在体内的分布，显著降低了工作量和成本。通过将每种类型的 LNPs 装载一个独特的 DNA 条形码，可以确定 LNPs 的生物分布。然而，识别 LNPs 的生物分布并不足以预测功能分布（即具备理想功能的细胞类型），因为细胞质可用性最终决定了核酸药物的功能。为此，另一种功能性的核酸，如 Cre 重组酶 mRNA（Cre-mRNA），与 DNA 条形码一起被装载到 LNPs 中。在汇集和给药后，功能核酸的表达可以帮助确定 LNPs 的功能分布。在进一步改进的版本中，使用 mRNA 编码的肽作为条形码，避免了由额外的 DNA 条形码引起的假阳性，并扩展了适用的动物模型。其次，确定哪些蛋白质在靶向作用中发挥关键作用并将其与 LNPs 的合成联系起来，将对指导设计具有更强内源性靶向能力的 LNPs 具有重要意义。最近的研究通过将 LNPs 与血清或血浆孵育并分离蛋白冠用于成分分析来鉴定这些蛋白质。然而，这种方法并没有反映 LNPs 在体内遇到的真实环境，且忽略了软蛋白冠的作用。因此，需要更可靠的原位分析方法来评估蛋白冠。再次，虽然蛋白冠中蛋白质的种类和组成对保证靶向性至关重要，但目前很难调节这些特征。最后，由于在进入临床试验之前，纳米药物需要在小鼠和非人灵长类动物中进行测试，因此 LNPs 介导的核酸药物在不同物种中效用的高度相关性是重要的。核酸药物体内递送和细胞对 LNPs 的反应具有物种依赖性。因此，在小鼠中具有内源性主动靶向的 LNPs 在人类中可能不能有效靶向。在机制上，解剖结构、蛋白冠的组成和细胞内部信号转导的差异可能导致物种依赖的反应。第一，从注射部位到靶向部位的路径长度和血管开窗的大小不同，这可能导致 LNPs 的物种依赖性分布[16]。第二，蛋白冠的形成很大程度上受生物体液的影响，因此小鼠血液中蛋白质在 LNPs 上的沉积会不同，导致不同的纳米生物相互作用。不同的性别和生理状态也可能影响蛋白冠的组成，导致不同的体内核酸传递。第三，细胞感知外部刺激（即 LNPs 或其有效载荷）后发生的信号级联调节核酸的表达，这些效应是依赖于物种的，可以影响 LNPs 的功能分布。

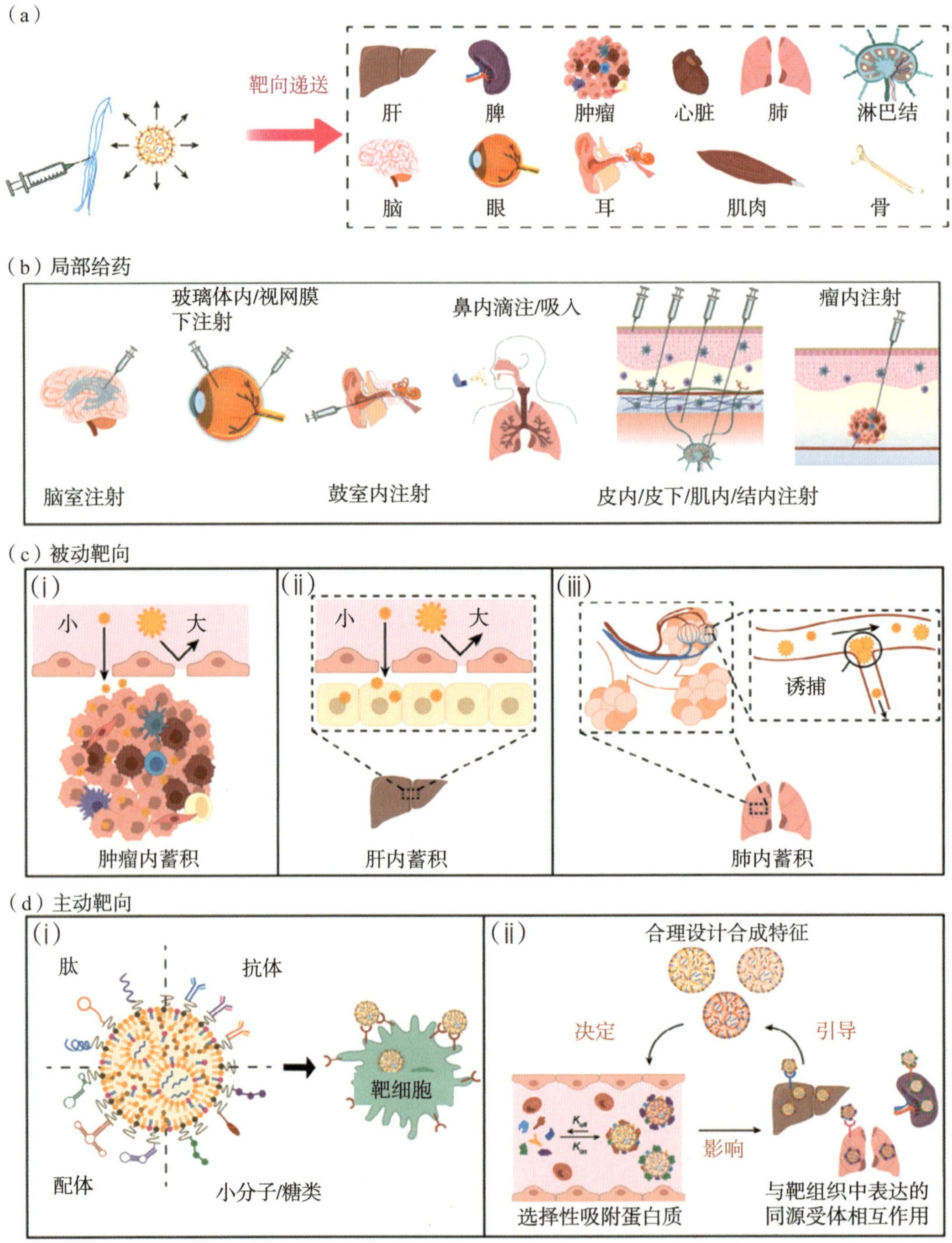

(a)LBNP 的主要器官屏障是靶向传递。(b)LBNP 的不同局部给药途径。(c)LBNP 被动靶向于肿瘤、肝脏和肺,这主要取决于 LBNP 的大小。(d)两种类型的活性靶向策略,包括(ⅰ)依赖于配体修饰的外源性活性靶向和(ⅱ)利用蛋白冠作为靶向配体的内源性活性靶向。

图 2-2-1　器官障碍和应对策略的示意图[23]

第三节　亚器官屏障

当到达特定的器官时，LBNP 必须离开血管，穿透细胞外基质以接近靶细胞。如果局部给药，LBNP 将面临更多障碍，如黏液和紧密连接的上皮细胞[见图 2-3-1(a)]。

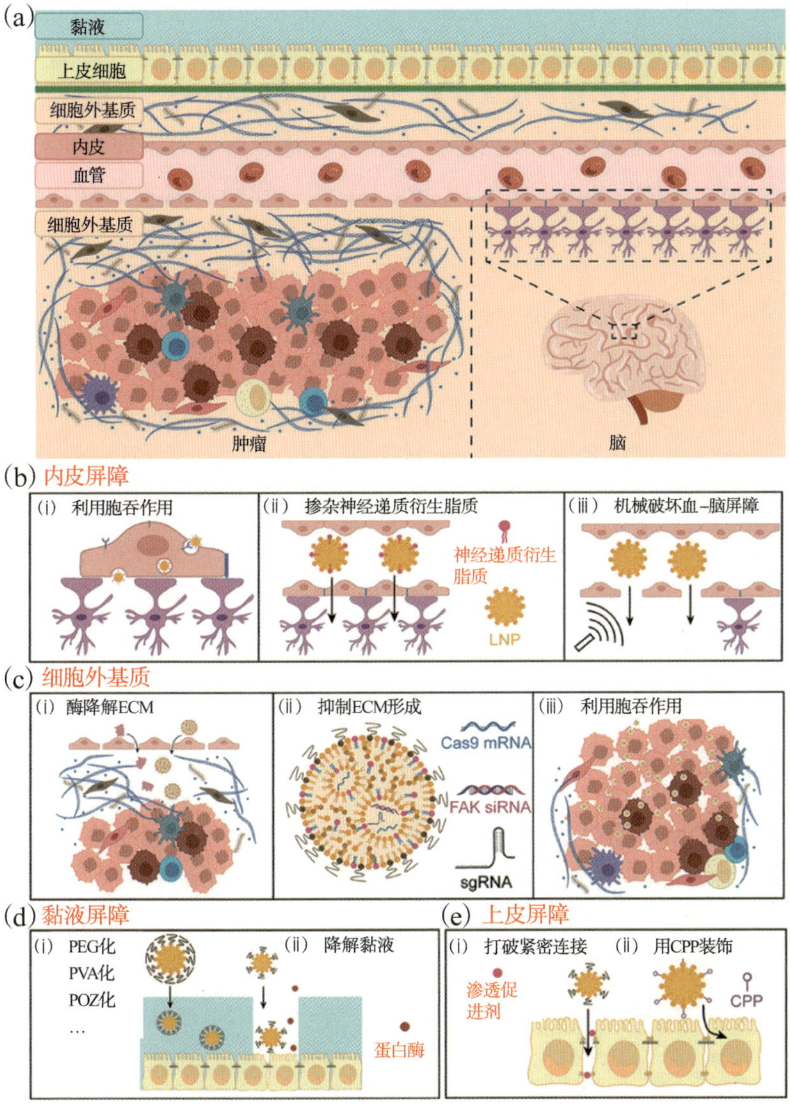

(a)不同的亚器官屏障，包括黏液、上皮细胞、细胞外基质(extracellular matrix，ECM)和内皮细胞。(b)LBNP 穿过内皮细胞的化学和物理方法，包括(ⅰ)利用胞吞作用，(ⅱ)用神经递质向 LNPs 掺杂神经递质衍生的脂质，以及(ⅲ)通过机械力瞬时破坏血-脑屏障。(c)LBNP 穿透肿瘤中致密的 ECM 的策略，包括(ⅰ)使用酶降解 ECM 成分，(ⅱ)同时传递 FAK siRNA 和其他核酸来抑制 ECM 的形成，以及(ⅲ)利用胞吞作用进行更深入的渗透。(d)LBNP 穿透黏液的策略，包括(ⅰ)用 PEG、聚乙烯醇(polyvinyl alcohol，PVA)、聚 2-烷基-2-噁唑啉[poly (2-alkyl-2-oxazoline)，POZ]或其他亲水聚合物装饰 LBNP，(ⅱ)使用蛋白酶破坏黏液屏障。(e)LBNP 跨越上皮屏障的策略，包括(ⅰ)使用渗透增强子暂时扰乱紧密连接或上皮细胞膜，以及(ⅱ)用细胞穿透肽(cell penetrating peptide，CPP)装饰 LBNP。

图 2-3-1　亚器官障碍和应对策略的示意图[23]

一、内皮屏障

血管内皮是由位于血管内表面的单层内皮细胞组成的。它是血液和组织之间的可渗透性屏障，控制物质交换，在维持血管稳态中起着关键作用。溶质的内皮细胞通透性在很大程度上取决于它们的物理化学性质，包括大小、电荷、亲水性、形状和柔韧性等。一般来说，葡萄糖、水、离子等小分子亲水物质可以很容易地通过细胞旁途径穿透内皮屏障。对于大分子和纳米颗粒，渗透是选择性的，主要通过胞吞作用实现，是一个受体介导的过程，在这个过程中，这些物质被捕获在细胞一侧的囊泡中，通过细胞运输，并在另一侧排出。内皮细胞的结构因其在体内的位置和病理状态而显著不同，也显著影响溶质的渗透。由于大脑的中心作用和脆弱的微环境，血-脑屏障是哺乳动物体内最具限制性的内皮屏障。它可以防止血液中的大多数物质进入大脑，包括 LBNP。除了血-脑屏障外，肺、心脏、视网膜、脂肪组织与大部分动脉和静脉的内皮都紧密相连，这给基于 LBNP 的核酸治疗带来了挑战[17]。利用胞吞作用是绕过内皮屏障的主要途径，这可以通过利用与内皮细胞上的受体结合的配体对 LBNP 进行修饰来实现[见图 2-3-1(b)]。这些配体包括 OX26 单克隆抗体和转铁蛋白、靶向转铁蛋白受体、狂犬病毒糖蛋白(rabies virus glycoprotein，RVG)肽靶向烟碱乙酰胆碱受体和 Angiopep-2 肽靶向低密度脂蛋白受体相关蛋白。一些血浆蛋白，如载脂蛋白 A-I(ApoA-I)和 ApoE，可以通过受体介导的胞吞作用穿过血-脑屏障。据此，类似于内源性靶向，LBNP 可以被设计用来招募这些蛋白质进行胞吞作用。通过将神经递质衍生的脂质掺杂到血-脑屏障不通透的 LNPs 中，成功实现了 ASO 的功能基因沉默。血-脑屏障的瞬时机械破坏是另一种被广泛探索的策略，包括超声聚焦、立体定向放射疗法、电场疗法和激光诱导热疗。

二、细胞外基质屏障

ECM 是一个围绕着实体组织中的细胞三维网络，它为细胞提供体系结构上的支持，储存营养物质，分离组织，并调节细胞间的信号交流。ECM 的成分包括水、固定蛋白和蛋白聚糖，不同组分在不同的组织中浓度有所不同。这些分子共同调节 ECM 的力学和化学性质，进而影响生物过程。例如，过量的胶原蛋白和透明质酸会导致肿瘤的外基质比正常组织更硬，纤维化程度更高。这种异常调节的 ECM 在癌细胞的增殖、分化和转移中起着重要作用，并为基于 LBNP 的核酸递送带来了巨大的挑战。密集的 ECM 网络在空间上阻碍了纳米载体的运动，限制了它们对大多数肿瘤细胞的可及性。与其他无机纳米材料不同，LBNP 是一种相对较软的纳米颗粒，在 ECM 产生的渗透胁迫下更有可能发生结构变化或坍塌[18]。研究表明，ECM 的刚度可以通过调节机制调节外源性 mRNA 的转染和表达。

ECM 调节，是一种很有前途的增强 LBNP 渗透的策略，包括 ECM 降解和抑制 ECM 形成[见图 2-3-1(c)]。为了诱导 ECM 降解，降解 ECM 成分的酶，包括菠萝蛋白酶、胶原酶和透明质酸酶，可以与 LBNPs 共同给药或偶联到纳米颗粒上。一些化学物质也可以降低 ECM 的丰度，促进脂质 siRNA 复合物进入肿瘤。抑制 ECM 的形成是改善 LBNP 递送的一个更基本的策略。局灶性粘连是一种大分子集合，作为细胞和 ECM 之间的机械连接。通过局灶性粘连，细胞可以对 ECM 施加拉力，从而增加 ECM 的刚度。这种机械转导依赖于许多信号蛋白，如 Src、黏附激酶(focal adhesion kinase，FAK)、整合素连接激酶(integrin-linked kinase，ILK)和磷酸酶。因此，抑制这些蛋白质的活性有助于防止异常 ECM 的形成。在最近的一项研究中，研究人员使用 LNPs 同时递送 FAK siRNA、Cas9 mRNA 和小向导 RNA(sgRNA)，以提高基因编辑效果。siRNA 诱导的 FAK 抑制降低了 ECM 的刚度，促进了 LNPs 的内吞作用和肿瘤的渗透，整体基因编辑效率超过 10 倍。另一项研究发现，通过脂质体 siRNA 抑制血管内皮生长因子 R2 (vascular endothelial growth factor receptor 2，VEGFR2)改善了负载多西环素的脂质体的瘤内分布，这主要是由于 ECM 的重构，而不是 EPR 效应[19]。除了 ECM 的调节外，胞吞作用还为肿瘤的主动渗透提供了另一种策略，用肿瘤细胞靶向配体修饰 LBNP 可以触发胞吞作用，提高渗透和内化。

三、黏膜屏障

对于局部传递的 LBNP，黏液是一个不可避免的屏障，其覆盖在身体的大部分上皮细胞表面，以阻止病原体和异种生物体入侵。黏液是一种黏性、胶状物质，由水、黏蛋白和其他非黏蛋白、脂质、DNA 和酶组成，其中黏蛋白是关键成分。其富含半胱氨酸的区域，黏蛋白分子通过二硫键相互交联，形成网径为 10～200 nm 的三维网络，限制了外来物质的移动。黏蛋白也被海藻糖、半乳糖、唾液酸、N-乙酰氨基葡萄糖(GlcNAc)高度糖基化，这种糖基化提供了丰富的负电荷，增强了屏障。此外，非糖基化蛋白结构域是疏水的，增加了通过疏水相互作用与外来物质结合的可能性。

大小、电荷和亲水性是决定 LBNP 黏液穿透能力的最重要特征。这就要求 LBNP 必须足够小，以避免致密蛋白网络的空间阻碍；携带中性或负电荷，以减少与黏蛋白的静电结合；具有亲水表面，以避免疏水相互作用。由于聚乙二醇的电中性、高灵活性和显著的亲水性，聚乙二醇化是迄今为止渗透黏液的纳米药物递送系统工程的“金标准”[见图2-3-1(d)]。聚乙二醇的接枝密度和分子量是提供黏液惰性特性的关键，需要保持良好的平衡，才能使聚乙二醇保持“致密刷状”构象，以更有效地减少与黏液的结合。在一项吸入 mRNA 传递系统的研究中，在 mRNA-LNP 中添加相对较小量的 PEG 脂质(从 1.5%到 3.5%)显著扩大了它们在黏液悬液中的扩散范围，可能是由于 PEG 构象的变化。同样，有研究使用高比例的 DMG-PEG(二甲基甘氨酸-聚乙二醇，分子量 2000)来制备脂质体封装的 PEI/DNA 纳米颗粒，以提高胃肠道黏液层的通透性，并介导高水平的转染效率。除了聚乙二醇，PVA、POZ 和一些聚两性离子也被用于探索黏液渗透。如图 2-3-1(d)所示，使用蛋白酶破坏黏液屏障是另一种可能的策略，但需要仔细评估其安全性。

四、上皮屏障

在进行局部给药过程中，特别是通过胃肠道、呼吸和经皮给药时上皮细胞是另一个强大的屏障。在解剖学上，上皮细胞通过细胞间相互连接而形成一个紧密连接的层，将内部组织与外部环境分开，以防止外来入侵。与此同时，上皮屏障允许水和其他维持生理活动所必需的物质的选择性运输。上皮外转运主要通过两种方式发生：①细胞外，依赖于囊泡介导的内吞和胞吐作用；②细胞旁，指细胞间的转运[20]。

到目前为止，已经开发了两种策略来增强 LBNP 的上皮渗透性。第一种策略，紧密连接或上皮细胞膜可以被毒素、乙二胺四乙酸、壳聚糖、酰基肉碱、胆盐、中链脂肪酸和一些非离子表面活性剂等渗透增强剂暂时干扰，为纳米颗粒的经上皮运输创造了有利的条件[见图 2-3-1(e)]。然而，上皮屏障的破坏虽然是永久性的，但会引起安全问题。另一种很有前途的方法是用细胞穿透肽来修饰 LBNPs。CPPs 是一类短肽(<30 个氨基酸)，可促进细胞摄取从小化合物到大核酸再到纳米颗粒的物质[21]。CPP 已成功用于增强上皮细胞对 LBNP 的摄取和渗透，从而更有效地递送化学药物，如图 2-3-1(e)所示。这些成功的例子为胃肠道和呼吸道 LBNP 基核酸治疗药物的发展奠定了良好的基础。

第四节　细胞屏障

核酸药物必须进入细胞才能发挥治疗作用。因此，负载核酸药物载体的摄取效率很重要，它主要由细胞摄取效率和胞吐率决定[见图 2-4-1(a)]。

一、细胞摄取

内吞作用是核酸药物进入细胞内部的主要途径，它分为吞噬作用和胞饮作用。吞噬作用只发生在吞噬细胞中，可以清除体内的大颗粒(超过 0.5 μm)，如微生物、异物、凋亡的细胞等。几乎所有类型的细胞都可以发生胞饮作用，胞饮作用包括四种主要类型——网格蛋白介导的内吞作用、小窝蛋白介导的内吞作用、巨胞饮作用以及不依赖网格蛋白和小窝蛋白的内吞作用[见图 2-4-1(a)][22]。

网格蛋白介导的内吞作用是大多数细胞最主要的内吞途径。其中载体与特定细胞表面受体结合导致内陷，在细胞内形成网格蛋白包被的囊泡，这些囊泡形成核内体，最终与溶酶体融合。如果不及时逃逸，载体及其负载的核酸药物将在酸性和富含水解酶的溶酶体中被破坏。

小窝是质膜表面的灯泡状凹陷，含有小窝蛋白、胆固醇和鞘磷脂等成分。小窝的直径为 60～80 nm，广泛分布于内皮细胞、脂肪细胞和肌肉细胞等多种细胞表面。与网格蛋白介导的细胞摄取不同，小窝介导的摄取可以跨越溶酶体途径，将核酸药物递送到高尔基体，再通过包被蛋白Ⅰ(coat protein Ⅰ，COPⅠ)被膜小泡将核酸药物从高尔基体转运至内质网,减少核酸药物在溶酶体中的降解,从而提高转染效率[23]。

巨胞饮作用也在核酸药物跨细胞膜运输中发挥作用,它依赖于外部刺激后形成膜褶,然后闭合成大的巨胞饮体。含有液体和颗粒的巨胞饮体与溶酶体融合或返回细胞表面。

除了上述三种途径外,在某些情况下,内吞作用既不依赖网格蛋白、小窝,也不依赖巨噬细胞,机制尚未阐明。

基于脂质的纳米递送系统是使用最广泛的非病毒核酸递送载体,已经被用于多种疾病的治疗。以脂基纳米颗粒为例,不同类型脂基纳米颗粒的内吞途径和效率存在显著差异,蛋白质吸附对它的细胞摄取途径和效率也有显著影响。脂基纳米颗粒的物理化学性质包括组成、大小、表面电荷和形状,都会影响细胞摄取效率[见图 2-4-1(b)]。

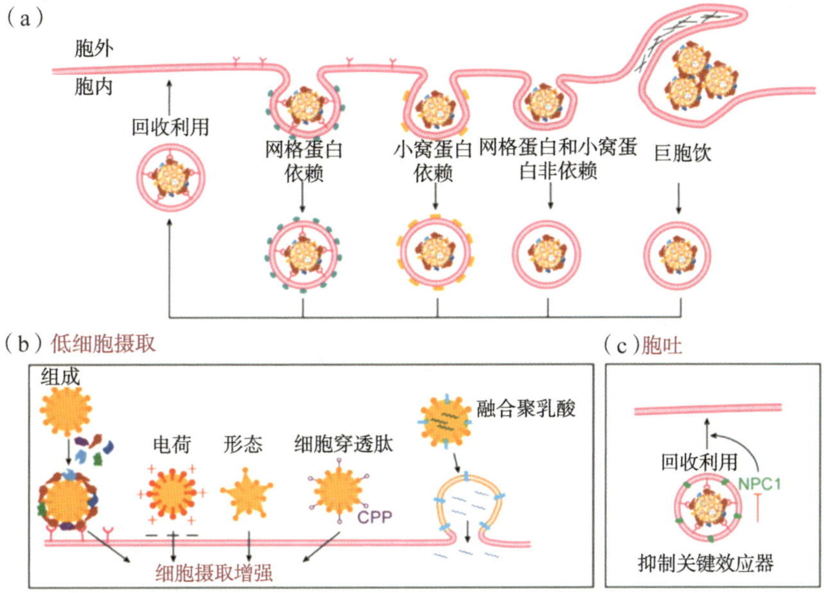

(a)LBNP 的胞吞作用和胞吐作用。(b)增强 LBNP 细胞摄取的策略,包括调整组成、电荷和形状,用 CPP 装饰,以及利用融合相关的小跨膜蛋白。(c)减少 LBNP 胞吐的策略,如抑制尼曼-皮克(Niemann-Pick)型 C1(NPC1)。

图 2-4-1　细胞障碍和应对策略的示意图[23]

蛋白冠在决定脂基纳米颗粒的细胞摄取途径和效率方面起着重要作用,脂基纳米颗粒的形成在很大程度上取决于它的组成。例如,ApoE 是脂质纳米颗粒蛋白冠中的关键成分,通过与 LDLR 结合介导肝细胞摄取。而 ApoE 在脂质纳米颗粒上的吸附在很大程度上受可电离脂质、辅助脂质和 PEG-脂质的结构和比例的影响,从而改变细胞摄取效率。表面电荷也影响脂基纳米颗粒和细胞之间的相互作用。一般来说,因为细胞膜中有大量的阴离子脂质,所以带正电的纳米颗粒更容易被细胞吸收。而这种强静电相互作用也可能诱导光化和毒性。脂基纳米颗粒的形状也影响细胞摄取,可能是因为表面积的改变,例如,星形脂质纳米颗粒相对于球形摄取效率更高。

内吞介导的核酸药物摄取是有效的,但溶酶体降解和细胞质中可用性差仍然是有效递送核酸药物的重大挑战。增强核酸药物的内吞作用是细胞质中可用性增加的先决条件;另一方面,可以利用跨越内体/溶酶体途径、直接胞质递送核酸药物的策略(见图 2-4-2)绕过核内体,促进细胞质传递[23]。

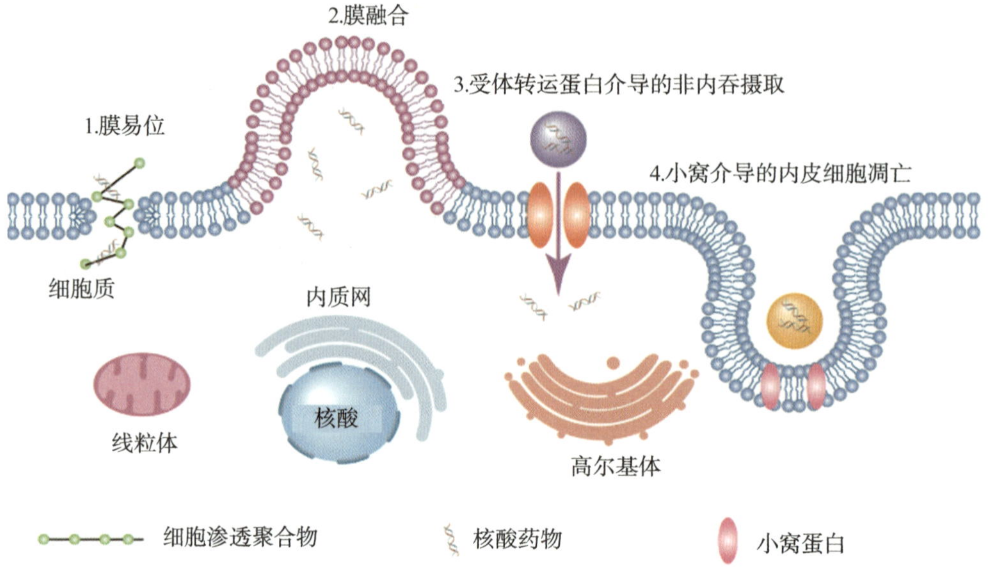

图 2-4-2　跨越内体/溶酶体途径的核酸药物细胞内递送策略示意图[23]

(一)膜异位

特定的化学基团与细胞膜上的分子发生相互作用后,使细胞膜去稳定化,引起细胞外物质直接跨膜易位进入细胞质。CPP 及其衍生物细胞穿透聚二硫化物是两类具有直接跨膜性质的聚合物载体,可以将负载的物质直接递送到胞质中,避免经过内体/溶酶体途径。

(二)膜融合

膜融合是实现细胞间信息交流与物质运输的基本生理过程,发生于整个生命周期中。膜融合过程中,在融合蛋白的作用下,膜的距离被拉近,脂质双层结构发生局部去稳定化和脂质重排,形成融合孔并扩大,最终两个单独的脂质层融合为一个连续的脂质层,使得细胞内容物发生混合。受此启发,研究人员开发了人工膜融合系统,并用于核酸药物递送。通过与靶细胞发生膜融合,被负载的核酸药物直接进入胞质,不受内体/溶酶体限制,提高了递送效率。目前主要基于调整脂质体配比和参考天然膜结构及组分等方法进行载体设计和修饰,且已开发出多种膜融合策略。

(三)受体或转运体介导的非内吞细胞摄取

受体/转运体介导的非内吞机制使底物通过受体或转运体在细胞膜上形成的通道直接跨膜转运进入胞质中,因此可以利用这些受体/转运体将化学结构中含有或修饰有相应转运底物的核酸药物直接递送至胞质中,从而避免其被困于内体/溶酶体。

二、胞吐作用

胞吐作用在清除细胞内不需要的分子和颗粒以及蛋白质分泌中起着重要作用[见图 2-4-1(a)]。因此,胞吐作用在很大程度上有助于确定负载核酸药物的载体在细胞的保留和随后核酸药物的可用性。

内吞循环是内吞物质胞吐过程中的一个重要机制。内吞进入细胞的大分子经过分选后,一部分经由内吞循环运输回到质膜,一部分通过逆向运输被运送到高尔基体,还有一部分经由晚期内体送到溶酶体进行降解[24]。

抑制循环途径的关键调节因子可以阻断胞吐作用并增强核酸药物的保留。NPC1 是一种 13 次跨膜糖蛋白,缺乏该物质会导致晚期内体或溶酶体功能障碍和胆固醇积累,进而导致肝脏和神经变性。受此启发,有学者证明,抑制 NPC1 可以改善负载 siRNA 的 LNPs 在细胞内的积累。这为在 NPC1 功能受损的溶酶体贮积性疾病中使用核酸治疗提供了可能。然而,考虑到胞吐在细胞代谢中的重要性,这种策略在治疗其他非 NPC1 相关疾病时可能会引起安全性问题。

负载核酸药物载体的组成也会影响内吞循环,例如在脂基纳米颗粒中,用羟基胆固醇取代胆固醇或增加阳离子脂质的碳链长度可以减少循环内体的存在并增强核酸药物的保留。

第五节　亚细胞屏障

细胞质可利用性决定了核酸药物的治疗效果。因此,发生内吞作用后,核酸药物必须从内体中释放出来。对于一些核酸治疗的应用,靶向特定的细胞器是必要的,同时也是一个重大的挑战(见图 2-5-1)。

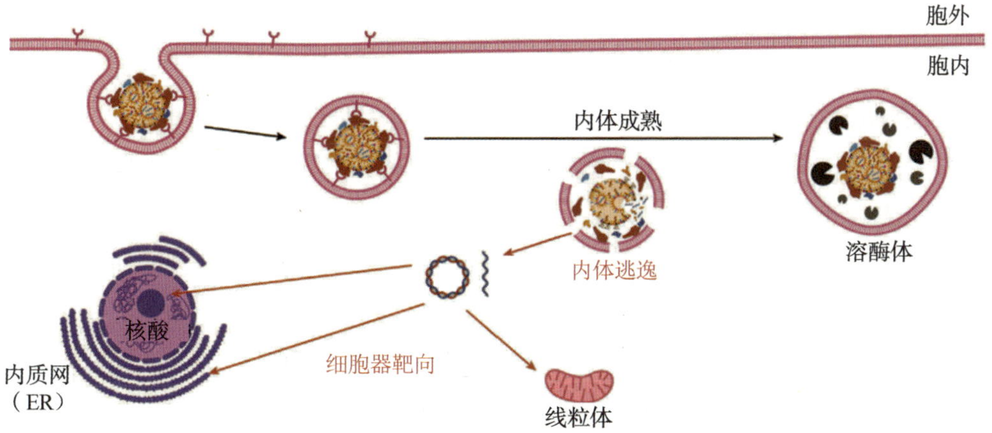

图 2-5-1　亚细胞屏障示意图,LBNPs 有效递送烟酰胺腺嘌呤二核苷酸(NAD)的关键细胞内步骤,包括内体逃逸和细胞器靶向[22]

一、内体逃逸

核酸药物的内吞作用包括多个阶段。内吞囊泡首先与已有的早期核内体融合，逐渐成熟为晚期核内体，最后与溶酶体融合。

在这一过程中，pH 缓慢下降，早期核内体的 pH 从 7.4 降至 6.5 左右，晚期核内体的 pH 降至 6.0 左右，溶酶体的 pH 最终降至 5.0 左右。溶酶体环境呈酸性，且含有一定丰度的水解酶，这给大多数载体及其负载的核酸药物带来了极大挑战。

目前，有研究者提出了许多内体逃逸的机制[25]来提高载体的内体逃逸能力，以提高其负载的核酸药物的利用率。

(一)质子海绵效应

质子海绵效应通常是 PEI 等阳离子高分子材料的溶酶体逃逸机制。质子海绵效应是指聚合物上伯胺、仲胺和叔胺基团在溶酶体内发生质子化，质子不断被泵入内体/溶酶体，为保持电解质电荷平衡，氯离子也大量泵入内体/溶酶体，导致内体/溶酶体渗透压变高，最终导致内体/溶酶体破裂，将聚合物载体释放至细胞质。

(二)膜融合机制

膜融合是将两个紧密贴附的脂质双分子层合并成一个双分子层的过程，一些病毒、脂质体-纳米复合体系可通过与细胞膜上的脂质成分进行融合，从而促进内体/溶酶体逃逸。因此，在载体表面覆盖膜结构可以使其直接与细胞膜融合，进而成功输送核酸药物。

(三)膜孔洞形成机制

内体/溶酶体上的孔洞由促进孔洞张开和关闭之间的力的平衡所决定。一些孔洞促进剂，如多肽，可降低关闭孔洞的力，从而维持孔洞的开放状态。如 LNPs 可通过 Rabankyrin-5 相关过程所触发的吞噬途径进入海拉(HeLa)细胞和肝细胞。当 LNPs 被包裹在内体中时，孔洞短暂形成，进而将小干扰 RNA 释放到细胞内。

(四)膜破裂机制

导致膜破裂的方式有很多，膜破裂可以通过物理手段(如电穿孔、声波和冲击波)或化学手段(膜活性肽、阳离子材料/抗菌肽、化学药物如洋地黄素和皂苷)来诱导完成。

(五)光化学破坏机制

光化学破坏引起的内体/溶酶体逃逸也称为光化学内化。在可见光照射下，通过一系列光化学和光生物学反应，光敏剂可以通过包封或化学偶联引入载体产生并释放活性氧或热量以破坏内体/溶酶体膜，加速细胞内药物从内体/溶酶体中逃逸，促进胞浆内运输。药物载体为实现内体逃逸可以进行一些结构修饰[26]。

(六)聚合物修饰

胺类聚合物如 PEI、聚酰胺-胺等，其结构中含有大量的胺基，能够吸附质子，避免药物受酸性环境影响，还能增大内体内渗透压，使离子内流，造成膜的胀破，实现内体逃逸。除此之外，咪唑类聚合物具有类似的作用。咪唑是分子结构中含有两个间位氮原子的五元芳杂环化合物。咪唑基在 pH 小于 6 时，会被质子化。由于内体的内环境 pH 较小，咪唑基团具有很好的质子化介导作用，促使“质子海绵效应”的发生。与胺类聚合物相比，聚组氨酸或聚咪唑类载体的转染效率更高，这可能与咪唑基能破坏内体膜的融合活性有关。

(七)多肽的融合

部分两性分子多肽中含有酸性氨基酸，如谷氨酸，其带有负电荷的羧基在中性条件下破坏多肽的 α-螺旋结构的稳定性，而在酸性环境中，促进亲水亲油的两性螺旋结构的形成，通过与内体内膜的融合破坏内体。携带此种多肽序列的载体具有很强的内体逃逸能力。

(八)添加光化学诱导剂

采用光化学方法使生物载体从内体通路释放到胞浆的手段现已被广泛研究。许多光敏剂，包括 TPPS4、TPPS2a、AIPcS2a 和基于树枝状大分子的光敏剂主要定位在内体的膜表面，暴露于光下后，这些光敏剂会引起活性氧(reactive oxygen species，ROS)的形成，短时间内破坏内体膜，而细胞内容物仍能保持完整并被递送至细胞质中。

(九)pH 敏感型材料的结合

pH 敏感型材料是一类能够响应所在环境 pH 的微小变化，因 pH 变化其分子结构和物理性能发生一定变化的新型材料。在机体病变细胞，以肿瘤细胞为例，肿瘤微环境具有低 O_2、低 pH、间质高压、血管高渗透性等特点，生理状态下，正常组织细胞外 pH 介于 7.2～7.4，而恶性肿瘤细胞外 pH 介于 6.5～6.9。通过在药物载体上引入 pH 敏感型材料，使其仅在靶点特定 pH 条件下完成药物释放，既实现了内体逃逸，又能使药物在靶点处有效释放。

(十)脂质材料

二油酰磷脂酰乙醇胺(dioleoyl phosphatidyl ethanolamine，DOPE)及其衍生物在环境中会发生相变，继而破坏内体膜。相关研究表明，磷脂酰乙醇胺连接不同种类的不饱和脂肪烃链，在生理条件下带负电荷，复合物表现为层状，在 pH 下降时，聚乙烯(PE)质子化使得复合物变为六角形。六角形的复合物对膜具有较大的破坏性，能够完成内体逃逸。

二、靶向细胞器

胞内的细胞器协同执行细胞生命所必需的各种活动。这些细胞器中的任何一个功能障碍都可能导致疾病。因此，在细胞器水平上精准地提供核酸治疗与在组织和细胞水平上同样重要。

从内体逃逸后，核酸药物应该移动到目标细胞器上发挥作用。核酸在胞质的流动性很大程度上取决于它们的大小：较小核酸（如 siRNA 和 miRNA）可以很容易地分布于胞质，而较大核酸（如 pDNA 和 mRNA）的扩散基本上受到限制。因此，这种扩散屏障对 pDNA 和其他大型 NADs 的细胞器靶向产生了额外的挑战。

细胞核是细胞的中心，储存遗传信息，控制基因表达。一些核酸药物及递关系统，特别是 pDNA 和 CRISPR-Cas9 系统，必须进入细胞核才能发挥治疗作用。然而，核膜对大核酸分子药物的进入造成了相当大的阻碍，特别是在非分裂细胞中。核胞质的交换在很大程度上依赖于核孔复合物（nuclear pore complex，NPCs），它允许小分子（$<$50 kDa 或直径$<$9 nm）的被动扩散和核定位信号（nuclear localization signal，NLS）介导的大分子的主动运输。NLSs 可用于脂基纳米颗粒，以增强其核定位，从而更有效地递送核酸药物。添加能被含有 NLS 的细胞质转录因子识别的核苷酸序列也能促进核转运。通过反式环己烷 1，2-二醇（trans-cyclohexane 1，2-diol，TCHD）暂时破坏 NPC 也可以增强载体介导的转染，但潜在的毒性限制了其在体内的应用。

内质网作为细胞内一个巨大的、动态的连续膜网络，具有多种重要功能，包括蛋白质合成、钙储存和物质运输等，内质网的破坏与多种疾病有关。迄今为止，基于靶向内质网的核酸递送主要有两种策略：通过调节物理化学性质的被动靶向和通过配体修饰的主动靶向。以脂基纳米颗粒为例，通过与内质网膜杂交，载体能够劫持逆行高尔基体-内质网途径，逃避溶酶体降解，实现核酸靶向内质网运输。此外，根据“相似相溶”的原理，改造脂基纳米颗粒的亲脂性和其他物理化学性质可以赋予内质网的靶向能力。对于主动靶向，可以选择多种配体进行修饰——小分子如磺酰配体、氯离子配体和两性离子配体，多肽如 pardaxin（PAR）和一些内质网定位信号肽。研究人员使用 PAR 修饰的阳离子脂质体来递送 pDNA 和 CRISPR-Cas9 系统，成功地提高了物质的递送效率，并促进了它们在内质网中的积累。

内质网紧邻细胞核，并且内质网是编码膜或分泌蛋白的 mRNA 翻译位点，以及 miRNA 介导的翻译抑制位点。运用内质网靶向策略，可以有效改变细胞摄取方式，实现小窝介导的内吞，从而改变胞内运输途径，减少溶酶体对核酸药物的降解，进而促进核酸药物发挥相应作用。

线粒体是细胞中相对独立的细胞器，具有双膜结构和线粒体基因组 mtDNA。线粒体最重要的作用是通过产生腺苷三磷酸（ATP）为细胞提供能量。线粒体功能障碍会导致许多严重的疾病，包括癌症和神经退行性疾病。质子在线粒体内膜形成化学渗透梯度，驱动 ATP 的合成，使得线粒体膜电位呈高度负电性（约$-$180 mV）。这种特殊的膜电位通过静电相互作用为线粒体靶向提供了极好的机会。有学者利用八精氨酸（R8）和高分化脂质，开发了一种基于脂质体的载体，称为 MITO-Porter，将核酸等大分子物质引入线粒体（见图 2-5-2）。由于 R8 的高密度，MITO-Porter 可以通过巨噬细胞作用而不是网格蛋白介导的内吞作用被细胞内化，从而避免溶酶体降解。在逃离巨胞饮体后，MITO-Porter 可以通过带阳离子的 R8 和带负电荷的线粒体之间的静电相互作用与线粒体结合。然后，MITO-Porter 的外膜与线粒体膜融合，促进核酸药物释放进入线粒体。一些线粒体靶向肽也可以被用于相同的目的。

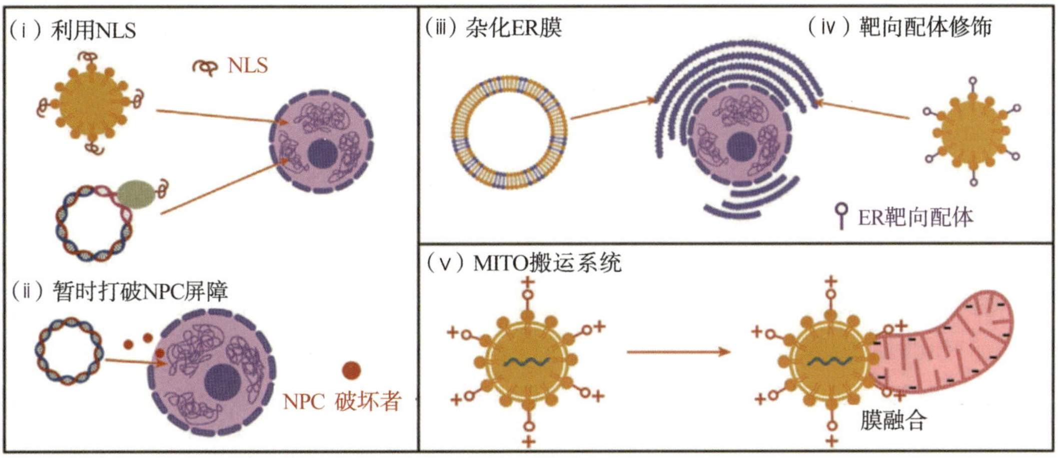

（ⅰ）利用核定位信号或（ⅱ）暂时打破 NPC 屏障以增加核靶向，（ⅲ）将 LBNP 与内质网膜（ER 膜）杂交，或（ⅳ）用内质网靶向配体修饰 LBNP 以靶向内质网，（ⅴ）使用 MITO-搬运系统进行线粒体靶向。

图 2-5-2　LBNPs 的细胞器靶向策略

参考文献

[1]KUBOTA K，ONISHI K，SAWAKI K，et al. Effect of the nanoformulation of siRNA-lipid assemblies on their cellular uptake and immune stimulation[J]. Int J Nanomed，2017，12：5121-5133.

[2]CHEN E，CHEN B M，SU Y C，et al. Premature drug release from polyethylene glycol (PEG)-coated liposomal doxorubicin via formation of the membrane attack complex[J]. ACS Nano，2020，14(7)：7808-7822.

[3]BIGINI P，GOBBI M，BONATI M，et al. The role and impact of polyethylene glycol on anaphylactic reactions to COVID-19 nano-vaccines[J]. Nat Nanotechnol，2021，16(11)：1169-1171.

[4]SEBASTIANI F，YANEZ A M，LERCHE M，et al. Apolipoprotein E binding drives structural and compositional rearrangement of mRNA-containing lipid nanoparticles[J]. ACS Nano，2021，15(4)：6709-6722.

[5]MIAO L，LIN J，HUANG Y，et al. Synergistic lipid compositions for albumin receptor mediated delivery of mRNA to the liver[J]. Nat Commun，2020，11(1)：2424.

[6]HATAKEYAMA H，AKITA H，ITO E，et al. Systemic delivery of siRNA to tumors using a lipid nanoparticle containing a tumor-specific cleavable PEG-lipid[J]. Biomaterials，2011，32(18)：4306-4016.

[7]MUI B L,TAM Y K,JAYARAMAN M,et al. Influence of polyethylene glycol lipid desorption rates on pharmacokinetics and pharmacodynamics of siRNA lipid nanoparticles[J]. Mol Ther-Nucleic Acids,2013,2(12):e139.

[8]NGO W,AHMED S,BLACKADAR C,et al. Why nanoparticles prefer liver macrophage cell uptake in vivo[J]. Adv Drug Deliv Rev,2022,185:114238.

[9]SAUNDERS N R M,PAOLINI M S,FENTON O S,et al. A nanoprimer to improve the systemic delivery of siRNA and mRNA[J]. Nano Lett,2020,20(6):4264-4269.

[10]JAYARAMAN M,ANSELL S M,MUI B L,et al. Maximizing the potency of siRNA lipid nanoparticles for hepatic gene silencing in vivo[J]. Angew Chem Int Edit,2012,51(34):8529-8533.

[11]NAI J,ZHANG J,LI J,et al. Macrophage membrane-and cRGD-functionalized thermosensitive liposomes combined with CPP to realize precise siRNA delivery into tumor cells[J]. Mol Ther-Nucleic Acids,2021,27:349-362.

[12]TORCHILIN V. Tumor delivery of macromolecular drugs based on the EPR effect[J]. Adv Drug Deliv Rev,2011,63(3):131-135.

[13]KASIEWICZ L N,BISWAS S,BEACH A, et al. GalNAc-Lipid nanoparticles enable non-LDLR dependent hepatic delivery of a CRISPR base editing therapy[J]. Nat Commun,2023,14(1):2776.

[14]BREDA L,PAPP T E,TRIEBWASSER M P,et al. In vivo hematopoietic stem cell modification by mRNA delivery[J]. Science,2023,381(6656):436-443.

[15]QIU M,GLASS Z,CHEN J,et al. Lipid nanoparticle-mediated codelivery of Cas9 mRNA and single-guide RNA achieves liver-specific in vivo genome editing of Angptl3[J]. Proc Natl Acad Sci U S A,2021,118(10):e2020401118.

[16]LAM K,SCHREINER P,LEUNG A,et al. Optimizing lipid nanoparticles for delivery in primates[J]. Adv Mater,2023,35(26):e2211420.

[17]TASSET A,BELLAMKONDA A,WANG W,et al. Overcoming barriers in non-viral gene delivery for neurological applications[J]. Nanoscale,2022,14(10):3698-3719.

[18]SEONG J,WANG N,WANG Y. Mechanotransduction at focal adhesions: from physiology to cancer development[J]. J Cell Mol Med,2013,17(5):597-604.

[19]SAKURAI Y,HADA T,YAMAMOTO S,et al. Remodeling of the Extracellular Matrix by Endothelial Cell-Targeting siRNA Improves the EPR-Based Delivery of 100 nm Particles[J]. Mol Ther,2016,24(12):2090-2099.

[20]GÜNZEL D,YU A S. Claudins and the modulation of tight junction permeability[J]. Physiol Rev,2013,93(2):525-569.

[21]MOHAMMED Y, HOLMES A, KWOK P C L, et al. Advances and future perspectives in epithelial drug delivery[J]. Adv Drug Deliv Rev, 2022, 186: 114293.

[22]HU M, LI X, YOU Z, et al. Physiological barriers and strategies of lipid-based nanoparticles for nucleic acid drug delivery[J]. Adv Mater, 2023, e2303266.

[23]欧萌,闫银雨,马宇,等.跨越溶酶体途径的核酸药物递送策略[J].中国药科大学学报,2023,54(1):34-48.

[24]林珑,史岸冰,等.细胞内吞循环运输通路及其分子调控机制[J].遗传,2019,41(6):451-468.

[25]毛铁琳,朱舟,王剑,等.促进载蛋白纳米系统在细胞内体/溶酶体逃逸的纳米材料:研究现状与未来[J].中国组织工程研究,2022,26(34):5534-5542.

[26]李成龙,李荣烨,云鹏,等.纳米药物载体的结构修饰实现内体逃逸[J].中国材料进展,2019,38(3):271-278.

第三章 肝脏靶向核酸药物递送技术

作为人体第一大实质性脏器和消化腺，肝脏承担着营养代谢、合成分泌、排泄、解毒、免疫防御等诸多重要生理功能，在维持机体健康方面发挥着至关重要的作用。鉴于肝脏的关键生理作用及其复杂的调控靶点，腺病毒、脂质体、微球、脂质纳米颗粒等肝靶向核酸药物递送载体通过将核酸药物选择性递送至肝脏，纠正肝脏基因错误、调控肝脏基因表达，进而治疗肝脏疾病、改善肝脏功能、维持机体正常生理功能和内环境稳态。肝靶向核酸药物递送技术具有巨大的治疗潜力和广阔的应用前景。

第一节 肝脏生理功能

一、营养代谢功能

肝脏参与人体内的多种物质代谢过程，包括糖类、蛋白质、脂肪、维生素以及多种激素等的代谢，将食物中的营养成分转化为身体所需的能量和基本原料，并负责将代谢产生的废物排出体外[1]。肝脏能将饮食中的糖类等转化成葡萄糖，经肠道吸收后，将其合成为肝糖原。在身体需要能量的情况下，肝细胞会将肝糖原再分解成葡萄糖供身体利用，从而维持血糖水平。因此，肝功能不良的患者进食后血糖浓度会有很大的波动。肝脏将蛋白质分解为氨基酸，随后在转氨酶和其他激酶的作用下，通过脱氨基、尿素合成等反应来降解氨基酸并对降解产物进行处理，因此，肝功能不良者血氨浓度将会高于正常人[2]。肝脏作为脂肪转运的中心，参与脂肪的合成和释放、脂肪酸分解、酮体生成与氧化、胆固醇与磷脂的合成以及脂蛋白合成和转运等过程。当脂肪代谢功能紊乱时，大量脂肪被堆积于肝脏，可诱发脂肪肝[3]。肝脏是身体中重要的维生素代谢和储存器官，维生素 A、维生素 B 族、维生素 C、维生素 D 和维生素 K 等维生素在肝脏中合成（部分维生素非肝脏合成）、储存和转化后，才能被身体有效利用。此外，肝脏还能将某些激素转化为无活性或活性较低的状态，从而调节激素水平。肝脏患病可能会影响激素代谢，导致激素水平异常。例如，在患有慢性肝病的人中，肝脏对激素的代谢能力下降，可能导致男性雌激素水平升高，出现乳房发育、性功能障碍等症状。女性患者也可能出现月经不规律、闭经等问题。

二、合成分泌功能

肝脏的合成分泌功能主要包括合成并分泌胆汁和多种蛋白质。首先，肝细胞合成并分泌胆汁，经胆管储存于胆囊并浓缩，在进食时排入小肠，参与脂肪及脂溶性物质的消化吸收[4]。胆汁亦具有协助排除代谢废物和有害物质的作用。其次，肝脏是许多蛋白质的主要生成部位。白蛋白是血清总蛋白的主要成分，约占 50%，具备维持血浆胶体渗透压、运输营养物质和代谢废物等多种功能，这些蛋白质对维持人体生命活动至关重要。肝脏也是产生凝血因子的重要器官，除凝血因子Ⅸ和凝血因子Ⅻ以外，其他凝血因子都由肝脏合成并分泌；同时，肝脏也承担纤溶酶原的合成、凝血因子的降解以及促凝物质的清除等多种抗凝作用[5]。因此，肝脏在调控血液凝固过程和保持血液流动性中扮演着关键角色。此外，肝脏还负责生成各类酶类和激素等蛋白质，对于人体生理功能的维系起着核心作用[6]。

三、解毒功能

肝脏是人体主要的解毒器官，负责处理体内各类代谢产物以及外在摄入的有害物质，如药物、食品添加剂等。在肝内多种酶类的催化作用下，毒性物质经过氧化、还原以及与水溶性物质结合等方式转化为无毒或易溶的形式，随后借助胆汁或尿液排出体外。但是肝脏的解毒功能具有一定限度，当机体过度摄入毒素时会导致中毒。然而当肝脏受损时，解毒能力就会降低，可能导致有毒物质蓄积，加剧肝脏病况，甚至威胁其他器官的健康。

四、免疫防御功能

肝脏还是人体重要的免疫器官之一，它拥有机体最大的网状内皮细胞吞噬系统，其免疫防御功能主要表现为免疫调节和吞噬作用。免疫调节主要表现为机体的自我防护功能。肝脏内的免疫细胞如库普弗细胞能生产出多种细胞因子，这些因子能够清除抗原或诱发免疫耐受，维持肝脏乃至全身的免疫状态。吞噬作用则是肝脏的巨噬细胞对血液中的异物、细菌和病毒等以及自身病变、损伤细胞的吞噬和清除，防止其对人体产生危害。这是肝脏防御体系的核心部分，有利于维持身体内部环境稳定。同时，肝脏的免疫抵御功能的强弱依赖于其健康状况，任何疾病、损伤都可能严重限制其免疫防御作用。

第二节　肝脏靶向核酸药物病毒递送载体

一、腺病毒

(一)腺病毒的研究历史和特点

腺病毒(adenovirus,AdV)最初于20世纪80年代在人类腺样体组织中被发现,现已被成功改造并应用于基因递送领域。腺病毒科包含五个属:禽腺病毒(感染鸟类)、哺乳腺病毒(感染哺乳动物)、阿塔腺病毒和斯亚腺病毒(均于2002年发现)以及鱼腺病毒。人源的腺病毒按抗原分类可归纳为六个物种(A～F),每个物种又细分出五十余个血清型。其中,腺病毒Serotype 2(Ad2)和Serotype 5(Ad5)主要用于制作重组腺病毒载体。这类载体虽能引发轻度呼吸系统病症,但并不致癌,其轻免疫反应使其成为理想的体内基因治疗载体[7]。

早在20世纪80年代,科学家就利用分离病毒复制基因、插入细胞系等手段成功构建了Ad5病毒载体,创造了病毒在特定细胞系中的复制条件,使其成为了导入所需基因的基础平台。然而,1990年杰西·吉尔辛格因注射380万亿病毒粒子导致机体产生过度炎症而死亡,这引起了研究人员对以AdV载体开发疫苗的潜在风险的关注。AdV载体本身具有炎症诱导作用,低剂量应用即可调控炎症水平。因此,进入21世纪后,部分疫苗研发团队开始聚焦于AdV作为疫苗递送载体的应用价值。2007年,首款以AdV为载体的人类免疫缺陷病毒(HIV)疫苗研发启动,然而,结果并未达到预期效果,这使得AdV作为疫苗研发工具的应用在接下来的五年里遭遇了不小的挫折。2014年,康希诺生物研究有限公司成功研发出基于AdV的埃博拉疫苗,但仅获得了紧急使用批准[8]。

(二)腺病毒的制备和生产方法

体外连接是将基因直接插入AdV基因组的经典方法,通常用于将AdV DNA的大线性片段与载有基因的质粒和剩余AdV基因组的部分连接起来。第一步是质粒构建,该过程通过使用AdV基因组的左区域(特别是左倒置末端重复)、E1A增强子序列和一个包装信号来进行。将目的基因插入质粒后,将AdV基因组和质粒都用限制酶CIa Ⅰ处理,其限制位点位于AdV的E1区域内,随后体外连接限制酶切割形成的片段。通过这些步骤,AdV的E1A区域将由外源基因所替代,最后将改造后的AdV基因组导入人胚肾(HEK)293细胞。

同源重组是发生在细胞系中的两个DNA分子之间的重组现象。携带目的基因和AdV基因组左区域的穿梭载体会与在HEK 293细胞中带有AdV基因组右区域的线性纯化AdV DNA进行重组,产生所需的病毒载体。一个最新的技术是采用细菌中的两个质粒,特别是大肠杆菌,进行同源重组。要插入的基因被克隆到具有AdV基因组左区域的穿梭质粒中。重组发生在穿梭质粒和携带整个AdV基因组的基因质粒之间,但过程中可能有部分缺失。另一个先进策略则是利用 AdV 基因组与酵母人工染色体进行同源重组。尽管同源重组方法有效且被广泛使用,但仍面临着重组效率低且需长时间进行菌落纯化的主要挑战。

Cre-lox 重组则通过 P1 噬菌体在体外完成所需重组。该系统有两个主要组成部分:loxP 位点,用于交叉重组;以及 Cre 重组酶,用于促进两个 loxP 位点重组。含有两个 loxP 位点和穿梭载体(包含 AdV 左区域、目的基因和一个 loxP 位点)的重组 AdV 与表达 P1 噬菌体 Cre 重组酶的辅助细胞系一起共转染,如 HEK 293 细胞,这些细胞系表达 P1 噬菌体的 Cre 重组酶。这将引发两次重组,首次发生于分子内部,即 loxP 位点在 AdV DNA 间的交互;进而引发第二次重组,通常涉及穿梭载体的 loxP 位点和第一产物的 loxP 位点,并诱导所需的 AdV 与附加的目的基因的产生。虽然 Cre-loxP 重组能在较短时间内高效生产出重组 AdV 载体,但其母病毒的耐久性问题仍需进一步解决[9]。

二、腺相关病毒

(一)腺相关病毒的研究历史和特点

腺相关病毒(adeno-associated virus,AAV)载体是目前最受关注的基因治疗载体之一,最初发现于腺病毒的污染物中。简单来说,AAV 的基因组是一个包裹在蛋白质外壳内的小单链 DNA,全长约 4.8 kb。AAV 属于小型病毒家族,需要与其他病毒共同感染才能复制,通常与 AdV 共生。通过 AAV 基因的分子克隆已经在多个物种中鉴定出数百种独特的 AAV 株。其单链基因组含有三个基因:一是具有负责复制功能的 *Rep* 基因,编码病毒复制所需的四种蛋白质;二是编码病毒衣壳蛋白(viral capsid protein,VP)的 *Cap* 基因;三是编码组装活化蛋白的 *Aap* 基因。这三种基因通过启动子、替换翻译起始位点以及差异剪接等方式,衍生出至少九种基因产物。编码区周边有末端反向重复序列(inverted terminal repeat,ITR),对基因组复制及包装至关重要。*Rep* 基因可编码四种蛋白质(Rep78、Rep68、Rep52 和 Rep40),这些蛋白质对病毒基因组的扩增及包装至关重要。*Cap* 基因则表达出 VP 以构成保护病毒基因组的壳层并协助细胞黏附和内化。据估计,病毒壳层包含 60 余种蛋白质,为二十面体结构,其中三种 VP 的比例为 1∶1∶10(VP1∶VP2∶VP3)。*Aap* 基因在与 *Cap* 基因重叠的替代阅读框中编码在衣壳组装中起支架作用的组装激活蛋白(assemble activated proteins,AAP)。尽管 AAP 对于 VP 的核仁定位和 AAV2 中的衣壳组装是必需的,但最新研究发现其他 11 种血清型的 AAP 的亚核定位有所不同,并且在 AAV4、AAV5 和 AAV11 中并非必需[10]。

现在市面上获商用监管批准的载体重组 AAV 血清型仅有 AAV1(Glybera;uniQure)和 AAV2(Luxturna;Spark Therapeutics)。目前仅有不到十种血清型的 VP 血清型被用作临床试验中的载体,大部分实验均采用基于 AAV2 的技术平台。但是,越来越多新型高效 VP 如 AAV8、AAV9 及 AAVrh.10 被应用于核酸药物递送。治疗手段主要针对基因隐性遗传疾病进行基因替换。鉴于 AAV 的自然属性及其未被满足的医疗需求，多数重组腺相关病毒(recombination adeno-associated virus，rAAV)基因疗法项目侧重肝脏、条纹肌及中枢神经系统。几乎所有自然 AAV 的 VP 在全身给药后皆可有效介导入肝脏。因此，rAAV 成为强大的肝靶向平台，适用于治疗血友病 A 与血友病 B、家族性高胆固醇血症、鸟氨酸转氨酶缺乏症与克里格勒-纳贾尔综合征等多种病症。

(二)腺相关病毒载体的制备方法

与其他生物治疗药剂相同，AAV 需借助生命体系生成。虽然经过了长期探索，但现阶段获取 rAAV 仍需高昂费用。当前最为常用的 rAAV 生产平台是使用两个或三个质粒转染 HEK293 细胞。其中，一个载有目的基因，一个携带 AAV *rep*/*cap* 基因，另一个包含由 AAV 或疱疹病毒提供的辅助基因。在生产实践中，虽然贴壁细胞在滚筒瓶或细胞堆积中通常能够实现较高的生产速率，但近年来，科研人员亦在适应悬浮培养的 HEK293 细胞上实现了类似的生产水平。虽然此法已满足早期临床试验需求，并可为小型病患群体供应，但其操作系统的扩展性有限，这限制了它的大规模推行。然而，将三个质粒同时导入单个细胞是一个相对低效的过程；且在大规模生产中，瞬间传递质粒需大量 DNA，这增加了生产和纯化的总成本。此外，在辅助基因存在的情况下瞬时传递 *rep*/*cap* 基因也可能导致产品的异质性，例如缺乏转基因的 AAV 载体。这些“空的壳体”在瞬时转染试验中占较大比重。因此，研发出一种能够有效区分这些病毒异质体的分析质量控制方法，保证各生产批次间的稳定性和一致性至关重要。

虽然大多数 AAV 生成所需的病毒辅助因子不能稳定转染(包括 AAV 的 *E1a* 和 *E1b* 基因在内的少数除外，这些基因可成功转化 HEK293 细胞)，但它们会诱导 AAV *rep* 基因的表达，从而引发哺乳动物及昆虫细胞毒性反应。为有效应对这种情况，科研人员采取两种策略，以开发适用于哺乳动物细胞系的病毒载体制备技术。第一种方法是使用两个分别编码了包含 ITR 的转基因和 *rep*/*cap* 基因的工程单纯疱疹病毒(herpes simplex virus，HSV)共感染 BHK 细胞。第二种方法是使用携带 ITR 序列的转基因和 *rep*/*cap* 基因的稳转细胞系进行病毒生产，例如 HeLa 细胞。由于 HeLa 细胞不携带 AAV 基因，因此它们本身不会表达 Rep 蛋白。然而，在某些情况下，AAV 的生产需要野生型 AdV 的辅助。将具有复制能力的病毒载体纳入生产过程中是一个需要解决的问题，并且在下游处理过程中还需要额外的步骤。

针对上述问题，有研究机构利用杆状病毒感染 Sf9 昆虫细胞体系，以实现重组 AAV 的高效生产。通过感染两种或三种病毒粒子，便能在杆状病毒感染的 Sf9 细胞中启动对病毒序列的改造。例如，一种病毒包含 *rep* 基因，另一种病毒包含 *cap* 基因，最后一种病毒携带 ITR 侧翼的目的基因，便足以开始病毒产物的制造。也有人尝试设计 Sf9 细胞，使之能够将 ITR 侧翼上的目的基因插入自身基因组，仅通过依靠两种杆状病毒颗粒就可引发感染。此外，也可将 *rep*/*cap* 基因稳定地整合到 Sf9 细胞系基因组中，此时，仅需一种携带 ITR 侧翼的目的基因的杆状病毒即可引发感染，从而巧妙地简化了整个系统[11]。

与初期主要依赖于蛋白 A 的单一纯化平台不同，AAV 在这个领域仍然在快速发展。AAV 生产过程的产物不仅包含细胞碎片(蛋白质、脂质、核酸),还包含两个主要种类的 AAV 颗粒:包含(完整壳体)或不包含(空壳体)ITR-flanked 转基因的颗粒。虽然在该领域仍然存在广泛的争议,但空壳体的存在代表着另一个必须被去除或控制的污染物。在初期尝试分离这两类颗粒时,主要依靠的是繁琐且不可扩展的密度超速离心法。除了可扩展性问题外,该方法还引发人们对颗粒的物理化学效应的担忧。尽管如此,该方法仍被一些机构用作 AAV 纯化的主要或次要步骤[12]。

目前,行业内正采纳各种亲和树脂和离子交换色谱的技术。如上所述,AAV 以细胞膜相关的糖类作为转导的主要细胞受体,这一特性可作为 AAV 纯化的初始捕获步骤[13]。例如,肝素柱常用于诸多 AAV 下游处理步骤。然而,由于缺乏特异亲和性,以 AAV 特异性结合蛋白为基础的替代亲和柱在该领域显示出巨大优势。此类 AAV 特异性树脂在下游纯化中有诸多优点,能结合多种 AAV 变体,结合力极高(超过 10^{14} 拷贝数/mL),并能抵御严格的清洁和再生处理,实现多次重复使用。其中一些商业树脂已满足良好生产规范(GMP),使它们成为商业规模下游生产的理想选择。亲和捕获之后,常规精细处理步骤包括使用阴离子交换色谱进行分离,能有效地分离出完整壳体与空壳体[14]。

三、慢病毒

(一)慢病毒的研究历史和特点

21 世纪中期以来,基因转导技术广泛应用于复制外源基因并导入细胞,然而,人体试验后,基因转导技术的部分局限性逐渐显现出来。为了维持基因表达的稳定性,必须采用能够将外源基因成功导入分裂与非分裂细胞且不会引发免疫或基因毒性的载体。在过去十年中,HIV 感染被认定为艾滋病的病因,这种逆转录病毒——慢病毒(lentivirus,LV)的研究快速推进了其作为基因治疗载体的应用。

相比其他的逆转录病毒,慢病毒具有感染、复制并整合入包括巨噬细胞在内的非分裂细胞的能力。然而,将 HIV 转换为基因治疗载体却面临着诸多挑战。首要挑战便是 HIV 的致病性尚不明晰,相关治疗手段效果有限。此外,HIV 对某些类型的淋巴细胞和骨髓细胞的病毒靶向性有限,这将限制由 HIV 衍生的载体对少数细胞类型的靶向应用。

(二)慢病毒载体的制备生产

根据研究人员对 HIV-1 致病性的安全性研究,已经开发了不同世代的 LV 载体系统。其中,第三代正广泛应用于目前的研究与临床实践。该载体系统为四质粒组合,包含三个辅助质粒及一个转染质粒。辅助质粒选取遵循 Dull 等提出的理性设计包装系统原理[15]。此生产系统具备临床安全使用必备特性(使用非重叠的分割基因组包装构建物,最大限度地减少生成具备复制能力 LV 的潜在重组事件)。HIV-1 的所有辅助基因(*vif*、*vpr*、*vpu* 和 *nef*)在 LV 的第一代中出现,因其并非必需现已去除。同样,第二代 LV 中调控反式激活蛋白(trans activator,Tat)的基因,因其 LV 的 5′长末端重复(LTR)

的 U3 启动子已被更改为活性启动子序列，如巨细胞病毒（启动子）或嗜肌肉肉瘤病毒（启动子）加上一个可选的增强子或可诱导/抑制的启动子序列，如 7tetO，这导致 *tat* 转录作用可忽略不计，因此 *tat* 基因也被删除。这类设计常被称为 pRRL（包含嵌合 Rous 肉瘤病毒-HIV 5′LTRs 的 LV 转移载体构建物）设计或 pCCL 设计（CMV-HIV 5′LTR）。这些改进创造了一个基于来自 HIV-1 的 *gag-pol*（编码结构蛋白和病毒酶）和 *rev*（编码后转录调节因子）的辅助功能的 LV 载体系统。尽管 LV 载体可以伪装成不同的异源包膜糖蛋白，但所有大规模（临床规模）的载体制备皆利用水疱性口炎病毒 G 蛋白（vesicular stomatitis virus G protein，VSV-g），原因是其易于下游处理且稳定性较佳，转导范围更广[16]。

以研发为目的的小规模生产通常使用表面附着细胞在培养皿、T 瓶、多层培养系统（细胞工厂、细胞堆叠）或 HYPER Flask 中进行培养。在最佳接触度（<50%）的条件下，细胞通过传统磷酸钙方法或新近开发的聚乙烯亚胺（polyethyleneimine，PEI）法进行转染，PEI 法具有受培养条件影响小、转染后无需更换培养基、适用于悬浮细胞等优点。原则上，对小规模应用而言，其他高效阳离子转染剂，如脂质体（liposome，LP），也已被广泛使用并表现出高水平表达[17]。

LV 的大规模生产主要是通过增加培养（生产）单元来直接扩大规模。生产过程主要在平行培养中进行，同时采用大量多层培养系统。从可操作性考虑，更建议采用 10 层设备；但在理论上，40 层设备亦可使用，因其堆栈质量较大，需配备特定处理系统。此外，对于使用不同培养皿的情况，气体交换和培养基层可能存在差异；使用 40 层设备时，用显微镜进行生长控制非常困难。生产可选择在“开放模式”下，于层流气流台下进行，也可在半封闭模式下进行，从而有效保障操作人员的安全和生产环境及最终产品的纯净度[18]。

收获通常通过简单培基交换完成，为提高承载量，有时需增加收获次数。然而，在临床前及临床大规模生产中，频繁收获并不适用，多数仅进行一至三次收获。依据 10 层培养设备的数量与收获次数，传统收获体积在 20～52 L，其中以 12～24 个 10 层设备涉及单次生产。

在多次生产协议（多次子批系统）的情况下，可产出更多药品，例如，Ausubel 等提出以数周内所产的大量 10 L 子批次共混，可以获得超过 100 L 的澄清材料[19]。单次运转后的收获需分开处理，每次运行分别对大量提纯产品进行质量控制。为产出大量药品，纯化的必要数量的分样品经解冻、混合、无菌过滤并装瓶。

在稳定诱导的生产细胞系的情况下，50 L 的 WAVE 反应器培养（工作体积：25 L）可以在连续过程中产生约 138 L 的含有载体的细胞培养上清液（收获期：诱导后的 3～8 天）。

未经处理的上清液通常含有感染性颗粒 1×10^7～5×10^7 个/mL，类似于小规模生产报告的滴度。然而，Greene 等和 Ausubel 等报告的大规模生产运行分别报道了（0.5～1）$\times10^7$ 转导单位/毫升和（0.5～2）$\times10^6$ 转导单位/毫升（TU/mL）的滴度[20]。这些差异主要受到载体组分（如目的基因，所使用的启动子和调节元件）的影响，同时，未标准化的滴定方法也是不可忽视的影响因素[21]。

第三节　肝脏靶向核酸药物非病毒递送载体

一、脂基纳米颗粒

脂基纳米颗粒(LBNP)是第一个被批准用于临床的纳米载体,最初旨在提高小分子药物的治疗效率。因其具有生物相容性高、免疫原性低、稳定性高、结构多样性丰富、制备简单以及载药效率高等优点,因此也是目前最有前途的核酸药物递送载体。LBNP是球形纳米级颗粒,由脂质和其他维持结构所必需的关键成分组成[22]。LBNP具有将多种核酸携带至亲水性脂质体核心的能力,且可呈组合型态,故尤其适用于传递寡核苷酸如siRNA。阳性脂质和阴性核酸与带有负电的靶细胞表面相结合,通过组合化学合成技术,可构建多种多功能脂质或类脂质[23]。根据其组成和结构,LBNP可分为五种不同类型——脂质体(liposome,LP)、脂质纳米颗粒、脂质纳米乳(lipid nanoemulsion,LNE)、固体脂质纳米颗粒(solid lipid nanoparticle,SLN)和纳米结构脂质载体(nanostructured lipid carrier,NLC),结构如图3-3-1所示。

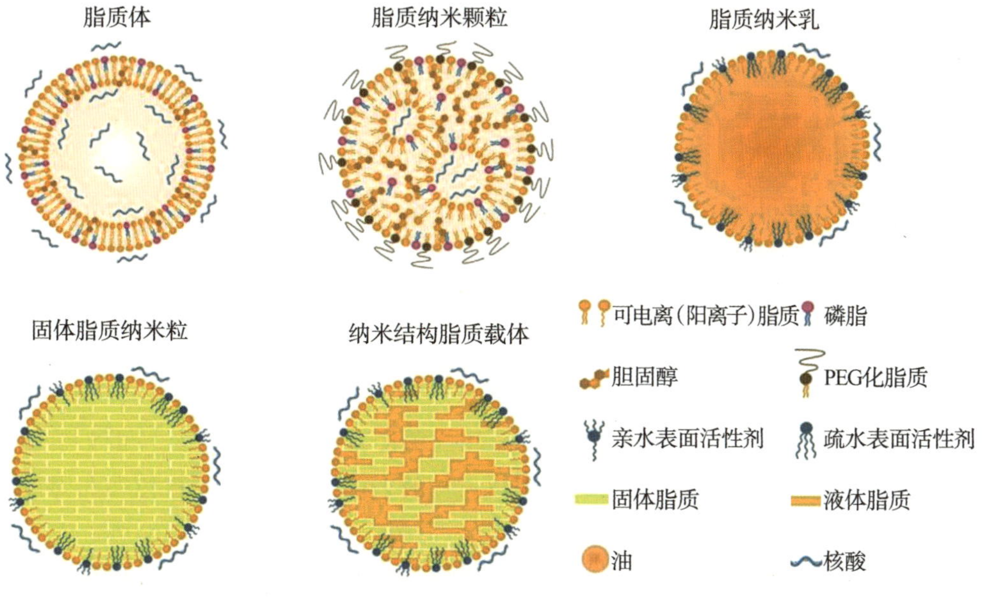

图3-3-1　脂质体、脂质纳米颗粒、脂质纳米乳、固体脂质纳米颗粒、纳米结构脂质载体结构示意图[23]

(一)脂质体

LP是球形囊泡,具有水性核和脂质双层壳。通常由磷脂和内部水性核组成[24]。磷脂是两亲性分子,其特征是具有亲水性头部和疏水性尾部。一旦分散在水溶液中,疏水性尾部聚集，而亲水性头部与水环境相互作用，导致形成封闭的脂质双层结构。在此过程中，核酸等亲水性药物被封装在水芯中，疏水性药物被包埋在脂质双层中。改变配比，可以产生具有不同大小、表面电荷或其他特性的脂质体。由于聚阴离子核酸和带正电荷的脂质之间的静电相互作用，阳离子脂质体相对于传统的带中性电荷的脂质体更适用于核酸药物的递送[24]。LP 具有许多优点，如粒径可控、稳定性好、缓释作用、毒性低、生物相容性好、无免疫原性、造价低等[25]。

（二）脂质纳米颗粒

LNP 是源自 LP 的另一类纳米级脂质系统。不同的是，LNP 没有封闭的脂质双层结构和内部水核。根据配比和有效载荷的不同，LNP 采用纳米结构的核、均匀的核壳和多层囊泡或其他自组装形态[23]。通常，LNP 主要由四种成分组成，可电离脂质、胆固醇、辅助磷脂和 PEG-脂质，其中，可电离脂质起到至关重要的作用[26]。由于其依赖 pH 的电离行为，可电离脂质会随着 pH 的变化而改变负载电荷——它们在制备 LNP 的过程中带正电荷，并通过静电相互作用帮助压缩核酸，而在生理 pH 下变成中性以降低毒性，并在进入酸性内体环境时再次带正电荷，促进核酸逃逸[23]。目前，LNP 是临床上最先进的非病毒基因递送系统，已被开发用于药物的被动或主动肝脏靶向递送[27]。在 2018 年，美国食品药品监督管理局和欧洲药品管理局（European Medicines Agency，EMA）批准了首个 siRNA 药物 Onpattro，将其用于治疗成人遗传性甲状腺素转运蛋白（transthyretin，TTR）介导的淀粉样变性的多发性神经病[28]，至此 Onpattro 也成为第一个获批的肝脏靶向纳米药物。这一里程碑式的成就使 LNP 成为一种极具前途的肝脏靶向药物递送系统。

（三）脂质纳米乳

LNE 是由磷脂和乳化剂形成的纳米级液滴，通常采用水包油形式。此产品具有诸多优点：具有保护核酸免受酶降解的油相保护；较大的表面积使其在体内呈现高度吸附性，从而提升药物生物利用度。此外，LNE 具有融合特性，通过诱导颗粒-细胞膜相互作用的模式来促进细胞摄取[23]。

（四）固体脂质纳米颗粒

SLN 是亚微米级球形囊泡，具有表面活性剂单层壳和固体脂质核。SLN 最显著的特征是其脂质成分在体温和室温下均为固体。一般来说，亲脂性药物被包埋在固体脂质芯中，这不仅可以保护药物免受降解，还可以产生缓释作用。此外，SLN 适合大规模生产，无须有机溶剂，并且具有相对较高的稳定性，使其成为脂质体和 LNE 最有吸引力的替代品[23]。

（五）纳米结构脂质载体

NLC 是介于 LNE 和 SLN 之间的混合制剂，其核心由液体油相和固体脂质组成。NLC 是公认的改进型第二代 SLN，通过将液体油相引入核心，固体脂质的结晶度被破坏，从而增强了药物装载能力和稳定性。然而，至今尚未有 NLC 被临床用于核酸药物的递送[23]。

二、聚合物纳米颗粒

聚合物纳米载体递送是以天然高分子或合成高分子为载体，通过吸附、共价结合、交联或包埋药物，以实现药物向体内特定病变部位运输的一种递送方式[29]。聚合物具有三个突出的优势：合成难度低、化学结构可调性高以及功能多样化。大多数聚合物纳米载体的共同特点是结合了阳离子基团，既有助于聚合物包裹负电荷的核酸类药物，也有利于结合细胞膜上负电荷的糖蛋白。首先，各种聚合物可以通过成熟的方法合成，如自由基聚合、可逆加成-断裂链转移聚合、原子转移自由基聚合、迈克尔加成反应和开环聚合。其次，聚合物的重复单元、主链结构、嵌段类型和聚合度可以调控它们的性质。此外，通过使用合适的功能分子修饰聚合物的端基和(或)重复单元和(或)通过合适的接头共价连接多个聚合物，可以赋予聚合物多种功能，这能促进载体克服各种生理障碍[20]。可降解聚合物材料分为天然聚合物和合成聚合物，其生物相容性更强，在核酸类药物递送中相对更安全。

(一)天然聚合物

天然聚合物包括结构蛋白和多糖等，如阳离子胶原蛋白和壳聚糖，已成为核酸载体的主要研究对象[29]。

(二)合成聚合物

可降解合成聚合物是通过生物可逆键，如硫键或酯键等，将低分子单体组装而成，如聚乳酸、聚乙醇酸和聚乳酸-羟基乙酸共聚物等[29]。

三、无机纳米颗粒

无机材料凭借其稳定、免疫原性低以及易于合成和修饰的优势，常被选用为基因载体。1960 年，首款基于磷酸钙的非病毒基因递送载体问世。数十年来，无机载体领域不断拓展，现在已有包括金纳米颗粒(gold nanoparticle，AuNP)、介孔二氧化硅纳米颗粒(mesoporous silica nanoparticle，MSNP)及氧化铁纳米颗粒(iron oxide nanoparticle，IONP)在内的多种载体类型问世[27]。多样化的载体制备、纳米结构的精准调控，可突破细胞和有机体层面的生物屏障，充分保证药物的高效转运[30]。

(一)金纳米颗粒

AuNP 凭借其表面化学高度发达、免疫原性弱且细胞毒性可忽略不计等特殊的物理化学性质，已成为当今研究最深入的无机材料之一[1,27]。AuNP 与核酸可以通过共价或非共价方式偶联[27]。硫醇基团可使核酸链与 AuNP(13～15 nm)的核心形成共价键，从而实现 DNA 和 siRNA 精确连接至金芯或聚合的金芯上。AuNP 表面能够通过阳离子和阴离子核酸药物的交替涂覆，提升纳米颗粒与细胞表面受体的特异性结合。此外，靶向配体亦可修饰于纳米颗粒表面以增强与细胞表面受体的交互作用[30]。

（二）介孔二氧化硅纳米颗粒

MSNP是纳米级二氧化硅颗粒，具有中空通道的蜂窝状结构，是最常用的二氧化硅基递送载体[30]。由于其具有孔径均匀、表面积大、存在外部和内部孔隙、易于表面改性、高机械和热稳定性、具有稳定的水分散体、高生物相容性和生物降解性以及高负载能力等特性，MSNP已被广泛用作各种生物分子或药物的细胞内递送载体[31]。核酸药物可通过弱非共价相互作用，存在于二氧化硅纳米颗粒之中。孔径及其表面官能化程度显著影响核酸负载量及释放率。较小孔径的二氧化硅纳米颗粒可实现释放速率的变化，较大孔径则具备更高负载能力及更快释放速率。通过共价修饰过程，二氧化硅纳米颗粒的负电荷表面可转化为正电荷表面，进而影响药物装载方式、蛋白质附着及其释放速度。PEI树枝状阳离子聚合物已被用于修饰二氧化硅纳米颗粒表面，以吸收并承载核酸药物[27]。

（三）氧化铁纳米颗粒

IONP因其具有磁性与大小可调等优势，可借助与外部磁场的互动，用于发展磁触发药物递送系统。生物医学应用所涉及的IONP种类主要为磁赤铁矿（γ-Fe_2O_3）及磁铁矿（Fe_3O_4），这两种材料都有相对较高的胶体稳定性[27,30]。IONP具有特定尺寸下的超顺磁特性，适合作为核酸药物治疗载体。因其生产成本低、毒性小，且具有表面捕获生物分子及使用外部磁体直接靶向能力，IONP已成为核酸药物递送应用的优良纳米材料。IONP的磁性、胶体稳定性及表面改性能力将使其在生物医学领域诸多应用中展现出巨大潜力[32]。然而，当IONP被用作药物载体时，为了提高其胶体稳定性，必须对其进行表面修饰[27]。

四、外泌体

外泌体作为天然细胞间通信工具的一种纳米级脂质双层单膜囊泡[10]，具有类似LP的两层结构和腔室。相较于LBNP，体外循环中的外泌体，清除率低且毒性也较低。外泌体表面具有多种天然结合配体，能被特定细胞吸收；亦可通过人工手段对外泌体表面的外源结合配体进行修饰，产生所需的组织靶向效果。外泌体通常携带多种生物活性物质，如RNA、DNA、蛋白质和脂质等，因此可用于核酸药物的靶向肝脏递送[23]。

五、核酸偶联物

核酸偶联物是通过将递送配体共价连接到核酸药物上制备而成，通过偶联分子（胆固醇、多肽、抗体、核酸适配体等）改变核酸药物的体内分布及代谢动力学等性质，以帮助核酸进入特定的组织和细胞内[27]。核酸偶联物中最成功的是N-乙酰半乳糖胺（N-acetyl D galactosamine，GalNAc）修饰介导的肝靶向递送系统，其可与肝细胞上高表达的无唾液酸糖蛋白受体（asialoglycoprotein receptor，ASGPR）结合，介导高效率的内吞作用，目前已有3款GalNAc技术核酸药物被批准上市进入临床应用[33]。

第四节　肝脏靶向核酸药物递送技术应用

一、肝脏靶向反义寡核苷酸药物

反义寡核苷酸(ASO)是一种人工合成的短单链 DNA 类似物，通常由 20～22 个核苷酸组成，通过改变 pre-mRNA 剪接、促进 mRNA 降解、调节蛋白质翻译或直接与蛋白质相互作用来调节基因表达或蛋白质功能[34]。ASO 能够直接影响致病蛋白质的产生，在多种疾病的治疗中显示出巨大的潜力。

目前，市场上大多数肝靶向 ASO 药物采用 GalNAc 修饰，以实现肝细胞的特异性靶向。Mipomersen(商品名 Kynamro)，由 Ionis Pharmaceuticals 开发并获得 Genzyme 许可，作为辅助治疗药物，用于降低纯合子家族性高胆固醇血症(homozygote familial hypercholesterolemia，HoFH)患者的低密度脂蛋白-C(low-density lipoprotein cholesterol，LDL-C)、载脂蛋白 B(apolipoprotein B，APO B)、总胆固醇(total cholesterol，TCH)和非高密度脂蛋白胆固醇(non-high density lipoprotein cholesterol，non-HDL-C)水平，于 2013 年 1 月获得 FDA 批准上市[35]。Mipomersen 是第二代 ASO 药物，其结构包含 20 个核苷酸的长片段，其中 10 个是 DNA 核苷酸，分布在两端各有 5 个 RNA 核苷酸，且两端所有 RNA 均经过 2′-O-MOE 化学修饰[36]。Mipomersen 与 APOB mRNA 的外显子(Exon)20 和 Exon 21 结合，通过核糖核酸酶 H(ribonuclease H，RNase H)介导的降解作用抑制 APOB-100 蛋白的产生，从而限制斑块脂质的形成[2]。

Inotersen(商品名 Tegsedi)由 Akcea Therapeutics 和 Ionis Pharmaceuticals 联合开发，于 2018 年 10 月 5 日获 FDA 批准上市，用于治疗成人遗传性转甲状腺素蛋白淀粉样变性(hereditary transthyretin-mediated amyloidosis，hATTR)多发性神经病。Inotersen 作为一种 ASO 药物，中间有 10 个 DNA 核苷酸，两端有经过 2′-MOE 化学修饰的 5 个 RNA 核苷酸。其作用机制是通过与 TTR mRNA 的 3′非翻译区(3′-UTR)结合，进而通过 RNase H 介导的降解来沉默目的 RNA。这种作用不具有选择性，因此对突变型和野生型 TTR mRNA 均有降解作用[37]。Eplontersen 也是 Ionis Pharmaceuticals Inc 与 AstraZeneca 联合开发的另一种 ASO 制剂，已于 2023 年 12 月获 FDA 批准上市。Eplontersen 与 Inotersen 具有相同的核苷酸序列，不同的是 Eplontersen 与 GalNAc 结合，显著提高了肝细胞摄取能力。$GalNAc_3$偶联物使 Eplontersen 的效价显著提高 20～30 倍[38]。

二、肝脏靶向小干扰 RNA 药物

siRNA 是一种人工合成的短双链 RNA，含 20～25 个核苷酸，主要通过 RNA 干扰(RNA interference，RNAi)作用抑制目的基因表达。近年来，siRNA 药物在临床治疗中，特别是在遗传性疾病和代谢性疾病治疗方面取得了显著进展。

Patisiran(商品名 Onpattro)由 Alnylam 研发,于 2018 年 8 月 10 日被 FDA 批准用于 hATTR 治疗,是首个被批准用于治疗人类疾病的 siRNA 药物[39]。Patisiran 通过 RNA 诱导沉默复合物(RNA-induced silencing complex,RISC)介导的 RNAi 过程,与 TTR mRNA 的 3′-UTR 结合发挥基因沉默效应。与 Inotersen 一样,Patisiran 对突变型 TTR mRNA 的降解也不具有特异性,因此野生型和突变型 mRNA 均会被耗竭。该药物采用 LNP 递送系统,并在 siRNA 骨架上增加 11 个 2′-OMe 修饰的糖残基和 4 个 DNA 核苷酸残基以增强其稳定性[40,41]。

Vutrisiran(商品名 Amvuttra)是 Alnylam 研发的第二个被 FDA 批准的 siRNA 药物,于 2022 年 6 月 13 日获得 FDA 批准,用于治疗成人 hATTR 多发性神经病,其与 GalNAc 结合,提高了药物的效力、稳定性和肝细胞摄取能力[42]。Vutrisiran 的结构经过 2′-OMe、2′-F 和磷酸骨架[即将核苷酸磷酸二酯键的非桥氧原子用硫原子替代(P-S 替代 P-O),简称 PS]修饰,以增强其特异性和效力[43]。与 Pitisiran 类似,Vutrisiran 也通过与 TTR mRNA 的 3′-UTR 区结合,实现 TTR 的合成抑制[44]。

Lumasiran(商品名 Oxlumo),由 Alnylam 研发,于 2020 年 11 月成为首个获得 FDA 批准用于治疗儿童和成人原发性 1 型高草酸尿症的 RNA 干扰治疗剂[45]。Lumasiran 是一种双链 siRNA 药物,其化学修饰的核糖核酸与 GalNAc 偶联,实现肝脏特异性递送。Lumasiran 通过靶向羟基酸氧化酶 1(hydroxy acid oxidase 1,HAO1) mRNA 的 3′-UTR 区,降低 HAO1 mRNA 的表达,导致肝细胞中乙醇酸氧化酶(glycolate oxidase,GO)水平降低[46],使肝脏、肾脏和尿液中乙醇酸盐水平增加,草酸水平降低,从而治疗原发性 1 型高草酸尿症。

Inclisiran(商品名 LEQVIO),由 Alnylam 与 Novartis 共同研发,于 2020 年 12 月在欧盟首次获得批准,2021 年 12 月获得 FDA 批准,用于治疗原发型高胆固醇血症(杂合子家族性和非家族性)或混合性血脂异常疾病。Inclisiran 是一种双链 siRNA 药物,与 GalNAc 偶联,靶向肝细胞前蛋白转化酶枯草溶菌素 9(proprotein convertase subtilisin/kexin type 9,PCSK9)mRNA,通过与 PCSK9 mRNA 的 3′-UTR 结合来抑制 PCSK9 蛋白合成。PCSK9 的合成抑制增加了肝细胞表面 LDL-C 受体的再循环和表达,从而增加了 LDL-C 的摄取,降低循环 LDL-C 的水平[47]。

Givosiran(商品名 Givlaari),由 Alnylam 研发,用于治疗成人急性肝卟啉症(AHP),有减少 AHP 发作、疼痛和血红素生成的作用,从而改善 AHP 患者的生活质量,于 2019 年 11 月获得 FDA 批准上市[48]。Givosiran 与含有 3 个 GalNAc 残基的配体共价连接,有助于与肝细胞膜表面的 ASGPR 直接结合,从而实现对肝脏的高特异性递送。Givosiran 进入肝细胞后,通过 RISC 介导的 RNAi 机制沉默 5-氨基酮戊酸合酶 1(5-aminolevulincacidsynthase 1,ALAS1)mRNA,减少血红素生物合成[49]。Givosiran 在核糖部分进行 2′-脱氧-2′-F 或 2′-OMe基团化学修饰,并在 siRNA 链的 5′端引入 PS 键连接,以防止核酸酶对 siRNA 片段的消化[45]。

三、肝脏靶向微小 RNA 药物

微小 RNA(microRNA,miRNA)是一类内源性非编码单链 RNA 分子,长度为 18～25 个核苷酸,其在转录后水平调控基因表达,通过靶向 mRNA 来调节细胞过程。miRNA 在肝脏疾病及其发展过程中发挥了很大的作用,能够在很大程度上影响疾病进程[50]。

每个 miRNA 能够调节数百个基因的表达,涉及多种细胞通路,这使得基于 miRNA 的癌症疗法有望同时抑制肿瘤微环境中的多个致癌过程,包括生长和增殖、耐药性、癌症干细胞转移和免疫逃逸。天然存在的抑癌 miRNA miR-34a 已被证明可以下调超过 30 个癌基因以及肿瘤免疫逃避基因的表达[51]。MRX34 是一种 miR-34a 模拟物,包裹于 NOV40 脂质载体中[52],是一种潜在的癌症治疗方法。在肿瘤细胞微环境的低 pH 环境下,NOV40 表面会携带正电荷,从而能够黏附于肿瘤细胞表面。在临床前动物模型中,MRX34 治疗使得肿瘤中 miR-34a 水平升高,引起靶基因表达呈剂量依赖性降低,并与多种肝癌原位小鼠模型中的肿瘤消退相关,与索拉非尼联合使用活性进一步增强[52]。然而,因为在首次临床试验中出现严重免疫反应,导致 4 个病例死亡,临床试验被迫中止[53]。

RG-125/AZD4076 是一种 GalNAc 偶联的 miR-103/107 拮抗剂,已进入 2 型糖尿病和非酒精性脂肪性肝病(nonalcoholic fatty liver disease, NAFLD)的临床试验(NCT02826525,NCT02612662)[54]。但由于一些特殊原因,目前其临床研究已被暂停[55]。

由此可见,miRNA 药物的临床转化极具挑战性,其不稳定性和潜在的脱靶效应极大地限制了临床应用。因此,药物递送系统对于基于 miRNA 治疗的成功也至关重要,迫切需要一个理想的递送系统来防止 miRNA 降解,靶向特定器官,并最大限度地减少免疫激活。

四、肝脏靶向信使 RNA 药物

mRNA 是分子生物学中心法则的桥梁,该法则指出遗传物质 DNA 被转录成 mRNA,mRNA 被翻译为蛋白质。理论上,mRNA 药物有望预防或治疗任何由细胞遗传成分引起或影响的疾病。目前已上市的 mRNA 药物主要集中于预防新型冠状病毒(COVID-19)感染,而肝靶向 mRNA 药物尚未有产品上市。

目前研发进度最快的肝靶向 mRNA 药物是 OTX-2002,这是一种用于治疗肝细胞癌(hepatocellular carcinoma,HCC)的表观基因组学调节剂,由 Omega Therapeutics 研发,目前已进入Ⅰ/Ⅱ期新药临床试验。该药物是一种首创的工程化和可编程 mRNA 药物,被称为 Omega 表观基因控制器(omega epigenomic controllers,OECs),通过 LNP 递送,可下调 *MYC* 基因表达,从而导致 HCC 细胞活力丧失,同时保留正常干细胞的生理功能[56]。

在过去十年中，研究人员进行了一系列针对肝脏相关疾病模型的肝靶向 mRNA 治疗临床研究，包括尿素循环障碍、克里格勒-纳贾尔（Crigler-Najjar）综合征 1 型、α-1 抗胰蛋白酶缺乏症等，其治疗靶点和递送方式如表 3-4-1 所示[57]。这些临床前和临床研究为肝靶向 mRNA 药物的未来发展奠定了基础，展示了 mRNA 技术在治疗肝脏疾病方面的巨大潜力。随着研究的深入和技术的进步，预计未来将有更多的肝靶向 mRNA 药物进入临床应用，为患者提供新的治疗选择。

表 3-4-1　mRNA 疗法治疗某些肝病及其给药方法的临床前研究[57]

疾病	靶点	递送方式
尿素循环障碍	鸟氨酸转氨甲酰酶	LNP
Crigler-Najjar 综合征 1 型	胆红素-UGT	LNP
α-1 抗胰蛋白酶缺乏症	SERPINA1	LNP
血栓性血小板减少性紫癜	ADAMTS13	LNP
糖原贮积病 1A 型	葡萄糖-6-磷酸酶	LNP
急性间歇性卟啉病	PBGD	LNP
凝血因子Ⅸ缺乏症 B	FⅨ	C12-200 LNP LUNAR LNP

五、肝靶向小激活 RNA 药物

能够特异性上调靶向基因表达的现象被称为 RNA 激活（RNA activation，RNAa），而具有 RNAa 功能的小分子双链 RNA 被称为小激活 RNA（small activating RNA，saRNA）。saRNA 是一种短的双链寡核苷酸，化学结构与 siRNA 类似，但作用相反，通过完全不同的 RNA 激活机制发挥作用。saRNA 能够招募内源性转录复合物至目标基因，从而导致 mRNA 表达增加和目标蛋白表达上调，实现疾病的治疗。

2016 年，由 MiNA Therapeutics（London）开发的 saRNA 药物 MTL-CEBPA 进入临床试验，用于治疗肝病等适应证。MTL-CEBPA 是一种创新的 saRNA 治疗药物，包含负载 CEBPA-51 的 SMARTICLES 脂质体纳米颗粒。CEBPA-51 是一种 21 聚体的 2′-OMe RNA 寡核苷酸双链体，旨在特异性靶向和上调 *CEBPA* 基因转录[58]。在肝细胞系中转染 CEBPA-51 可增加 C/EBP-α 水平并抑制细胞增殖，在肝癌啮齿动物模型中使用 MTL-CEBPA 可增加 C/EBP-α 水平并抑制肿瘤生长[59]。

六、肝靶向 CRISPR 药物

CRISPR 基因编辑技术因其高度的可编程性在肝脏疾病的治疗中展现出广阔的前景。CRISPR 技术的核心是 CRISPR associated protein（Cas9）核酸酶和小向导 RNA（small guide RNA，sgRNA）复合物，该复合物可识别并结合到具有特定序列的基因组位点[60]。在识别目标序列后，Cas9 在靶 DNA 位点产生双链断裂，这些断裂通常通过非同源末端连接（non-homologous end joining，NHEJ）进行修复，或者使用与基因组区域同源的模板 DNA 通过同源定向修复（homology-directed repair，HDR）进行精确修复[61]。目前，进入临床试验的肝靶向 CRISPR 药物仅有 NTLA-2001 和 NATL-2002。

NTLA-2001 是一款基于 CRISPR-Cas9 的新型体内基因编辑疗法，由 Intellia Therapeutics 研发，通过静脉注射给药，旨在编辑肝细胞中的 TTR，从而减少野生型和突变型 TTR 的产生。NTLA-2001 由具有肝脏嗜性的 LNP 递送系统组成，携带靶向人 TTR 的 sgRNA 和化脓性链球菌 Cas9 蛋白的人密码子优化 mRNA 序列[62]。静脉注射后，该 LNP 制剂通过与血浆中的载脂蛋白 E 结合，被肝细胞上的低密度脂蛋白受体识别并内吞，实现肝脏靶向[63]。

NTLA-2002 是 Intellia Therapeutics 研发的第二款 CRISPR 药物，通过永久编辑产生血浆激肽释放酶（kallikrein B1，KLKB1）的基因来降低 KLKB1 总蛋白水平，从而治疗遗传性血管性水肿[64]。该药物同样使用 LNPs 技术递送，通过低密度脂蛋白受体介导的内吞作用实现肝细胞靶向。目前 NTLA-2002 正在进行Ⅱ期临床试验。

七、肝靶向核酸适配体药物

核酸适配体（aptamer）是一种单链 DNA 或 RNA 分子，长度通常在 20～100 个核苷酸。与抗体相比，核酸适配体具有分子量低、成本低、易化学修饰、无毒、免疫原性低、易穿透组织屏障、多靶点位点（氨基酸、肽、蛋白质、抗生素、细胞、病毒、细菌、离子等）等特点，这些特点使它们在药物开发中受到高度重视[65]。

根据美国临床实验注册网站统计，目前共有 44 种核酸适配体药物相关的研究正在进行中，其中已进入临床试验的适配体有 12 种。值得注意的是，在这些进入临床试验的适配体中，并没有专门针对肝脏的适配体药物[65]。

肝脏疾病主要包括食物中毒和感染引起的急性肝病，以及病毒感染、脂肪肝、酒精性肝炎等引起的慢性肝病。在不同的肝损伤中，可能会出现多种不同的生物标志物。表 3-4-2 总结了通过筛选获得的可用于肝病诊断和治疗的已知生物标志物的适配体[65]。

表 3-4-2 用于诊断和治疗肝病的已知生物标志物适配体[65]

名称	靶点	疾病	主题	应用
TLS11a	HepG2	肝细胞癌	肝细胞癌来源的特异性检测	诊断/治疗
sLex-AP	sLex	肝细胞癌	高效捕获 HCC、CTC	诊断
AFB1-Apt	AFB1	肝癌	小剂量导致肝癌	诊断
SL2-B	VEGF165	肝癌	SL2-B 适配体可以特异性识别 HepG2 肝癌	诊断

续表

名称	靶点	疾病	主题	应用
Slow-off/fast-off aptamer	DKK1	肝细胞癌	肝细胞癌的早期诊断	诊断
CD105-Apt	表面内皮联蛋白	肝细胞癌	靶向纳米探针的肝细胞癌	诊断
mEND	CD105	肝细胞癌	靶向纳米探针可提高 MRI 效率	诊断
AP613-1	GPC3	肝细胞癌	早期肝细胞癌的诊断	诊断
Ep1	EpCAM	肝癌	靶向药物递送和癌细胞作为显像剂的鉴定	递送/治疗
EpDT3	EpCAM	肝癌	携带治疗药物以抑制肿瘤	递送
ST21	SK-Hep-1 细胞	肝细胞癌	克服肝细胞癌的偶联药物和递送药物	递送
TLS1c	MEAR 细胞	肝癌	CTC 检测，早期癌症诊断	诊断
AP273	AFP	肝细胞癌	癌症的诊断	诊断
SOMAmer	GPC3	肝细胞癌	HCC 患者的定量 GPC3	诊断
AS1411	核仁蛋白	肝细胞癌	改良的 AS1411 适配体可能具有治疗肝细胞癌的新型靶向疗法的潜力	治疗
GT75	eEF1A1	肝细胞癌	以剂量和时间依赖性方式有效降低 HCC 细胞活力	治疗
LCN2_apta2/LCN2_apta4	LNC2	肝细胞癌	诊断 HCC 及其对即时检测（POCT）系统的潜在适用性	诊断
APT	OPN	肝细胞癌	靶向 OPN 的 APT 可显著降低 HCC 肿瘤的生长	治疗
BC15	hnRNP A1	肝癌	抑制对肝癌细胞增殖的作用	治疗
RNV-L7	LDL-R	肝癌	LDL-R 在具有特异性结合的 huh-7 细胞中高表达	递送
CL-4RNV616	EGFR	肝癌	有效识别并抑制 EGFR 阳性 Huh-7 肝癌的增殖	治疗
LY-1	HCC 细胞	肝癌	靶向和抑制肿瘤	治疗
aptTNF-α	TNF-α	肝衰竭	降低急性损伤后肝细胞损伤程度，促进肝组织早期再生	治疗
Apt-PBMCs	CRP	肝衰竭	CRP 分泌部位的体外示踪	诊断
T18_1_3	TGFβ-1	肝纤维化	研究肝脏纤维化的重要工具	治疗

续表

名称	靶点	疾病	主题	应用
适配体-20	IGFIIR	肝纤维化	IGFIIR 特异性适配体用作靶向配体，用于肝纤维化的治疗和诊断	诊断/治疗
HBsAg-特殊适配体	HBsAg	乙型肝炎病毒	HBsAg 的高灵敏度检测	诊断
NS2-2/NS2-3	NS2	丙型肝炎病毒	与 NS2 结合并破坏 NS2 与 NS5A 蛋白的相互作用	治疗
NS5B 适配体	NS5B	丙型肝炎病毒	抑制 HCV RNA 复制	治疗
RAGE-适配体	RAGE	黑色素瘤肝转移	抑制肿瘤血管生成，抑制黑色素瘤生长和肝转移	治疗

参考文献

[1]马军萍，李俊安，覃丽华，等.消化系统疾病内科诊疗学[M].昆明：云南科技出版社，2019.

[2]沈启明.肝脏的生理功能[J].肝博士，2022(04)：35-37.

[3]董战玲.全国高等院校医学整合教材 消化系统[M].广州：中山大学出版社，2021.

[4]梅仁彪，武志兵.人体解剖生理学 [M].2 版.北京：中国医药科学技术出版社，2021.

[5]刘建平.门静脉高压症理论与实践[M].广州：广东科技出版社，2010.

[6]曾民德，萧树东.肝脏与内分泌[M].北京：人民卫生出版社，1995.

[7]WARNOCK J N，DAIGRE C，AL-RUBEAI M.Introduction to viral vectors[J]. Methods Mol Biol，2011，737：1-25.

[8]SKUBIS-ZEGADłO J，STACHURSKA A，MAłECKI M. Vectrology of adeno-associated viruses (AAV)[J]. Med Wieku Rozwoj，2013，17(3)：202-206.

[9]VEMULA S V，MITTAL S K. Production of adenovirus vectors and their use as a delivery system for influenza vaccines[J]. Expert Opin Biol Ther，2010，10(10)：1469-1487.

[10]KAUFMAN H L，KOHLHAPP F J，ZLOZA A. Oncolytic viruses: a new class of immunotherapy drugs[J]. Nat Rev Drug Discovery，2015，14(9)：642-662.

[11]GEISLER A，FECHNER H.MicroRNA-regulated viral vectors for gene therapy[J]. World J Exp Med，2016，6(2)：37-54.

[12]KATTENHORN L M，TIPPER C H，STOICA L，et al. Adeno-associated virus gene therapy for liver disease[J]. Hum Gene Ther，2016，27(12)：947-961.

[13]ZINCARELLI C，SOLTYS S，RENGO G，et al. Analysis of AAV serotypes 1-

9 mediated gene expression and tropism in mice after systemic injection[J]. Mol Ther, 2008,16(6):1073-1080.

[14]BALAKRISHNAN B,JAYANDHARAN G R. Basic biology of adeno-associated virus (AAV) vectors used in gene therapy[J]. Curr Gene Ther,2014,14(2):86-100.

[15]DULL T,ZUFFEREY R,KELLY M,et al. A third-generation lentivirus vector with a conditional packaging system.J Virol.1998,72(11):8463-71.

[16]MAUS M V,FRAIETTA J A,LEVINE B L,et al. Adoptive immunotherapy for cancer or viruses[J]. Annu Rev Immunol,2014,32:189-225.

[17]NALDINI L,BLÖMER U,GAGE F H,et al. Efficient transfer,integration, and sustained long-term expression of the transgene in adult rat brains injected with a lentiviral vector[J]. Proc Natl Acad Sci U S A,1996,93(21):11382-8.

[18]BIFFI A,MONTINI E,LORIOLI L,et al. Lentiviral hematopoietic stem cell gene therapy benefits metachromatic leukodystrophy[J]. Science,2013,341(6148):1233158.

[19]AUSUBEL L J, HALL C, SHARMA A, et al. Production of CGMP-grade lentiviral vectors[J]. Bioprocess Int. 2012, 10(2):32-43.

[20]GREENE M R, LOCKEY T, MEHTA P K, et al. Transduction of human CD34+ repopulating cells with a self-inactivating lentiviral vector for SCID-X1 produced at clinical scale by a stable cell line[J]. Hum Gene Ther Methods. 2012, 23(5):297-308.

[21]LOMBARDO A,GENOVESE P,BEAUSEJOUR C M,et al. Gene editing in human stem cells using zinc finger nucleases and integrase-defective lentiviral vector delivery[J]. Nat Biotechnol,2007,25(11):1298-306.

[22]VAUGHAN H J,GREEN J J,TZENG S Y. Cancer-targeting nanoparticles for combinatorial nucleic acid delivery[J].Adv Mater,2020,32(13):e1901081.

[23]HU M,LI X,YOU Z,et al. Physiological barriers and strategies of lipid-based nanoparticles for nucleic acid drug delivery[J]. Adv Mater,2023,e2303266.

[24]FERNANDES D A. Liposomes for cancer theranostics[J]. Pharmaceutics, 2023,15(10):2448.

[25]杜桑,崔韶晖,陈星妍.脂质体递药系统的靶向修饰[J].生物化学与生物物理进展,2023,50(06):1272-1285.

[26]KON E,AD-EL N,HAZAN-HALEVY I,et al. Targeting cancer with mRNA-lipid nanoparticles: key considerations and future prospects[J]. Nat Rev Clin Oncol, 2023,20(11):739-754.

[27]袁静静,郑宇钊,殷婷婕.基于非病毒载体递送核酸药物的研究进展[J].山东化工,2023,52(20):133-135.

[28]HOY S M. Patisiran: first global approval[J]. Drugs,2018,78(15):1625-1631.

[29]王峻峰,谭曼曼,王颖,等.核酸类药物的修饰和递送研究进展[J].浙江大学学报

（医学版），2023，52(04)：417-428.

[30]LUTHER D C，HUANG R，JEON T，et al. Delivery of drugs，proteins，and nucleic acids using inorganic nanoparticles[J]. Adv Drug Delivery Rev，2020，156：188-213.

[31]NADY D S，HASSAN A，AMIN M U，et al. Recent innovations of mesoporous silica nanoparticles combined with photodynamic therapy for improving cancer treatment[J]. Pharmaceutics，2023，16(1)：14.

[32]JACINTO M J，SILVA V C，VALLADÃO D M S，et al. Biosynthesis of magnetic iron oxide nanoparticles：a review[J]. Biotechnol Lett，2021，43(1)：1-12.

[33]刘健.基因治疗中的核酸药物及非病毒递送载体的研究进展[J].基础医学与临床，2022，42(01)：41-50.

[34]MIGLIORATI J M，LIU S，LIU A，et al. Absorption，distribution，metabolism，and excretion of US food and drug administration-approved antisense oligonucleotide drugs[J]. Drug Metab Dispos，2022，50(6)：888-897.

[35]HAIR P，CAMERON F，MCKEAGE K. Mipomersen sodium：first global approval[J]. Drugs，2013，73(5)：487-493.

[36]CROOKE S T，GEARY R S. Clinical pharmacological properties of mipomersen (Kynamro)，a second generation antisense inhibitor of apolipoprotein B[J]. Br J Clin Pharmacol，2013，76(2)：269-276.

[37]MATHEW V，WANG A K. Inotersen：new promise for the treatment of hereditary transthyretin amyloidosis[J]. Drug Des Dev Ther，2019，13：1515-1525.

[38]DIEP J K，YU R Z，VINEY N J，et al. Population pharmacokinetic/pharmacodynamic modelling of eplontersen，an antisense oligonucleotide in development for transthyretin amyloidosis[J]. Br J Clin Pharmacol，2022，88(12)：5389-5398.

[39]HOY S M. Patisiran：first global approval[J]. Drugs，2018，78(15)：1625-1631.

[40]ZHANG X，GOEL V，ATTARWALA H，et al. Patisiran pharmacokinetics，pharmacodynamics，and exposure-response analyses in the phase 3 APOLLO trial in patients with hereditary transthyretin-mediated（hATTR）amyloidosis[J]. J Clin Pharmacol，2020，60(1)：37-49.

[41]URITS I，SWANSON D，SWETT M C，et al. A review of patisiran（ONPATTRO©）for the treatment of polyneuropathy in people with hereditary transthyretin amyloidosis[J]. Neurol Ther，2020，9(2)：301-315.

[42]KEAM S J. Vutrisiran：first approval[J]. Drugs，2022，82(13)：1419-1425.

[43]GANGOPADHYAY S，GORE K R. Advances in siRNA therapeutics and synergistic effect on siRNA activity using emerging dual ribose modifications[J]. RNA Biol，2022，19(1)：452-467.

[44]NIE T，HEO Y A，SHIRLEY M. Vutrisiran：A review in polyneuropathy of

hereditary transthyretin-mediated amyloidosis[J]. Drugs,2023,83(15):1425-1432.

[45]GARRELFS S F, FRISHBERG Y, HULTON S A, et al. Lumasiran, an RNAi therapeutic for primary hyperoxaluria type 1[J]. N Engl J Med,2021,384(13):1216-1226.

[46]MICHAEL M,GROOTHOFF J W,SHASHA-LAVSKY H,et al. Lumasiran for advanced primary hyperoxaluria type 1: phase 3 ILLUMINATE-C trial[J].Am J Kidney Dis,2023,81(2):145-155.

[47]LAMB Y N. Inclisiran: first approval[J]. Drugs,2021,81(3):389-395.

[48]MAJEED C N,MA C D,XIAO T,et al. Spotlight on givosiran as a treatment option for adults with acute hepatic porphyria: design, development, and place in therapy[J]. Drug Des Dev Ther,2022,16:1827-1845.

[49]DE SOUZA P V S, BADIA B DE M L, FARIAS I B, et al. Acute hepatic porphyria: pathophysiological basis of neuromuscular manifestations [J]. Front Neurosci,2021,15:715523.

[50]CHEN X, XIE D, ZHAO Q, et al. MicroRNAs and complex diseases: from experimental results to computational models [J]. Briefings Bioinf, 2019, 20 (2): 515-539.

[51]RUPAIMOOLE R,SLACK F J. MicroRNA therapeutics: towards a new era for the management of cancer and other diseases[J]. Nat Rev Drug Discovery,2017,16(3):203-222.

[52]DAIGE C,PRIDDY L,WIGGINS J,et al. MRX34, a liposomal miR-34 mimic and potential first-in-class microRNA therapeutic: activity in animal models of liver cancer[J]. J Clin Oncol,2016,34(15_suppl):e14076.

[53]HONG D S, KANG Y K, BORAD M, et al. Phase 1 study of MRX34, a liposomal miR-34a mimic, in patients with advanced solid tumours[J]. Br J Cancer, 2020,122(11):1630-1637.

[54]RU L,WANG X M,NIU J Q. The miR-23-27-24 cluster: an emerging target in NAFLD pathogenesis[J]. Acta Pharmacol Sin,2022,43(5):1167-1179.

[55]Ho P T B,Clark I M,Le L T T. MicroRNA-based diagnosis and therapy[J]. Int J Mol Sci,2022,23(13):7167.

[56]RODRIGUEZ-RIVERA I I, WU T H, CIOTTI R, et al. A phase 1/2 open-label study to evaluate the safety, tolerability, pharmacokinetics, pharmacodynamics, and preliminary antitumor activity of OTX-2002 as a single agent and in combination with standard of care in patients with hepatocellular carcinoma and other solid tumor types known for association with the MYC oncogene (MYCHELANGELO I)[J]. J Clin Oncol,2023,41(4_suppl):TPS627.

[57]TREPOTEC Z, LICHTENEGGER E, PLANK C, et al. Delivery of mRNA therapeutics for the treatment of hepatic diseases[J]. Mol Ther,2019,27(4):794-802.

[58]SETTEN R L, LIGHTFOOT H L, HABIB N A, et al. Development of MTL-CEBPA: small activating RNA drug for hepatocellular carcinoma[J]. Curr Pharm. Biotechnol, 2018, 19(8): 611-621.

[59]SARKER D, PLUMMER R, MEYER T, et al. MTL-CEBPA, a small activating RNA therapeutic upregulating C/EBP-α, in patients with Aadvanced liver cancer: a first-in-human, multicenter, open-label, phase I trial[J]. Clin Cancer Res, 2020, 26(15): 3936-3946.

[60]SONG C Q, XUE W. CRISPR-Cas-related technologies in basic and translational liver research[J]. Nat Rev Gastroenterol Hepatol, 2018, 15(5): 251-252.

[61]DOUDNA J A, CHARPENTIER E. Genome editing. The new frontier of genome engineering with CRISPR-Cas9[J]. Science (New York, N.Y.), 2014, 346(6213): 1258096.

[62]MAURER M S. Overview of current and emerging therapies for amyloid transthyretin cardiomyopathy[J]. Am J Cardiol, 2022, 185 Suppl 1: S23-S34.

[63]GILLMORE J D, GANE E, TAUBEL J, et al. CRISPR-cas9 in vivo gene editing for transthyretin amyloidosis[J]. New Engl J Med, 2021, 385(6): 493-502.

[64]LONGHURST H J, LINDSAY K, PETERSEN R S, et al. CRISPR-cas9 in vivo gene editing of KLKB1 for hereditary angioedema[J]. N Engl J Med, 2024, 390(5): 432-441.

[65]XU C, TAN Y, ZHANG L Y, et al. The application of aptamer and research progress in liver disease[J]. Mol Biotechnol, 2024, 66: 1000-1018.

第四章　肝脏以外组织/器官靶向核酸药物递送技术

第一节　脑靶向核酸药物递送技术

一、脑部疾病药物开发的挑战

如今，中枢神经系统疾病已经成为常见的脑部严重疾病，如帕金森病、阿尔茨海默病、卒中和脑癌等。但由于缺乏有效的药物递送技术，许多治疗中枢神经系统疾病的新药研发仍受到很大阻碍。脑部的毛细血管内皮细胞之间紧密连接，且基底膜外包围着一层星状细胞，它们构成了血-脑屏障(BBB)，能够有效阻止多种分子和病原体从循环系统进入大脑。在缺乏有效载体的情况下，多肽、蛋白质、抗体、基于核酸的大分子药物和90%以上的小分子药物以及显影剂均无法穿越BBB进入脑部[1]。

BBB在发挥正常生理功能、维持脑内微环境稳态的同时，也给药物递送造成了一定困难。BBB内的各类细胞构成了多重实体屏障层，而它们又凭借独特的生理结构和分子组成，形成了一系列功能性屏障层，包括：①紧密连接、黏附连接、间隙连接，通过减少离子和其他亲水性溶质经细胞旁通路的渗透，形成“物理屏障”；②在脑血管内皮细胞表面存在一系列膜转运蛋白，参与脑部营养物质(包括葡萄糖和氨基酸)的运输和代谢废物的清除，ATP-结合盒蛋白(ATP-binding cassette protein)则介导许多潜在毒物(包括亲脂性化合物)的主动外排，形成“运输屏障”；③细胞内外的酶能进一步提高对脑部的保护水平，在运输过程中及时代谢干扰性及毒性化合物，形成“代谢屏障”；④内皮细胞和神经血管单元(neurovascular unit)的其他元素的特化有助于调节血源性白细胞的流动，从而形成“免接屏障”。目前，脑部疾病诊疗领域面临的主要挑战为如何使药物有效突破BBB，同时提高递药系统的靶向性和渗透性，实现药物，尤其是蛋白质、核酸等治疗大分子向目标组织的高效递送[2]。

此外，脑部细胞与其他体细胞之间存在较大差异：脑部细胞的免疫、代谢、结构较为特殊，一些其他体细胞内的信号通路与脑部细胞中的并不完全相同，这也是脑部疾病的疗法开发困难的原因之一。

脑部疾病的疗法十分有限，许多疾病如胶质瘤、神经退行性疾病、运动神经元疾病、癫痫、脑外伤等只有妥协疗法，缺乏直接针对病因的疗法。随着研究的深入，研究者们逐渐意识到许多脑部疾病的病因和遗传风险或基因突变密切相关，因此采用核酸药物直接在转录或翻译水平干预致病基因的治疗方法被寄予厚望[3]。

当前已知的血-脑屏障交换方式主要分为：亲脂小分子自由扩散，水通道、离子通道，激素、核酸、氨基酸、糖类等的转运体介导的运输途径，多肽、蛋白质的受体介导的运输途径，以及一些人工设计的主动靶向策略。

随着学术界对物质跨血-脑屏障交换途径研究的不断深入，一系列脑部递送策略应运而生。目前主要包括病毒载体、人工纳米颗粒、外泌体等跨血-脑屏障的递送载体和一些辅助血-脑屏障穿越的物理、化学调节以及鼻腔给药、鞘内给药等不同给药方式。当前临床上应用最多的基因治疗是以腺相关病毒(AAV)为载体的基因沉默和 mRNA 递送，其不同血清型具有一定器官靶向能力，其中 AAV9 常被用作跨血-脑屏障的基因疗法。AAV 病毒转染能力强，一般认为是非整合病毒载体，相比其他病毒载体整合基因组风险低，因而其遗传毒性也较低；但 AAV 病毒的有效荷载核酸有大小限制，一般只能装载不超过 4.7 kb 的核酸。此外，尽管 AAV 病毒的转染效率高，但仍有报道称长期 AAV 治疗有基因组整合风险，并且病毒载体存在生物机体自免疫的限制，反复给药导致 AAV 耐药，使多次给药成为困难。除利用载体递送以外，聚焦超声、渗透破坏、磁场和小分子介导等机制也可以短暂地打开血-脑屏障。因为该类策略有可能对组织器官造成损伤，所以通常用于辅助药物输送。其中较为成功的案例是美国 FDA 批准的 Lexiscan：通过调节细胞内肌动蛋白的动力学，改变细胞骨架，瞬时破坏细胞紧密连接(tight junction，TJ)完整性，增加脑毛细血管内皮细胞之间的细胞间隙，进而促使药物通过血-脑屏障。此类辅助策略的可选对象非常少，并且短暂打开血-脑屏障缺乏对物质交换的选择性。

相比病毒载体，人工纳米颗粒具有极高的灵活性，其表面可被修饰多种靶向分子或探针，在实验室中已成功通过聚乙二醇(PEG)偶联抗体、多肽、小分子、适配体等功能性分子赋予纳米颗粒靶向能力，纳米颗粒也因此被广泛用于寡核酸药物的脑部递送研究。纳米载体主要包括脂质纳米载体、聚合物纳米载体、病毒纳米载体、生物膜来源纳米载体、外泌体、无机纳米载体等。为了实现器官靶向和血-脑屏障穿越，转运体介导的内吞和受体介导的内吞被广泛地应用在纳米载体上。纳米载体穿越血-脑屏障的方式主要包括 TJ 开放、受体介导的胞吞转运作用(receptor-mediated transcytosis，RMT)、细胞介导的转运、载体介导的转运和吸附介导的胞吞转运作用等，其中 RMT 是最常见的策略。RMT 借助脑部内皮细胞受体的识别作用，选择性地对一系列物质进行囊泡运输，从而实现血-脑屏障穿越，这些物质包括转铁蛋白、胰岛素、低密度脂蛋白、瘦素等。目前认为配体修饰的纳米药物首先与内皮细胞表面的跨膜受体结合，形成细胞内囊泡并穿梭至内皮细胞另一侧发生胞吐作用，进而将纳米药物释放到脑实质中。

目前，研究人员已筛选出一系列能够促进脑部积累、穿越血-脑屏障的靶向配体，包括多肽、转铁蛋白、葡萄糖、半乳糖、氨基酸等。以糖转运体为例，将葡萄糖、半乳糖修饰在纳米载体或抗体表面后，修饰过的物质可以通过转运体介导的内吞途径穿越血-脑屏障，并且在短暂节食后给予血糖补充可以显著提高转运效率。一些本身具有血-脑屏障穿越能力的物质被修饰于递送载体表面，也可以促进其穿过血-脑屏障，但值得一提的是，这些新的偶联物未必仅依赖其原有的受体或转运体进行内吞。当开发脑靶向递送系统时，受体介导的内吞是一种经典策略，借鉴“配体-受体”结合模式，将配体修饰在递送物表面，或将受体结合多肽/小分子等修饰于被递送物表面。由于多肽制备工艺成熟、便于保存、反应条件要求不苛刻，靶向多肽成为了非常热门的修饰策略，研究者筛选出了相当多的脑靶向多肽用于促进被修饰物的脑部积累。相比多肽，抗体用作靶向修饰则对反应条件温和程度要求较高，并且储存条件也更加苛刻，不过由于抗体对靶蛋白的亲和力极高，之前有研究者通过纳米抗体、单域抗体等方式减小抗体的分子量，期望其在靶向递送中能有更好的表现。此外，一些蛋白质本身也可以充当递送载体，如具有笼式结构的转铁蛋白也被用于工程化改造以促进所装载药物的脑部递送。更多脑部特异性受体和转运体的发现非常有助于脑部药物递送领域的发展。

在众多药物递送策略中，经鼻给药因其能绕开血-脑屏障、避免首过代谢等优势受到了广泛关注。用于治疗中枢神经系统疾病的获批经鼻产品已达十余种，主要用于偏头痛、癫痫等常见中枢神经系统疾病的治疗。基于经鼻给药安全性、剂量精准性及用药顺应性等研发重点，上述产品主要集中于亲脂性药物及经鼻给药装置的开发。如佐米曲普坦、舒马曲坦、酒石酸布托啡诺及氯胺酮等化学药物亲脂性较强，易于经鼻吸收入脑并达到有效血药浓度，无须附加鼻腔吸收增强剂，可避免潜在刺激性及安全性问题。此外，上市品种大都采用 Optinose、Precision Olfactory Delivery 和 Vianase 经鼻给药装置用于鼻腔给药，能够提高患者用药顺应性[4]。

按功能和结构，可把鼻腔分为三部分：鼻前庭区、嗅觉区和呼吸区。鼻前庭区由于表面积小，几乎没有吸收功能，药物吸收主要集中于嗅觉区和呼吸区。嗅神经和三叉神经分布在嗅觉区并延伸到筛板内的筛孔后与脑部嗅球相连，而呼吸区较大的表面积和较高的血管化程度使其成为药物经全身循环吸收的主要区域。基于鼻腔和脑部之间特殊的解剖结构联系，药物经鼻入脑转运通路可分为三部分：嗅神经通路、三叉神经通路和血液循环通路。当药物到达嗅觉区时，可经神经元内途径转运入脑：药物与嗅觉受体神经元的神经末梢相互作用，沿嗅觉受体神经元的轴突神经束穿过筛板到达嗅球，随后扩散至间质液、脑脊液及脑组织。相较于转运速度较慢的嗅觉神经元内转运途径，在神经元外转运途径中，药物可通过支持细胞之间的紧密连接或嗅觉受体神经元和支持细胞之间的通道迅速转运到大脑的不同区域。药物一旦扩散到达嗅觉区和呼吸区的三叉神经分支，即可沿神经元轴突内途径运输，经由三叉神经通路经鼻转运到达脑部。血液循环途径则是药物经鼻进入大脑的间接途径。经鼻给药后，药物可通过鼻黏膜下丰富的毛细血管吸收进入系统血液循环，再借助血液循环跨越血-脑屏障进入中枢神经系统。

经鼻入脑递送药物具有巨大的天然优势，但仍需突破递送屏障。位于呼吸区的纤毛可驱动黏液从鼻腔至口咽部移动，黏液通过这种机制每 10～15 min 清除更新一次，这个过程称为黏液纤毛清除作用(mucociliary clearance,MCC)。MCC在清除废物保护呼吸道的同时,还限制药物的经鼻递送。鼻腔上皮由一层假复层柱状细胞组成,通过紧密连接方式相互连接。疏水性小分子可借由浓度梯度渗透吸收,亲水性分子借助选择性转运系统穿过脂质双分子层,大分子和极性药物则需进一步克服紧密连接结构并通过细胞旁转运途径才能被吸收。因此,鼻腔上皮渗透屏障也是药物经鼻递送中不可忽视的一大屏障。此外,作为药物吸收的主要区域,鼻腔呼吸区和嗅觉区吸收面积小、存在解剖学给药结构限制,因此鼻腔递药的精准有效性问题也亟待解决。

二、跨BBB核酸递送系统

病毒介导的递送疗法是当下临床试验中较为热门的选择,目前已有多款AAV载体的基因治疗药物获批上市,病毒递送载体的细胞转染效率通常较高,并且AAV根据血清型不同有一定的组织特异性,因此受到研究者的青睐。但病毒载体可能会由于预先存在的免疫导致失效或再次给药失效,并且存在随机整合至基因组的安全风险,除此之外,病毒载体还存在装载核酸的分子量限制和造价昂贵的问题。

随着技术的成熟,非病毒递送载体在近些年引起了学术界和工业界越来越多的关注,从早期的脂质体到包含可电离脂质的脂质纳米颗粒,核酸药物包装效率和稳定性都得到了提高,但脂质纳米颗粒存在治疗窗口狭窄的问题,在提高有效治疗剂量的同时,毒性也显著提高。有研究者开发了新的十六烷基(C_{16})脂质用于偶联siRNA以实现鞘内给药,这一策略有望为寡核酸药物的脑部递送提供新的临床治疗策略。此外,基于外泌体的研究日渐增多,外泌体是可从自体细胞获取的天然纳米颗粒,其生物相容性较高,而且一些细胞来源的外泌体本身也具有一定的血-脑屏障穿透能力和病灶部位迁移能力。因此待其解决生产上的质量控制和更高载药效率问题后,也是极有潜力的脑部递送载体。

超声在医疗领域已成为一种集诊断与治疗于一身的重要工具。超声联合微泡(microbubble,MB)已经被证实能够瞬时、可逆、无创地开放BBB,增加其通透性,促进大分子基因/药物进入脑组织。在BBB开放的情况下,载基因质粒能够无阻碍地进入脑实质,但当质粒从微泡上释放出来而游离于脑循环中时,很快就会被降解,导致进入细胞内的质粒数量达不到有效治疗肿瘤的要求。脂质体作为一种细胞组分能通过内吞作用而进入细胞,同时能够有效保护质粒不被降解而成为一种理想的基因载体,将载有质粒的脂质体与MB连接起来,可达到开放BBB和有效递送基因的目的。

三、经鼻核酸递送系统

由于经鼻递送屏障的存在,目前药物经鼻递送的研究重点主要在于解决黏液纤毛清除问题,改善药物的鼻腔上皮屏障渗透性,实现鼻腔有效精准递药。研究者利用壳聚糖、纤维素等黏附性材料构建鼻腔黏附性纳米递药系统用于克服MCC,延长药物滞留和吸收时间,提高药物经鼻转运效率。相较于传统黏附性经鼻剂型,纳米载体的高比表面积特性可为黏附性聚合物与鼻腔黏液的相互作用提供更广阔的界面，增强黏附作用。由于鼻腔上皮渗透屏障的存在，极性药物和大分子药物如蛋白质、多肽等生物活性分子对鼻黏膜上皮的渗透性较差。基于脂质、油相、乳化剂等材料制备和修饰的鼻腔促渗性纳米递药系统可有效改善药物的黏膜扩散和渗透吸收，实现高效鼻腔递药。药物纳米递送技术最具特色的功能之一是靶向功能：通过纳米载体的表面修饰配体识别靶细胞或组织，将治疗药物递送至作用部位，提高疗效并减少不良反应。为解决鼻腔精准递药问题，可选用凝集素、乳铁蛋白、细胞穿透肽等靶向性配体修饰并构建鼻腔靶向性纳米递药系统，增强载药纳米颗粒对鼻腔吸收区、脑组织的选择性和亲和力，以实现精准递药。

纳米递药系统的大小、表面电荷以及表面修饰等特性会影响纳米递药系统与黏膜相互作用、纳米递药系统沿嗅觉神经轴突扩散等过程。如粒径大小是影响经鼻纳米递药系统的重要性质，小粒径纳米递药系统在经鼻转运过程中的渗透和迁移阻力较小，较易通过跨细胞或细胞旁途径递送至脑部。Mistry 等[4]同时探究了 100 nm、200 nm 的纳米颗粒经鼻递送效果，结果表明，由于嗅觉轴突直径大小的限制，沿嗅觉通路运输的纳米递药系统最佳粒径大小应为 100 nm。Wang 等[5]进一步通过定量研究发现，小粒径纳米颗粒更容易在脑室间转移。由于鼻黏膜通常带负电荷，理论上带正电荷的纳米递药系统更易通过静电力与黏膜相互作用，因而其鼻腔停留和吸收时间更长。Gabal 等[6]发现正电性纳米脂质载体的血浆生物利用度高于负电性纳米脂质载体，而正电性纳米脂质载体脑靶向效率却低于负电性纳米脂质载体。另一项荧光成像研究表明，正负电性纳米颗粒均可经鼻迁移至脑部，其中正电性可能有利于纳米颗粒的三叉神经通路运输，而负电性则更利于纳米粒的嗅神经通路运输。电荷的正负性对于纳米递药系统经鼻入脑运输通路的综合影响及机制仍有待深入研究。鉴于鼻腔吸收区域面积有限、相关解剖学结构限制及纳米递药系统本身缺乏的脑靶向迁移驱动力等问题，细胞穿透肽、凝集素等鼻靶向配体对纳米递药系统的表面修饰可实现药物的鼻腔精准靶向递送。Gartziandia 等[7]在嗅上皮细胞体外模型研究中发现，细胞穿透肽修饰的纳米结构脂质载体跨膜转运比可提高至对照组的 6 倍。

综上所述，基于鼻腔黏附性材料制备的纳米递药系统有助于药物克服黏液纤毛清除作用，基于脂质、油相及乳化剂等材料制备的鼻腔促渗性递药系统有助于改善药物的鼻黏膜上皮渗透和吸收效果，靶向性配体修饰的药物递送系统可进一步提高药物经鼻脑靶向递送效率。

第二节 脾脏靶向核酸药物递送技术

一、脾脏成为继肝脏之后有希望进行基因治疗的器官

脾脏是最大的淋巴器官，含有大量的免疫细胞[8]。由于肝脏和脾脏有许多吞噬细胞和血管结构，大多数静脉注射的纳米颗粒通过这两个器官从血液循环中清除[9]，因此研究人员通常试图在将纳米颗粒输送到其他器官时避免在肝脏和脾脏积聚。事实上，在临床应用纳米药物时，肝脏和脾脏是很有研究潜力的治疗靶点。这一点得到了Onpattrophil成功的支持[10]。肝靶向核酸药物递送一直以来都是研究热点，近年来对脾脏靶向的研究也不断深入，因为它是使用基因疗法治疗免疫相关疾病（如炎症、过敏、感染和癌症）最有前途的器官之一[11]。本节总结了脾脏靶向基因递送，特别是使用全身注射的纳米颗粒，主要讨论以下三个方面：第一，影响脾脏靶向的纳米颗粒的特征是什么；第二，有哪些类型的功能性脾靶向纳米颗粒；第三，脾脏靶向基因递送的临床应用，特别是用于疫苗接种。

二、脾靶向纳米颗粒的特性

静脉注射的纳米颗粒在血液中被调理和吞噬，然后在以肝脏和脾脏为主的网状内皮系统中积累。靶向脾脏看似很容易，然而事实上大多数注射的纳米颗粒会积累在肝脏中(80%)。因此，肝脏摄取是向脾脏递送的主要限制。据报道，库普弗细胞的消耗增加了肿瘤中积聚的纳米颗粒的量[12]，同时也增加了纳米颗粒在脾脏中的积累。有一些报告使用相同的策略来避免脾脏靶向的肝脏摄取（如 PEG 化、隐形载体）。此外，颗粒大小也会影响隐形载体的脾摄取，与小纳米颗粒（小于 200 nm）相比，大纳米颗粒（大于 200 nm）更倾向于积聚到脾脏中[13]，表明大纳米颗粒可以在一定程度上避免肝脏摄取并分布到脾脏中。纳米颗粒的柔性或刚性也是影响其分布的因素，脾脏充当过滤器以清除老化的红细胞，正常的红细胞可以通过脾窦中的狭缝，而不灵活的老红细胞则不能，在脾脏中捕获刚性纳米颗粒被认为是相同的机制。

事实上，脂质体中的胆固醇增加了脂质层的刚性，并增加了它们在脾脏中的吸收[14]。因此，脂质组合物对纳米颗粒物理性质的影响在增强脂质载体脾积累方面是至关重要的。此外，对蛋白冠的研究已经取得了一定进展。一些研究表明，脂质表面组分的调节改变了 LNPs 的组织靶向性。目前已知血清因子参与药物向脾细胞的递送过程，例如通过在纳米颗粒表面吸附 C3 片段靶向脾 B 细胞的纳米颗粒。另外有研究表明，一些内源性因素影响组织选择性 mRNA 递送，如 β2GPI 的脾靶向性。这种利用内源性因子的靶向作用不仅可用于脾脏，也可用于其他组织，其机制有待进行更详细分析[14]。

三、脾靶向核酸药物递送载体

（一）脾选择性的脂质载体

基因治疗不能简单地通过将治疗性核酸递送至靶器官来达到治疗效果。研究者需要考虑增强其有效性的细胞内事件，即 DNA 和 mRNA 需要转录和翻译以实现其基因表达，siRNA 需要形成 RISC 以实现基因敲除。对于核酸药物，主要困难是从内体逃逸，此外，如果是 DNA 药物，还需要核转移。在 mRNA 递送中，报告了一种用于定量体内功能性胞质递送的高通量方法[15]。本节总结了目前关于脾选择性官能化的脂质基载体。

由芬顿（Fenton）等设计的可电离脂质 OF-Deg-Lin 的 LNPs，尽管主要分布在肝脏中，但显示能够产生脾选择性蛋白质[15]。虽然这种脾选择性表达的机制尚不清楚，但研究者推测 OF-Deg-Lin 中的亲电子酯键比起其他器官可能更容易在肝脏中降解。另有研究显示，通过使用 RNA-脂质体（RNA-LPX），脾脏中的 Luciferase 报告基因表达较高[16]。研究使用基于脂质载体的 RNA-LPX，通过优化电荷比（脂质：RNA）而不使用任何靶向配体，发现随着阳离子脂质含量逐渐降低，基因表达从肺转移到脾脏，表明电荷比对器官选择性基因表达存在较大影响。特异性靶向脾脏的 LNPs（例如含有功能靶向的可电离脂质-B-DD3 的 LNPs）的开发代表了治疗脾脏相关疾病的一种有前景的方法。已显示 B-DD3 LNPs 可高效地将 mRNA 递送至脾脏，将 80％的 Fluc 递送至脾脏的边缘区，紧邻 CD169 阳性巨噬细胞。细胞选择性分析实验显示荧光蛋白（td-Tomato）信号在脾脏红髓内与 CD11c 阳性细胞和 CD169 阳性细胞共定位。结论是 B-DD3 LNPs 会靶向抗原呈递细胞（APC），如树突状细胞和巨噬细胞[17]。选择性器官靶向（selective organ targeting，SORT）策略利用阴离子脂质以制备靶向脾的 LNPs 促进特异性递送至脾，并且转染的 B 细胞占所有 B 细胞的 12％。尽管 30％ SORT LNPs 在其他器官如肝脏和肾脏中诱导 td-Tomato 表达，但 Cas9 mRNA（IVT）和小向导 mRNA（sgPTEN）的共递送能够特异性地在野生型小鼠的脾脏中进行内源性基因（PTEN）编辑。此外，选择其最佳制剂来制备脾选择性 LNPs，可以靶向大约 30％的巨噬细胞和 6％的 B 细胞。同时，1，2-二油酰基-sn-甘油-3-磷酸-L-丝氨酸（DOPS，一种带负电荷的辅助脂质），在 LNP 的四种组分中占 40％，可进一步增强脾选择性作用[18]。

此外，通过添加阴离子脂质并调节其物质的量比，LNPs 的组织靶向性可以从肝脏变为脾脏。一些含有 siRNA 的 LNPs 可以在脾免疫细胞中引起基因敲低。结果表明，增大 LNPs 尺寸可以改善抗原呈递细胞（APC）特异性沉默。其可能的原因之一是增大 LNPs 的尺寸可以促进它们在脾脏中的积累。纳米颗粒的摄取途径被认为是另一种假定的解释。细胞摄取途径影响转染效率，纳米颗粒大小是决定该途径的因素之一；并且包封质粒 DNA（pDNA）的 LNPs 可以通过调整其脂质组成来靶向脾脏[19]。这些研究表明，LNPs 的脂质组成对基因递送的组织靶向性在生物分布方面和生物学途径方面都具有主导作用。对于成功的细胞类型特异性转染，必须考虑两个方面：生物分布和细胞内运输。综上所述，目前的主流脾靶向递送策略主要通过优化LNPs中所含的脂质材料及其递送的每种类型的核酸的组成来制备具有脾选择性的LNPs(见图4-2-1)。

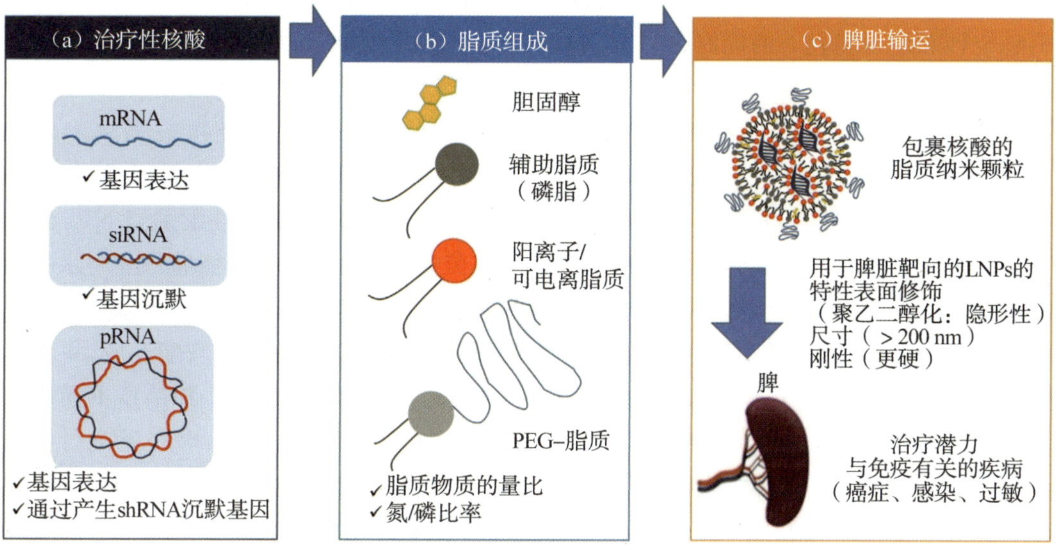

(a)选择核酸的类型；(b)调整脂质成分；(c)合成具有脾靶向性质的纳米颗粒。

图4-2-1 通过基于脂质的纳米颗粒将遗传物质递送至脾脏的代表性方案[8]

(二)脾选择性的聚合物载体

PACE能够实现脾脏的靶向。Saltzman等合成了一系列聚(胺-co-酯)三元共聚物PACE用于mRNA的递送。PACE的合成中使用了三种不同的单体：阳离子二醇单体可以通过静电作用与核酸结合；内酯单体可以通过疏水相互作用进一步稳定复合物的结构；二元酸单体可以与其他两种单体反应生成可生物降解的酯键，提高递送系统的生物相容性。将具有不同端基的PACE复合物对小鼠进行静脉注射后，所有组别均在脾脏处显示出较高的Fluc荧光，表明PACE的主链结构与其脾脏靶向能力存在关联。Saltzman等的研究也发现了类似的现象：对小鼠静脉注射后，基于PACE的核酸递送体系在脾脏中积累。局部气管内给药后，脾脏处荧光强度会因为PACE-PEG的加入而减小，只有在体系中加入5% PACE-PEG才表现出在肺部而非脾脏的积累。在这里，聚合物的主链决定了PACE的器官靶向性，而这种靶向性也与药物作用的途径相关联[20]。

此外，在聚合物的结构中引入磷脂侧链也能够实现脾靶向。Siegwart等[21]设计了一系列可电离磷脂(ionizable phospholipids，iPhos)，并对这些可电离磷脂对LNPs递送效果的影响进行了研究：具有单一两性离子的iPhos显示出比多个两性离子更高的细胞摄取。此外，烷基链长会影响疗效和器官选择性。其中，胺基一侧的碳链长度影响mRNA表达效果：8～10个碳能引起体内高mRNA表达；磷酸基团一侧的烷基长度影响器官选择性：烷基链长度较短（9～12 个碳）表现为肝靶向，而烷基链长度较长（13～16 个碳）则表现为脾靶向。此外，在阳离子聚合物侧链结构中引入两性离子侧链可以实现复合物向脾脏和淋巴结的靶向：将不同的烷基化二氧磷烷氧化物与阳离子聚合物进行偶联，合成了一系列具有不同侧链结构的两性离子聚合物。改性后的聚合物能够在提高血清稳定性和增强膜融合的同时，递送到脾脏和淋巴结，在免疫治疗方面具有广阔的应用前景。

Yang 等[22]制备了一种针对 SARS-CoV-0123 的基于脂质聚合物杂化纳米颗粒（lipopolyplex，LPP）递送系统的 mRNA 疫苗——SW0123。其中，阳离子聚合物与 mRNA 结合形成内核，后续加入的脂质构成壳层。对小鼠进行肌内注射后，LNPs 组在肝脏处荧光明显，而 LPP 组则在脾脏和淋巴结有荧光显示。SW0123 能够产生高水平的抗体并激活 T 细胞反应，并对 SARS-CoV-2 感染的小鼠和非人灵长类动物起到保护作用。Borros 等[23]通过迈克尔加成使寡肽与聚氨基酯（PBAE）中的丙烯酸酯反应，得到了寡肽修饰的聚氨基酯（OM-PBAE）。不同的寡肽末端组成会导致 OM-PBAE 不同的细胞特异性。研究人员选用由 60% C_6CK_3 和 40% C_6CH_3 组成的制剂，对小鼠进行静脉注射后实现了脾脏中 APC 细胞的靶向。Smith 等[24]将 T 细胞特异性靶向配体 CD3 偶联在聚谷氨酸（polyglutamic acid，PGA）上，通过静电作用吸附到 PBAE-DNA 复合物上，以实现 T 细胞的主动靶向。对照组非靶向性纳米颗粒主要集中在肝脏部位，而 CD3 靶向纳米颗粒主要在脾脏、淋巴结和骨髓部位聚集。此外，他们还将配体与聚谷氨酸（PGA）偶联，通过静电作用吸附到 PBAE-mRNA 复合物上，使纳米颗粒能快速、特异性地识别 T 细胞并进行基因重编程。

四、脾脏靶向基因递送的治疗应用

脾脏递送预期将刺激有效的免疫激活。因此，其在癌症免疫治疗和疫苗中的应用是非常令人感兴趣的主题，特别是以针对新型冠状病毒感染的 mRNA-LNP 疫苗为代表的 mRNA 疫苗。优化的纳米微粒-RNA 脂质体（RNA-LPX）可以实现有效的脾选择性基因转移，并且通过用 RNA-LPX 加载的肿瘤抗原基因治疗来排斥进行性肿瘤。比较静脉给药和皮下给药的不同途径，结果表明静脉给药比皮下给药更有效，治疗潜力更高。虽然没有详细提及其原因，但其中一个可能的因素是转染的 APC 的绝对数量很高。事实上，尽管脾脏中 APC 的转染百分比较低（5%），但 RNA-LPX 诱导了强的肿瘤抑制作用，问题是接种途径是否对疫苗效力的发挥起决定性作用。目前有几份关于疫苗给药途径的报告，但仍然很难得出在此阶段哪种途径最有效的结论。最近有报道使用恒河猕猴评估五种疫苗的接种方法，通过标准剂量的皮内途径、高于标准剂量的皮内给药、肺内气雾剂接种、高剂量皮内给药和气雾剂接种的组合或静脉注射，对动物接种卡介苗（BCG）。接种后 6 个月，恒河猕猴暴露结核病，并监测疾病进展以确定疫苗的施用途径和剂量如何影响针对感染的保护程度。结果显示静脉接种几乎完全预防了感染，而其他给药途径的预防效果较低。与皮内给药和气雾剂接种相比，卡介苗注射引起大量 T 细胞流入肺部。实验人员认为这是由于通过静脉注射将高剂量的 BCG 输送到肺部，然而，也可能输送到脾脏和其他免疫细胞中。FixVac(BNT111)是一种静脉注射的 RNA-LPX 疫苗，靶向四种非突变的肿瘤相关抗原，这些抗原通常在黑色素瘤受试者中发现，目前正在进行临床试验。除了 mRNA 递送外，pDNA 递送作为癌症疫苗也是有潜力的。免疫细胞活化以及抗原呈递是有效的癌症免疫疗法所必需的。APC 可以通过 Toll 样受体 9(TLR 9)和其他细胞质 DNA 传感器的 pDNA 识别来刺激，因此抗原编码的 pDNA 可以触发抗原表达和免疫细胞的活化。同时，包封 LNPs 的 pDNA 作为癌症排斥的佐剂是有效的。因此，脾脏靶向给药在免疫治疗领域，特别是在肿瘤治疗方面具有巨大的潜力。由于脾脏易于靶向，很可能成为继肝靶向载体(如 Onpattro)之后用于临床应用的另一靶向器官。

第三节　肺靶向核酸药物递送技术

肺靶向核酸药物递送系统是一种重要的治疗肺部疾病的策略。通过选择合适的载体和递送方式，可以提高核酸药物在肺部的富集程度，增强疗效并减少不良反应。本节将介绍各类肺靶向核酸药物递送系统的设计思路、递送方式和关键挑战，并探讨其应用前景。

一、引言

(一)肺部疾病的临床需求

肺部疾病是一个重大的全球公共卫生问题，造成了巨大的经济负担。肺部病变如慢性阻塞性肺病(chronic obstructive pulmonary disease，COPD)、下呼吸道感染和肺癌，分别是全球导致死亡的第三、第四和第六大主要原因[25]。

肺由肺泡、肺间质和肺实质三部分组成，具有表面积大、血管分布广泛和组织通透性高等特点。这些结构特点使得肺部给药相较于全身给药具有许多优势，如避免首过消除、药物持续释放、低药物代谢酶浓度、高吸收药物局部沉积率、高生物利用度和高患者依从性等。此外，肺组织也是许多诱发病原体和细菌常见的侵袭部位和生长部位，由于肺部直接与外部环境接触，容易受到吸入性损伤和多种相关疾病的影响[26]。肺部主要免疫细胞如图 4-3-1 所示。

肺给药有可能解决肺部相关疾病中的未解难题，包括过敏、哮喘、特发性肺纤维化(idiopathic pulmonary fibrosis，IPF)、囊性纤维化(cystic fibrosis，CF)、病毒和细菌感染、急性肺损伤(acute lung injury，ALI)、慢性阻塞性肺病和肺癌[27]。因此针对肺部的靶向治疗药物具有广阔的市场研发前景和天然的临床应用优势。

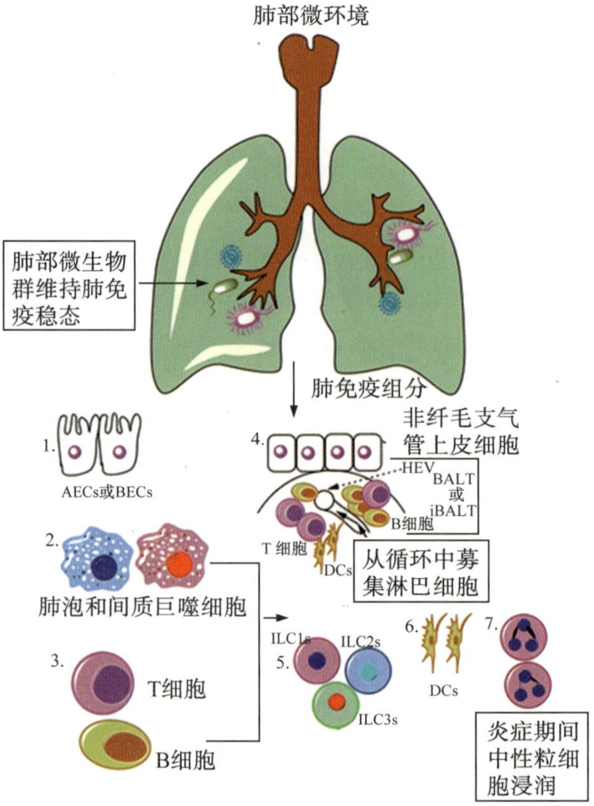

1.AECs-肺泡上皮细胞，BECs-肺部内皮细胞；2.肺泡和间质巨噬细胞；3.T 细胞及B 细胞；4.非纤毛支气管上皮细胞；5. ILC1s-1 型先天淋巴样细胞，ILC2s-2 型先天淋巴样细胞，ILC3s-3 型先天淋巴样细胞；6.树突状细胞；7.炎症期间中性粒细胞浸润。

图 4-3-1　肺部主要免疫细胞[26]

（二）核酸药物的潜力与挑战

核酸药物是一类能够调控基因表达的生物大分子，具有高度的靶向性和特异性，可以治疗多种遗传性或获得性的肺部疾病，如肺纤维化、肺癌、囊性纤维化等。核酸药物递送系统是一种利用核酸分子（如 siRNA、mRNA 等）治疗疾病的新型策略[28]，为呼吸系统疾病的治疗提供了新的机遇。它们通过精确调控疾病相关基因的表达，展现了治疗肺部疾病（如囊性纤维化、哮喘、肺癌和 COVID-19 感染等）的巨大潜力。这些策略的成功高度依赖于有效和安全的递送系统的开发。

1.核酸药物的潜力

（1）疾病特异性治疗：设计核酸药物靶向特定的疾病相关基因或 mRNA，可以提高治疗的特异性和效率。

（2）非侵入性递送：通过吸入递送方式，可以直接将核酸药物传输到肺部，减少对其他器官的潜在不良反应。

(3)广泛应用：从遗传性疾病到感染性疾病及肿瘤，肺靶向核酸药物有望对多种疾病提供治疗解决方案。

(4)治疗药物难以触及的疾病：对于传统方法难以治疗的肺部疾病，核酸药物提供了一种新的治疗方案。

2.核酸药物的挑战

(1)递送效率：有效递送核酸药物至肺部特定细胞和组织仍是一大挑战，需要开发新的递送系统来提高递送效率和降低毒性。

(2)稳定性和解聚：在到达目标细胞之前，核酸药物需要克服体液中的酶降解和快速清除的问题。

(3)免疫反应和毒性：核酸药物及其递送载体可能诱发免疫应答或产生毒性等不良反应，影响治疗的安全性。

(4)制造和规模化生产的复杂性：确保肺靶向核酸药物的质量控制、稳定性和大规模生产的技术难度较高。

二、肺靶向核酸药物递送系统

核酸药物面临着许多挑战，如不稳定性、低生物利用度、免疫原性等，这些问题需要借助于递送系统进行保护和运输来改善。

(一)肺靶向核酸药物递送系统载体

1.非病毒性递送系统

(1)脂质体：脂质体是由自然或合成脂质组成的小囊泡，能够包裹核酸药物，保护其免受降解，具有较好的生物相容性和可调节的递送特性，核酸的脂质体包封可以增加肺部吞噬细胞对它们的摄取[29]。但脂质体也可能引发免疫反应，因此仍需提高其在肺部的递送效率和靶向性，以及优化其稳定性和避免快速清除。

(2)脂质纳米颗粒(LNP)：脂质纳米颗粒是一种由可离子化脂质、中性辅助磷脂、胆固醇和聚乙二醇修饰的磷脂组成的双层脂质体结构，可以将核酸药物包裹在其内部或夹在其双层间。研究证明，N 系列脂质(尾部含有酰胺键)制备的纳米颗粒能够选择性地将 RNA 递送到小鼠肺中，而且只要调整 N 系列脂质的头部结构就可以实现靶向不同的肺细胞类型[30]，具体结构靶向如图 4-3-2 所示。LNPs 具有良好的生物相容性、稳定性和转染效率，是目前最成功的核酸药物递送平台之一，已有多款基于 LNPs 的 mRNA 疫苗和 siRNA 药物上市或进入临床试验。

(3)聚合物递送系统：使用可降解的聚合物材料来制备纳米粒子或微粒，用于包裹和保护核酸药物[31]。阳离子聚合物(如聚乙烯亚胺、聚赖氨酸等)可以中和核酸药物的负电荷以提高进入细胞的效率，亲水性聚合物(如聚乙二醇、聚乳酸等)可以增加纳米载体的稳定性和循环寿命，受体靶向聚合物(如受体配体、抗体等)可以增强纳米载体的选择性和特异性。聚合物递送系统可以通过调节聚合物的化学结构和分子量来控制载体的降解速率和药物释放动力学，增加细胞摄取，通过化学修饰来增强靶向性和递送效率。但聚合物的毒性，尤其是正电荷聚合物可能会对细胞产生影响。

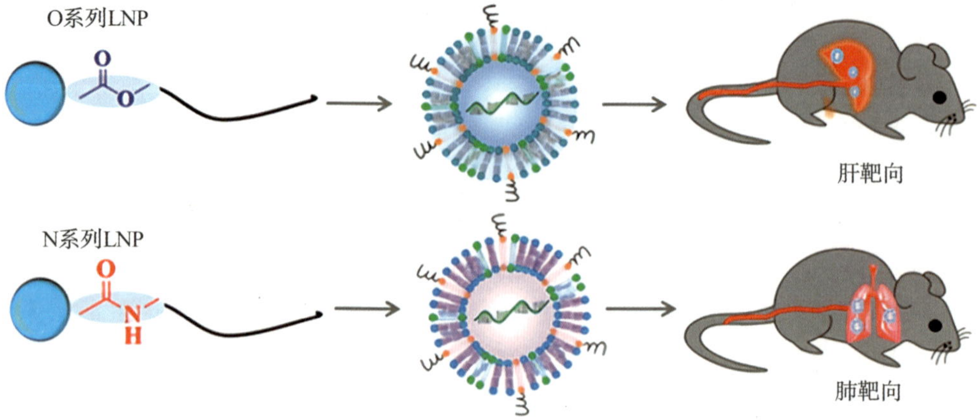

图 4-3-2 不同结构的 LNP 靶向性[30]

2.病毒性递送系统

(1)腺病毒载体：腺病毒具有高效的细胞转染能力。利用重组的腺病毒作为载体，通过腺病毒的高效基因转导能力，将遗传物质传递到宿主细胞中。通过删除或修改病毒基因组的某些部分，可以防止病毒复制，同时插入治疗基因，可以发挥高效的基因递送能力。腺病毒载体能够感染多种细胞类型，包括分化细胞和非分化细胞，适合大片段 DNA 的递送，但同样存在潜在的免疫原性和安全性问题[32]。

(2)逆转录病毒和腺相关病毒(AAV)载体：逆转录病毒能够整合进宿主细胞的基因组，实现长期表达，而 AAV 则不整合但具有长期表达的潜力。AAV 因其较低的免疫原性和良好的安全性而受到青睐。逆转录病毒和 AAV 载体也可实现持久的基因表达，但整合位点的不确定性可能引发基因组不稳定的问题[33]。

3.电穿孔和超声波递送

电穿孔利用短暂的电脉冲增加细胞膜的通透性，而超声波递送则利用声波增加细胞膜和组织的通透性，它们都可以增强细胞对核酸药物的摄取。但是这两种方法都需要确保递送过程的精确控制，避免对细胞和周围组织造成损伤[34]。

4.靶向递送系统

(1)表面修饰的纳米颗粒：通过在纳米颗粒表面修饰具有特定亲和力的分子(如抗体、配体或肽)，实现对特定细胞或组织的靶向递送，提高了药物的靶向性和递送效率，减少了对非靶向细胞的影响[35]。

这些分类代表了在肺部核酸药物递送领域内的研究方向和技术进展。每种递送策略都有其独特的优势和将要面临的挑战，合适递送方法的选择取决于具体的治疗需求、目标疾病的性质以及药物的特性。随着技术的发展，这些递送系统有望为治疗肺部疾病提供更有效、更安全的治疗方案。

(二)肺部核酸药物递送途径

利用脂质纳米颗粒或聚合物基微粒等特定的递送载体,能保护核酸药物并促进其细胞内摄取。药物通过直接作用于目标细胞,可以极大提高治疗的特异性和效率,减少药物在非目标细胞中的积累,降低毒性不良反应。其适用于基因治疗、RNA 干扰治疗以及 CRISPR-Cas9 基因编辑等治疗策略。

1.吸入递送

吸入递送是指将核酸药物制备成气溶胶形式,直接吸入递送到肺部。气溶胶是药物微粒或液滴在气体中的悬浮体,可以通过呼吸道深入肺部,一般使用雾化器或干粉吸入器实现[36]。

这种方法具有诸多优点:避免首过效应和全身不良反应,提高药物的局部浓度,增强治疗效果;利用肺部的大表面积、高血流量和低酶活性,增强药物的转染效率和持久性;通过调节纳米载体的大小、形状、表面修饰等,实现对不同类型的肺部细胞(如上皮细胞、巨噬细胞、成纤维细胞等)的选择性靶向;通过雾化或干粉吸入等方式进行给药,提高患者的依从性和舒适性;适合连续或重复给药,便于患者使用。

(1)经口吸入:药物通过口腔吸入进入呼吸道和肺部。这种方法通常使用吸入器,如干粉吸入器(DPI)或压力计量吸入器(pMDI),来帮助药物以气溶胶或粉末的形式进入肺部。该方式直接作用于肺部,减少系统性不良反应,适用于治疗哮喘、COPD 等呼吸系统疾病。需要正确的吸入技巧以确保药物有效到达肺部。干粉吸入器需要较强的吸气流速来释放药物,而压力计量吸入器的使用可能需要良好的手-口协调。

(2)经鼻吸入(nasal inhalation):药物通过鼻腔吸入,主要用于治疗鼻部和上呼吸道疾病,也可利用鼻腔到脑部的直接通路,用于系统性药物递送。该递送途径同样绕过肝脏的首过效应,可以快速吸收,适用于需要迅速起效的药物[37]。对于某些药物,通过鼻腔吸入可以直接影响中枢神经系统,但给药量相对较小,长期使用可能引起鼻腔不适或刺激。

对于吸入给药,需要精确控制药物配方和气溶胶产生技术,以确保药物粒子大小适宜,保证药物能够达到肺部深处。总的来说,吸入途径的选择取决于多种因素,包括治疗目标、药物的物理化学特性、患者的年龄和能力(特别是吸入技巧和手-口协调能力),以及对快速起效的需求等。正确的吸入技术对于确保药物递送的效率至关重要,医疗提供者应指导患者选择最适合他们的吸入方式,并确保他们能够正确使用吸入设备。

2.系统递送

系统递送将核酸药物通过静脉注射进入血液循环,从而到达肺部。此方法适用于目标是血管内皮细胞或需要全身分布的治疗,但可能会增加系统性不良反应的风险。其主要用于会影响肺部及其他器官的疾病,如某些类型的肺癌和转移性疾病。

这些递送途径各具特色,为肺部疾病的治疗提供了多样化的选择。理解这些途径的区别有助于选择最适合特定治疗目标的药物递送方法。随着递送技术的不断进步,未来有望开发出更有效、更安全的肺部核酸药物递送方法，以满足临床治疗的需求。

三、肺靶向核酸药物递送的挑战

（一）抗雾化剪切力

在雾化过程中会产生一定的剪切力，通过优化递送载体、药物粒径及分布、分散体系以及雾化装置等参数可以降低剪切力，从而保护药物结构不被破坏。有研究者构建了一种吸入式核酸纳米药物，能够有效地包载小干扰核糖核酸，并且具有良好的雾化稳定性，保持了雾化前后纳米颗粒的粒径、形貌、包封率和转染效率不变[38]。此外，有文献报道称，粒径较小的单层脂质体在雾化过程中不容易受到剪切力的影响。

（二）克服黏液屏障

呼吸道中高度分支的支气管结构对药物在肺部特定位置的富集形成了挑战。呼吸道上面覆盖着一层黏液，阻碍了携带质粒 DNA 或 RNA 的基因治疗载体有效到达靶部位。黏液含有 90%～95%的水（按质量计），剩余的物质由黏蛋白（约 2%）、DNA、脂质、电解质、蛋白质、细胞和细胞碎片组成，黏蛋白分子骨架中的周期性疏水裸蛋白球状结构域可以结合并捕获外源疏水分子，颗粒物质被黏液捕获和固定，并在它们接触上皮细胞之前被清除[18]。这种屏障在许多肺部疾病例，如囊性纤维化中对核酸药物递送起到了很大阻碍的作用。

因此吸入式气溶胶制剂需要具备高度分散性和优良的气动性能。核酸纳米药物经雾化后形成的雾滴直径应控制在 1～5 μm 范围内，以便通过重力沉降机制沉积到肺组织深处的呼吸区域。通过在纳米颗粒表面修饰 PEG 也可以避免其被黏液和纤毛清除。

（三）逃避巨噬细胞清除

肺泡巨噬细胞（AM）介导的免疫清除是吸入式核酸纳米药物面临的另一个重要生理障碍[39]。位于肺泡和肺泡导管中的肺泡巨噬细胞，是核酸纳米药物在下呼吸道首先接触到的细胞，纳米颗粒被肺泡巨噬细胞内部化，并在含有溶菌酶的囊泡中被消化，然后运送至黏膜纤毛或淋巴系统进行清除。

研究表明，吸入制剂的表面特性和物理化学性质（如尺寸）会影响纳米颗粒被肺泡巨噬细胞吞噬的过程。此外，不同的磷脂修饰能赋予纳米颗粒不同的黏液渗透性和细胞摄取特性。

四、结语

肺靶向核酸药物递送系统旨在通过合理设计的纳米颗粒载体和精准的递送方式，克服肺部生理屏障，实现核酸药物的有效输送和靶向释放。通过改变肺靶向核酸药物递送系统中的纳米颗粒的表面修饰、大小和性质以及对其在呼吸道内的行为进行调控，提高核酸药物的传递效率和抗清除能力，从而更好地实现疾病治疗效果和减轻患者的症状。

未来的研究应当进一步深入探讨不同修饰策略对肺部核酸药物递送系统的影响，以开拓其临床应用前景。

第四节　其他组织/器官靶向核酸药物递送技术

一、肿瘤组织核酸药物靶向递送

癌症是全球引起死亡的主要原因之一，根据世界卫生组织（WHO）数据统计，2020 年，全球有接近 1930 万例癌症病例和 1000 万例癌症相关死亡病例，预计 2040 年，癌症病例数将增加到 2800 万[40]，癌症的攻克仍然是亟待解决的难题，且恶性肿瘤的存在无时无刻不在严重威胁人类的生命健康。传统的肿瘤治疗方案主要包括放射性疗法、化学疗法和手术疗法，然而，上述治疗方法均存在一定的局限性，无法完全根除肿瘤且容易复发，还可能对其他健康器官造成各种不良反应，损害机体功能。对于临床普遍应用的化疗来说，长期注射化疗药物会引起肿瘤的多药耐药性，从而限制了肿瘤治疗的进程[42,45,47]。因此，如何逆转肿瘤的多药耐药性成为肿瘤治疗研究过程中的一个重要环节。

目前，临床治疗的趋势大多是采用联合给药的方法，例如利用化疗和基因治疗的协同进行有效的肿瘤治疗。基因治疗能通过核酸药物沉默癌细胞耐药的相关基因，从而逆转多药耐药性，再利用化疗药物高效杀伤肿瘤；核酸被认为是继小分子和单克隆抗体（mAb）之后的第三代疗法。与单克隆抗体相比，核酸在合成、递送和生产成本方面具有多项优势[41]。在癌症治疗领域，核酸可以通过增强、协同作用或逆转化疗耐药性来增强经典化疗药物的疗效。此外，肿瘤治疗的一个关键性问题是如何实现靶向、精准治疗，基因治疗药物和化疗药物自身并不具备肿瘤靶向性，反而会导致疗效不理想和可能的系统毒性，因此需要构建核酸药物递送系统以实现精准靶向治疗，达到高效和低毒的治疗效果。

（一）肿瘤的特征

1.无限增殖

恶性肿瘤细胞具有不受控制的增长和分裂的能力，它们可以不断进行自我复制，形成肿瘤。这一过程通常是由细胞周期调控机制的失调引起的，如肿瘤抑制基因的失活或癌基因的激活。

2.侵袭性

恶性肿瘤细胞能够侵入邻近的正常组织，这一特性区别于良性肿瘤，后者通常被一层明显的包膜隔离，不侵入周围组织。恶性肿瘤通过破坏细胞外基质和周围组织的结构，使得肿瘤细胞能够向周围组织扩散。

3.转移能力

除了侵袭周围组织外，恶性肿瘤能够通过体液循环（如血液和淋巴系统）转移到身体其他部位，形成新的肿瘤灶，这一过程称为转移。转移是恶性肿瘤最危险的特征之一，常常导致治疗难度增加以及预后不良。

4.免疫逃逸

恶性肿瘤能够通过多种机制逃避宿主的免疫监视，包括改变抗原表达、分泌免疫抑制因子和诱导免疫检查点分子的表达等，从而逃避免疫系统的攻击。

5.代谢重编程

恶性肿瘤细胞常常通过重新调节其代谢途径来适应快速增长的需求，例如通过促进糖酵解过程（即使在氧气充足的条件下）产生能量，这一现象被称为“Warburg 效应”（瓦尔堡效应）[43]。这种代谢重编程不仅支持了肿瘤细胞的快速增长，还有助于肿瘤细胞适应低氧和营养贫乏的肿瘤微环境。

6.抗凋亡能力

恶性肿瘤细胞常常通过抑制凋亡途径中的关键分子（如 p53 蛋白）或过表达抑制凋亡的蛋白质（如 Bcl-2 家族蛋白）来获得抵抗程序性细胞死亡（凋亡）的能力，使得肿瘤细胞即使在遗传损伤或治疗应激的情况下也能存活。

7.炎症环境

慢性炎症是癌症发展的重要驱动因素之一。恶性肿瘤能够激发或利用炎症反应，促进肿瘤的增殖、生存和转移。肿瘤微环境中的炎症细胞，如肿瘤相关巨噬细胞（TAMs）和肿瘤相关中性粒细胞（TANs），通过分泌生长因子、促炎细胞因子和酶，为肿瘤的生长和转移提供支持。

8.血管异常

恶性肿瘤诱导的新血管往往结构和功能异常，这些血管可能是不规则的且漏洞较多、血流动态不稳定，这导致肿瘤内部出现低氧和营养物质供应不足的区域，同时也增加了肿瘤细胞通过血管系统扩散的可能性。

恶性肿瘤具有复杂性和多变性，这对于癌症的诊断、治疗和预后评估提出了挑战。随着对恶性肿瘤生物学的深入理解，新的治疗策略和方法正在不断开发中，旨在针对肿瘤的特定特征，提高治疗的有效性和精准性。

（二）靶向策略

1.靶向肿瘤相关巨噬细胞

巨噬细胞是肿瘤组织中最主要的免疫细胞群体，具有促进肿瘤细胞生长的作用。肿瘤相关巨噬细胞（TAM）通过分泌生长因子、促炎细胞因子和金属蛋白酶等，促进肿瘤细胞的增殖、血管生成和组织重塑[44]，同时抑制免疫应答，从而支持肿瘤的生长和转移。因此，核酸药物（包括 siRNA、miRNA、反义寡核苷酸等）通过靶向和调节 TAM，可以为肿瘤治疗提供更有效的选择。

调节 TAM 极化：肿瘤微环境内的信号分子在单核巨噬细胞的分化过程中起主要作用，使 TAM 分化成具有偏向 M2 型巨细胞的表型，能够抑制机体免疫、组织修复和促进血管新生等。TAM 具体表现为高表达 IL-10、TGF-β1，吞噬相关受体（Msr2）及多种促炎趋化因子。在肿瘤微环境中，巨噬细胞的表型并不是单纯的 M1 型或 M2 型，其表型会随着肿瘤的发生发展过程而变化，例如慢性炎症阶段 TAM 表型偏向 M1 型，而在肿瘤浸润、血管新生阶段，TAM 表型则偏向 M2 型。TAM 通过其促肿瘤功能支持肿瘤进展和生长：激活肿瘤细胞增殖和存活、增强血管生成和新生血管形成、促进转移和抑制免疫。TAM 还参与介导抗癌药物的耐药性，如化疗、免疫治疗和抗血管生成治疗。因此，TAM 代表了药物靶向的理想候选者，重新编程其表型或改变其功能可能是癌症治疗有前途的策略。

siRNA 是具有双链的短 RNA 分子，可以与 RNA 诱导沉默复合物（RISC）结合。RIS 通过靶向特定的互补 mRNA 分子诱导 mRNA 切割和降解，通过阻止靶基因参与蛋白质合成来沉默靶基因。然而，由于高分子量以及亲水性和阴离子特性，siRNA 很难进入细胞质。此外，裸 siRNA 在体内环境中容易被血清核酸酶降解，并通过肾脏迅速清除。因此，开发 siRNA 封装并递送至 TAM 的递送系统至关重要，利用包载 siRNA 的载体靶向 TAM，以修饰其功能。例如，Ortega 等[47]报道了开发负载 siRNA 的甘露糖基化聚合物纳米颗粒（MnNP）以沉默靶基因 IκBα，恢复活化 B 细胞（NF-κB）通路的核因子 κ-轻链增强子并将 TAM 重新极化为 M1 表型。在另一项研究中，Conda 等[48]报道了用聚乙二醇（PEG）修饰、与 TAM 靶向肽（M2pep）偶联并装载 siRNA 以对抗 M2 型巨噬细胞中的血管内皮生长因子（VEGF）的金纳米颗粒（AuNPs）的开发。该系统已成功用于在小鼠肺癌原位模型中产生抗肿瘤治疗反应。Kortylewski 等[49]开发了一种寡核苷酸 Toll 样受体 9（TLR9）激动剂信号转导和转录激活因子 3（STAT3）siRNA 偶联物，用于沉默 STAT3 并增强 TME 中的免疫功能。除此之外，使用针对特定基因（如 STAT6 或 STAT3）的 siRNA 将巨噬细胞从 M2 表型重编程为 M1 表型用于肿瘤治疗。然而，基因沉默不仅限于巨噬细胞，在其他免疫细胞如树突状细胞（DCs）和 B 细胞中也可被诱导。

2.靶向肿瘤相关成纤维细胞

肿瘤相关成纤维细胞（CAFs）作为 TME 中最丰富的基质细胞，不仅可以通过自身代谢直接改变 TME 的免疫抑制作用，还可以通过分泌生长因子、细胞因子和改变 ECM 等方式，来促进肿瘤生长和转移。使用针对 CAFs 特定信号分子的 siRNA 或 miRNA 可以减少它们对肿瘤细胞的促进作用。采用聚阳离子聚合物功能化介孔结构纳米载体将 microRNA-100（miR-100）递送至癌细胞可有效下调成纤维细胞生长因子受体 3（FGFR3）的表达，从而抑制细胞增殖，并在体外诱导细胞凋亡。

3.靶向血管生成

肿瘤通过分泌促血管生成因子［如血管内皮生长因子（VEGF）］来刺激周围正常组织中的血管生成，以满足肿瘤细胞对氧气和营养物质的高需求。核酸药物通过特定机制靶向这些因子或其受体，从而阻断血管生成过程，达到治疗肿瘤的目的。

（1）靶向 VEGF 及其受体：VEGF 是最重要的促血管生成因子之一，通过特异性靶向 VEGF 或其受体的 siRNA 或 ASO，可以有效抑制肿瘤血管生成。例如将 VEGF 作为靶基因评估抗血管生成作用，设计了一种由磁性介孔二氧化硅纳米颗粒和叶酸共轭聚乙烯亚胺（PEI）组成的新型纳米载体，用于阿霉素（DOX）和 VEGF shRNA 的共同递送。

(2)调控血管生成相关基因表达：通过 miRNA 或其他核酸药物调控一系列血管生成相关基因的表达，如抑制或增强促进血管生成基因的表达。

4.干预肿瘤微环境

肿瘤微环境是肿瘤生长、发展和转移过程中非常关键的一个因素，包括肿瘤细胞周围的细胞、细胞外基质(ECM)、血管、免疫细胞以及各种细胞因子和化学信号[50]。肿瘤微环境的复杂性不仅在于其组成元素的多样性，而且在于组成部分之间存在的相互作用，这些相互作用对肿瘤的生长、侵袭、转移以及对治疗产生重要影响。在肿瘤微环境中，多种细胞类型都参与了血管生成过程，核酸药物可以通过靶向这些细胞中的关键信号通路，间接抑制血管生成。

有效和安全地提供抗癌药物是癌症治疗中的关键挑战之一。一般来说，大多数抗癌药物对正常细胞有毒性，生物利用度低，体内缺乏稳定性。纳米技术的最新进展为通过纳米颗粒成功输送抗癌药物提供了安全和高效的药物输送系统。在癌症治疗方面，基于核酸的肿瘤靶向给药为发展创新的肿瘤靶向治疗策略开辟了新领域。

二、心血管系统核酸药物靶向递送

心血管疾病已逐渐成为全世界范围内威胁人类健康的“第一杀手”，我国心血管疾病患病率和死亡率仍处于上升阶段。有数据显示，截至 2022 年，我国心血管疾病患者人数已高达 3.3 亿，平均每年约 350 万人死于心血管疾病[46]。冠状动脉疾病、高血压、心力衰竭和心律失常等疾病的发展涉及多种细胞类型(包括心肌细胞、内皮细胞和平滑肌细胞)和生物过程。近年来，RNA 疗法已成为治疗包括心血管疾病在内的多种人类疾病有前景的途径，靶向心血管核酸药物递送是现代医学研究中的一个重要方向，旨在通过精准递送核酸药物(如 siRNA、miRNA、mRNA 等)至心血管系统的特定部位，治疗冠状动脉疾病、心肌梗死、高血压和动脉粥样硬化等相关疾病[52]。这种方法可以在分子水平上调控疾病的发展，理论上可以实现更佳的治疗效果和更低的不良反应。

(一)RNA 核酸靶向疗法

1.基于 siRNA 的靶向疗法

动脉粥样硬化疾病患者的治疗目标是低密度脂蛋白胆固醇(LDL-C)＜55 mg/dL，并且比基线水平至少降低 50%。PCSK9(一种参与 LDL 受体降解的丝氨酸蛋白酶)的抗体抑制剂可使 LDL-C 水平降低大约 60%，Inclisiran 是第一个降低胆固醇的 siRNA，将靶向 PCSK9 的双链 siRNA 与靶向肝细胞的 N-乙酰半乳糖胺(GalNAc)进行偶联，提高 siRNA 分子稳定性，同时可实现对肝脏的靶向递送。Inclisiran 通过去唾液酸糖蛋白受体(ASGPR)递送至肝细胞，之后与 PCSK9 mRNA 结合，导致 PCSK9 mRNA 的降解和 PCSK9 蛋白质合成减少[53]。PCSK9 蛋白的减少促进低密度脂蛋白受体(LDL-R)的循环，增加血浆 LDL-C 的摄取和降解，从而降低血浆 LDL-C 水平。

2.基于 ASO 的靶向疗法

靶向 PCSK9 的 ASO,可用于降低循环中的 LDL-C 水平。AZD8233(ION-863633)由 AstraZeneca 和 Ionis 共同研发,是一种化学修饰的 16 聚体 ASO,与 N-乙酰半乳糖胺(GalNAc)相连,可有效靶向肝细胞中的 PCSK9 mRNA,阻止 PCSK9 的合成。研究发现皮下给药后,AZD8233 耐受性良好[54]。AZD8233 治疗高脂血症和血脂异常的研究当前正处于Ⅱ期临床阶段。并且已有临床试验结果表明,单次皮下注射 AZD8233(剂量范围为 4～120 mg)能有效地降低血浆中 PCSK9 蛋白和 LDL-C 浓度。给药后的 16 周内,PCSK9 和 LDL-C 水平缓慢恢复至基线或接近基线水平。

3.基于 microRNA 的靶向疗法

microRNA 通过与靶 mRNA 的 3′非翻译区结合,在转录后调节基因表达,阻断蛋白质翻译或诱导其降解。长链非编码 RNA 具有更多样化的功能,可作为表观遗传调节剂、分子支架或诱饵。microRNA 和长链非编码 RNA 有望成为治疗心血管疾病如心力衰竭、急性心肌梗死和动脉粥样硬化等的新靶点。例如,非编码 RNA miR-181a 被 siRNA 下调后,能降低心肌梗死大鼠骨骼肌成肌细胞移植的致心律失常作用[55]。当前小核酸药物降低心血管疾病的靶向效果显著,并且已有多种针对心血管疾病的小核酸药物处于临床研究阶段。

(二)心血管特异性靶向递送策略

1.特异性修饰 mRNA 翻译系统(SMRTs)

该系统具有两种不同的 modRNA(任何基因)构建体,第一种 modRNA 构建体是抑制基因或阻遏蛋白 modRNA(m1Ψ)。它携带 L7AE,可调节具有扭结转折基序(k 基序)的目标基因 modRNA 的翻译[56]。当目的基因 modRNA 共转染到细胞中时,L7AE modRNA 的翻译会抑制目标基因 modRNA 的翻译。通过添加 CMs 特异性 microRNA 识别元件,阻止大量且主要专门表达 miRNA 的心肌细胞中的 L7AE 翻译("抑制因子"方法),从而允许在心肌细胞中精确地翻译目的基因 modRNA。

2.基于 mRNA 的嵌合抗原受体 T 细胞(CAR-T)疗法细胞靶向活化的成纤维细胞

在各种损伤诱导的心脏应激下,静止的心脏成纤维细胞发生基质成分的激活、增殖和分泌增加。在心脏纤维化和衰竭小鼠模型中,表达骨膜蛋白的活化成纤维细胞的基因消融显示心脏功能得到改善。基于 T 细胞的疗法为心脏纤维化提供了潜在的治疗策略。例如,利用靶向脂质纳米颗粒在体内将编码成纤维细胞活化蛋白(FAP)CAR 的 mRNA 直接递送至 T 细胞,通过将抗 CD5 抗体附着在 LNPs 上来实现靶向 T 细胞递送,确保 modRNA 有效递送至 T 细胞,从而产生 FAP CAR 表达和功能性细胞毒性 FAP CAR-T[57]。

目前,RNA 疗法已成为治疗心血管疾病的一个有前途且充满活力的领域,通过靶向递送系统将 siRNA 和 miRNA 成功递送到动脉粥样硬化斑块和心肌损伤区域,将有效调节疾病相关基因的表达。modRNA 技术的创新使用,加之递送平台的进步,使得瞬时细胞特异性递送为心血管疾病的治疗开辟了新的途径。

三、淋巴核酸药物靶向递送

淋巴(LN)是由免疫细胞组成的免疫器官,抗原呈递细胞(如DC)吞噬外周组织中的病原体、肿瘤细胞和疫苗,并将它们移动到LN。在LN中,APC通过主要组织相容性复合物分子(MHC-Ⅰ和MHC-Ⅱ),将病原体、肿瘤细胞和疫苗(即抗原)的信息呈递给T细胞。抗原呈递触发诱导适应性免疫的T细胞活化,即LN为激活免疫系统提供了重要场所。与此同时,LN对癌症的免疫反应也很重要,癌症的自发免疫反应被定义为癌症免疫循环,该循环代表了从DC吞噬癌细胞(肿瘤抗原)到活化T细胞消除癌细胞的反应。肿瘤引流LN可作为T细胞的释放场所。因此,靶向LN是激活免疫系统的一种很有前景的策略。有研究者开发了一种含有阳离子的核酸药物递送系统琼脂糖(C-琼脂糖)和CpG寡脱氧核苷酸(一种特殊的DNA序列,C代表胞嘧啶,G代表鸟嘌呤)。C-琼脂糖对淋巴结窦巨噬细胞表面的Siglec-1具有高亲和力,对靶向淋巴结具有高度特异性[51]。皮下植入C-琼脂糖+CpG凝胶导致CpG在淋巴结窦巨噬细胞中积累,并在淋巴结中产生抗肿瘤免疫反应[54]。在小鼠4T1(从410.4瘤株中未经诱变筛得的6-硫鸟嘌呤抗性细胞株)乳腺癌模型和B16F10(小鼠黑色素瘤细胞)黑色素瘤模型中,C-琼脂糖+CpG凝胶处理降低了肿瘤引流淋巴结(TDLN)和肺结节的转移程度,并抑制了肿瘤生长[57]。

四、眼部核酸药物靶向递送

长期以来,针对遗传疾病的药物开发一直是科学研究的热点。值得注意的是,眼睛一直是基因疗法发展的主要器官,因为它不与机体共用一套免疫系统,眼部给药不易被机体免疫系统识别,可减少核酸药物被破坏。近年来,RNA靶向策略越来越受到关注。它是一种独立于DNA的特异性、可逆的基因操作,避免了宿主生物的永久性变化。尽管蛋白质靶向策略(如单克隆抗体)具有类似的优势,但其受到“可成药”靶点的限制:只有1.5%的人类基因组编码蛋白质,而70%为非编码RNA(ncRNA)。因此,靶向RNA显著拓宽了治疗靶点,并且可以通过其RNA序列指定靶标。ASO和RNA干扰(RNAi)是临床上常用于RNA眼部疾病靶向治疗的两种策略。

(一)ASO疗法

20世纪90年代初,开始研究ASO用于开发眼部治疗药物;1994年首次描述了ASO疗法用于眼部疾病,靶向胰岛素生长因子1(IGF-1)以抑制大鼠的条件性眨眼反应;1996年,人们开始讨论将ASO输送到视网膜;21世纪初,ASO疗法已被应用于遗传性疾病和孤儿眼部疾病。目前,已经研究了靶向遗传性视网膜变性(IRD)的ASO疗法。2012年,在两项研究中研究了莱伯遗传性视神经病变(LHON)的ASO治疗,两项研究都针对CEP290中的c.2991+1655A>G突变。c.2991+1655A>G突变导致隐秘剪接位点的插入,导致CEP290过早终止,并降低蛋白质水平[58]。ASO疗法可以指导

CEP290 的正常剪接，增加野生型 CEP290 的水平，减少突变蛋白并恢复纤毛过程。之后，ASO 疗法又被测试用于其他遗传性疾病，如视网膜色素变性、眼底黄色斑点症（Stargardt disease）和厄舍（Usher）综合征。

（二）siRNA 疗法

与 ASO 相同，血管内皮生长因子（VEGF）是 21 世纪初期新生血管疾病的第一个靶点。靶向 VEGF、血管内皮生长因子受体 1（VEGFR1）和 VEGFR2 的多种 siRNA 对新生血管形成的抑制作用高于单独使用任何一种 siRNA，但突变异质性又是一个重大挑战，其中超过 100 个突变可能与疾病状况有关，为了克服这一障碍，研究人员采用了抑制和替代策略。目前，具有人工 mirtrons（一种由短小的内含子发夹结构形成的 miRNAs）的 RNAi（mRNA 编码基因内含子内的 miRNA）已被证明可以克服此障碍。

五、胰腺核酸药物靶向递送

胰腺癌（PC）是最致命的癌症之一，5 年生存率仅有 10%。由于 PC 与高异质性、结缔组织增生性肿瘤微环境和低效药物渗透有关，因此目前推荐用于治疗 PC 的化疗策略临床获益有限，基于核酸的靶向疗法成为比较有前途的治疗策略[46]。

（一）ASO 疗法

1.靶向热休克蛋白

热休克蛋白 27（HSP27）与化疗暴露的 PC 有关，与 *Hsp27* 基因互补的修饰 ASO（称为 OGX-427）经过巧妙设计，通过聚乙二醇化聚乙烯亚胺包被金纳米颗粒的肿瘤微环境响应纳米系统递送，实现 HSP47 蛋白下调并抑制细胞外基质（ECM）增生。

2.靶向血管内皮生长因子

VEGF 家族调节 PDAC 中血管生成和 VEGF 的过表达，与新生血管生成密度、转移改善、疾病进展和预后降低相关。有研究设计并合成了一种抗 VEGF ASO，可以使血浆 VEGF 正常化并减少新生血管生成。

（二）siRNA 疗法

通过设计特异性 siRNA 使靶基因沉默，以减少相关蛋白的表达。例如有研究设计了一种靶向 polo 样激酶 1（PLK1）的 siRNA，采用由靶向环肽（cRGD）修饰在可电离脂质纳米颗粒（GARP）表面的新型纳米递送系统封装[58]，并显示出良好的治疗效果。

（三）靶向 miRNA

对于表达上调的 PC 相关 miRNA，采用单链 Fv（scFv）功能化纳米颗粒的抗 miRNA-21 ASO 和吉西他滨组合对 PC 细胞产生协同抗肿瘤作用。另一种抗 miRNA-199a 寡核苷酸采用新型细胞穿透肽纳米复合物作为载体，显著抑制人多能干细胞（hPSC）的分化并防止肿瘤异球体形成。

六、核酸药物靶向递送系统

(一)脂质纳米递送系统

1.脂质体

脂质体是具有水芯和脂质双层壳的球形囊泡,通常由胆固醇和磷脂组成,但也可能包括赋予脂质体特定功能的其他脂质。磷脂是两亲性分子,结构包含亲水性头部和疏水性尾部,一旦分散在水溶液中,疏水性尾部聚集,亲水性头部与水环境相互作用,就会形成封闭的脂质双层结构。在此过程中,核酸等亲水性药物被封装在水芯中,疏水性药物被包埋在脂质双层中。另外,可以通过改变配方,产生具有不同大小、表面电荷或其他特性的脂质体,如阳离子脂质体相对于传统的呈电中性的脂质体更常用于核酸药物(NAD)递送。

2.脂质纳米颗粒

LNPs 源自脂质体,不同的是,LNPs 没有封闭的脂质双层结构和内部水核,而是采用纳米结构的细胞核、均匀的核壳和多层囊泡,或其他自组装形态,具体取决于配比和有效载荷。通常,LNPs 由可电离脂质、胆固醇、辅助磷脂和 PEG 脂质四种成分组成。可电离脂质是 LNPs 中最重要的成分,在制备过程中带正电荷,通过静电相互作用帮助压缩核酸,在生理 pH 下表现为中性以降低毒性,并在进入酸性内体环境时再次带正电荷,促进核酸逃逸;胆固醇是天然细胞膜的一种成分,通过填充脂质之间的间隙来增强 LNPs 的稳定性,影响颗粒膜的融合行为;辅助磷脂是 LNPs 中的另一种结构脂质,这些两亲性脂质可以自发组织成脂质双层,并具有较高的相变温度,因此它们对于维持 LNPs 的结构稳定性非常重要;PEG 脂质是 PEG 聚合物和锚定脂质的偶联物。PEG 链引起的空间位阻可以阻止 LNPs 在制备过程中的融合和聚集,有利于形成均匀稳定的 LNPs,保证 LNPs 的储存稳定性。LNPs 粒径可以通过改变 PEG 脂质的比例来调节。

3.固体脂质纳米颗粒

固体脂质纳米颗粒(SLN)是亚微米大小的球形囊泡,具有表面活性剂单层外壳和固体脂核。SLN 的脂质成分在体温和环境温度下都是固体。一般来说,亲脂性药物嵌入固体脂质核心中,既可以保护药物免于降解,还可以诱导缓释作用。加入阳离子脂质辅助表面活性剂如 3β-[N-(N0,N0-二甲氨基乙烷)氨基甲酰基]胆固醇(DC-Chol)、苯扎氯铵(BA)等可用于递送核酸药物。

4.聚合物纳米颗粒

聚合物纳米颗粒是使用天然聚合物生产的,即葡聚糖、壳聚糖、环糊精或合成聚合物,如聚赖氨酸(PLL)、聚乙烯亚胺(PEI)、聚酰胺胺(PAMAM)和聚(乳酸共乙醇酸)(PLGA)。最常见的聚合物纳米颗粒形式是纳米胶囊和纳米球,如多聚物、聚合体和树枝状大分子。

（二）响应型递送系统

1.pH 响应型递送系统

肿瘤微环境的异常 pH 变化是设计刺激响应型 RNA 药物递送系统最常用的因素之一。响应肿瘤微环境 pH 变化刺激的纳米药物载体通过可电离基团或酸敏感化学键在环境 pH 改变的时候引起载体构象或稳定性的改变，实现所载药物的释放。借助肿瘤组织和血液中 pH 的差异，可以设计针对肿瘤酸性微环境特异性响应的具有电荷反转功能的阳离子载体，提高 RNA 药物的细胞摄取能力；利用细胞液与酸性细胞器间的 pH 梯度，可调控药物的细胞内释放。通过改变载体表面的电荷或暴露出靶向配体，促进药物的细胞摄取或进一步提高药物的靶向性。

2.酶响应型递送系统

在病变组织中的一些特异性酶类被过量表达，这为酶响应的药物递释载体的设计提供了新的方法。目前研究多采用酯酶可断裂的酯键或者蛋白酶可断裂的短肽等修饰纳米药物载体，从而在特定的生物靶点处实现药物的可控释放和积累。其中，金属蛋白酶（MMP）或组织蛋白酶已被广泛用于 RNA 纳米药物载体的设计。

3.活性氧（ROS）响应型递送系统

缩硫酮和苯硼酸酯等结构都会在 ROS 的作用下发生断裂，常被引入载体材料结构中构建 ROS 响应型递送系统。苯硼酸酯结构在 ROS 响应型 RNA 药物递送载体设计中应用最为广泛。如构建具有苯硼酸酯结构的 ROS 响应型 siRNA 递送系统，通过引入胍基和苯硼酸酯结构实现对 siRNA 的三重稳定负载；当到达富含 ROS 的肿瘤细胞内时，疏水性的苯硼酸酯结构对 ROS 响应型脱落后裸露出亲水性的羧基，导致疏水作用力减弱[60]。此外，新产生的羧基会干扰胍基与 siRNA 的静电相互作用和氢键相互作用，使得整体结构逐渐失稳而促进 siRNA 的胞内释放。

4.还原响应型递送系统

GSH 是一种由谷氨酸、半胱氨酸和甘氨酸组成的三肽。由于其能在肿瘤组织递送系统胞内分解，二硫键能够在 GSH 的作用下断裂，因此研究人员设计了多种富含二硫键的载体结构[59]，用于构建还原响应型 RNA 药物递送系统。

5.缺氧响应型递送系统

针对肿瘤微环境中特异性的缺氧环境，常见的缺氧响应结构包括硝基咪唑和偶氮苯。通过开发含有偶氮苯结构或硝基咪唑结构的缺氧响应型载体[57]，并将其用于递送缺氧诱导因子 1α 的 siRNA（siHIF-1α），从而抑制肿瘤的增殖及逆转肿瘤细胞的耐药性。

6.双重响应型递送系统

为了进一步确保将 RNA 药物成功递送到靶部位并提高肿瘤部位的响应效率，各类双重响应型载体被开发用于 RNA 药物的递送。例如，有研究者开发了一种还原/酶双重响应的核壳纳米颗粒作为杀伤乳腺癌细胞的 siRNA 载体[61]。该载体的核心是具有二硫键的阳离子片段，用于负载 siRNA。外层 MMP-2 响应型肽段连接的 PEG 作为电荷屏蔽层，可响应于肿瘤微环境中过表达的 MMP-2。这类具有双重响应能力的核壳纳米颗粒能够阶段性响应肿瘤细胞外的特异性酶和肿瘤细胞内的还原环境，同时增强siRNA药物的溶酶体逃逸能力和释放效率，从而提高抗肿瘤疗效。

（三）仿生递送系统

为了保证组织、细胞和生命分子之间的交流，生物设计了许多精妙的递送系统。近年来，仿生药物递送系统取得了很大的进展，主要载体包括细菌、病毒、细胞以及外泌体等各种囊泡和生物颗粒。

1.噬菌体展示技术

将外源编码多肽或蛋白质的基因通过基因工程技术插入噬菌体外壳蛋白结构基因的适当位置，在阅读框正确表达，使外源多肽或蛋白质在噬菌体的衣壳蛋白上形成融合蛋白，随子代噬菌体的重新组装呈现在噬菌体表面，可以保持相对的空间结构和生物活性。然后利用靶分子，洗去未特异性结合的噬菌体[62]。再用酸碱或者竞争的分子洗脱下结合的噬菌体，中和后的噬菌体感染大肠杆菌扩增，经过3～5轮的富集，逐步提高可以特异性识别靶分子的噬菌体比例，最终获得识别靶分子的多肽或者蛋白质。通过该技术产生巨大的肽/蛋白质库，并将其“显示”在噬菌体的蛋白质包衣中，用于研究与所需靶细胞的结合。

2.利用细胞载药

该方法较早尝试的细胞是运输氧气的红细胞。作为无核细胞，其载药量大并具有肝脾等网状内皮组织靶向性，体内循环时间长，是理想的药物递送载体之一。红细胞通过触发巨噬细胞表面的抑制性分子[称为信号调节蛋白α(SIRPα)]逃避网状内皮系统(RES)。因此，基于红细胞的包被物的循环时间比聚乙二醇化纳米载体长10倍，随后可以高效且生物耐受地递送至肿瘤组织。例如，有研究者报道了使用血小板膜涂层金属有机框架的纳米颗粒(P-MOF)在乳腺癌小鼠模型中实现有效递送靶向 *survivin* 基因的siRNA，其中仿生涂层提高了对肿瘤的靶向效率。

3.微生物递药系统

该方法利用CRISPR-Cas等基因编辑工具改变细菌的特性，例如靶向性、黏附能力、蛋白质分泌以及特定代谢物的合成，进而成为原位“药物工厂”，在疾病部位生产所需的治疗药物，包括小分子代谢产物、酶、蛋白质和小核酸药物。

参考文献

[1]王斌，章雪晴.脑靶向递送策略的挑战和机遇[J].上海交通大学学报，2021，55(S1)：62-64.

[2]曹意，蒋晨.脑靶向纳米药物递释系统研究进展[J].基础医学与临床，2022，42(01)：2-14.

[3]杨灏颖，刘润涵，房梦珂，等.脑靶向寡核苷酸药物策略用于衰老相关脑部疾病治

疗[J].生物化学与生物物理进展,2024,51(02):253-268.

[4]MISTRY A, STOLNIK S, ILLUM L. Nanoparticles for direct nose-to-brain delivery of drugs. Int J Pharm. 2009, 379:146-157.

[5]WANG B, WANG Q, CHEN H, et al. Size-dependent translocation pattern, chemical and biological transformation of nano-and submicron-sized ferric oxide particles in the central nervous system. J Nanosci Nanotechnol. 2016, 16:5553-5561.

[6]GABAL Y M, KAMEL A O, SAMMOUR O A, et al. Effect of surface charge on the brain delivery of nanostructured lipid carriers in situ gels via the nasal route[J]. Int J Pharm. 2014, 473:442-457.

[7]许乔,张华清,周建平,等.经鼻纳米递药系统在中枢神经系统疾病治疗中的研究进展[J].中国现代应用药学,2022,39(08):1099-1104.

[8] NAKAMURA T, SATO Y, YAMADA Y, et al. Extrahepatic targeting of lipid nanoparticles in vivo with intracellular targeting for future nanomedicines[J]. Adv Drug Deliv Rev,2022,188:114417.

[9]ALEXIS F,PRIDGEN E,MOLNAR L K,et al. Factors affecting the clearance and biodistribution of polymeric nanoparticles[J]. Mol Pharmaceutics,2008,5(4):505-515.

[10]HERRERA V L,Colby A H,RUIZ-OPAZO N,et al. Nucleic acid nanomedicines in Phase Ⅱ/Ⅲ clinical trials: translation of nucleic acid therapies for reprogramming cells[J]. Nanomedicine (Lond),2018,13(16):2083-2098.

[11]JINDAL A B. Nanocarriers for spleen targeting: anatomo-physiological considerations, formulation strategies and therapeutic potential[J]. Drug Deliv Transl Res,2016,6(5):473-485.

[12] OHARA Y, ODA T, YAMADA K, et al. Effective delivery of chemotherapeutic nanoparticles by depleting host Kupffer cells[J]. Int J Cancer,2012,131(10):2402-2410.

[13] LITZINGER D C, HUANG L. Amphipathic poly(ethylene glycol) 5000-stabilized dioleoylphosphatidylethanolamine liposomes accumulate in spleen [J]. Biochim Biophys Acta,1992,1127(3):249-254.

[14]MOGHIMI S M,PATEL H M. Serum opsonins and phagocytosis of saturated and unsaturated phospholipid liposomes[J]. Biochim Biophys Acta,1989,984(3):384-387.

[15]FENTON O S,KAUFFMAN K J,KACZMAREK J C,et al. Synthesis and biological evaluation of Ionizable lipid materials for the in vivo delivery of messenger RNA to B lymphocytes[J]. Adv Mater,2017,29(33):10.1002/adma.

[16]KRANZ L M,DIKEN M,HAAS H,et al. Systemic RNA delivery to dendritic cells exploits antiviral defence for cancer immunotherapy[J]. Nature,2016,534(7607):396-401.

[17]FU L,ZHANG Y,FAROKHZAD R A,et al. 'Passive' nanoparticles for organ-selective systemic delivery: design, mechanism and perspective[J]. Chem Soc Rev,2023,52(21):7579-7601.

[18]CHENG Q,WEI T,FARBIAK L,et al. Selective organ targeting (SORT) nanoparticles for tissue-specific mRNA delivery and CRISPR-Cas gene editing[J]. Nat Nanotechnol,2020,15(4):313-320.

[19]KRANZ L M,DIKEN M,HAAS H,et al. Systemic RNA delivery to dendritic cells exploits antiviral defence for cancer immunotherapy[J]. Nature,2016,534(7607):396-401.

[20]JIANG Y,LU Q,WANG Y,et al. Quantitating endosomal escape of a library of polymers for mRNA delivery[J]. Nano Lett,2020,20(2):1117-1123.

[21]LIU S,CHENG Q,WEI T,et al. Membrane-destabilizing ionizable phospholipids for organ-selective mRNA delivery and CRISPR-Cas gene editing[J]. Nat Mater,2021,20(5):701-710.

[22]YANG R,DENG Y,HUANG B,et al. A core-shell structured COVID-19 mRNA vaccine with favorable biodistribution pattern and promising immunity[J]. Signal Transduction Targeted Ther,2021,6(1):213.

[23]FORNAGUERA C,GUERRA-REBOLLO M,ÁNGEL LÁZARO M,et al. mRNA delivery system for targeting antigen-presenting cells in vivo[J]. Adv Healthcare Mater,2018,7(17):e1800335.

[24]Smith T, Stephan S, Moffett H. et al. In situ programming of leukaemia-specific T cells using synthetic DNA nanocarriers[J]. Nature Nanotech,2017,12(8):813-820.

[25]MCGONAGLE D,SHARIF K,O'REGAN A,et al. The role of cytokines including Interleukin-6 in COVID-19 induced pneumonia and macrophage activation syndrome-like disease[J]. Autoimmun Rev,2020,19(6):102537.

[26]KUMAR V. Pulmonary innate immune response determines the outcome of inflammation during pneumonia and sepsis-associated acute lung injury[J]. Front Immunol,2020,1:1722.

[27]DING L,TANG S,WYATT T A,et al . Pulmonary siRNA delivery for lung disease: Review of recent progress and challenges[J]. J Control Release,2021,330:977-991.

[28]WU X,WU T,LIU J,et al. Gene therapy based on nucleic acid nanostructure[J]. Adv Healthcare Mater,2020,9(19):e2001046.

[29]LOIRA-PASTORIZA C,VANVARENBERG K,UCAKAR B,et al. Encapsulation of a CpG oligonucleotide in cationic liposomes enhances its local antitumor activity following pulmonary delivery in a murine model of metastatic lung cancer[J]. Int J Pharm,2021,

600:120504.

[30]QIU M,TANG Y,CHEN J,et al. Lung-selective mRNA delivery of synthetic lipid nanoparticles for the treatment of pulmonary lymphangioleiomyomatosis[J]. Proc Natl Acad Sci U S A,2022,119(8):e2116271119.

[31] ROTOLO L, VANOVER D, BRUNO N C, et al. Species-agnostic polymeric formulations for inhalable messenger RNA delivery to the lung[J]. Nat Mater,2023,22(3):369-379.

[32]CAO H,KOEHLER D R,HU J. Adenoviral vectors for gene replacement therapy[J]. Viral Immunol,2004,17(3):327-333.

[33] HACEIN-BEY-ABINA S, VON KALLE C, SCHMIDT M, et al. LMO2-associated clonal T cell proliferation in two patients after gene therapy for SCID-X1[J]. Science,2003,302(5644):415-419.

[34]DEAN D A,MACHADO-ARANDA D,BLAIR-PARKS K,et al. Electroporation as a method for high-level nonviral gene transfer to the lung[J]. Gene Ther,2003,10(18):1608-1615.

[35]BECK C,RAMANUJAM D,VACCARELLO P,et al. Trimannose-coupled antimiR-21 for macrophage-targeted inhalation treatment of acute inflammatory lung damage[J]. Nat Commun,2023,14(1):4564.

[36] PISON U, WELTE T, GIERSIG M, et al. Nanomedicine for respiratory diseases[J]. Eur J Pharmacol,2006,533(1-3):341-350.

[37]TOBÍO M,GREF R,SÁNCHEZ A,et al. Stealth PLA-PEG nanoparticles as protein carriers for nasal administration[J]. Pharm Res,1998,15(2):270-5.

[38]BAI X,ZHAO G,CHEN Q,et al. Inhaled siRNA nanoparticles targeting IL11 inhibit lung fibrosis and improve pulmonary function post-bleomycin challenge[J]. Sci Adv,2022,8(25):eabn7162.

[39]DI GIOIA S,TRAPANI A,CASTELLANI S,et al. Nanocomplexes for gene therapy of respiratory diseases: Targeting and overcoming the mucus barrier[J]. Pulm Pharmacol Ther,2015,34:8-24.

[40]NAKAMURA T, SATO Y, YAMADA Y, et al. Extrahepatic targeting of lipid nanoparticles in vivo with intracellular targeting for future nanomedicines[J]. Adv Drug Deliv Rev,2022,188:114417.

[41]RUOSLAHTI E. The RGD story: a personal account[J]. Matrix Biol,2003,22(6):459-465.

[42] MANTOVANI A, MARCHESI F, MALESCI A, et al. Tumour-associated macrophages as treatment targets in oncology[J]. Nat Rev Clin Oncol,2017,14(7):399-416.

[43] BARYAKOVA T H, POGOSTIN B H, LANGER R, et al. Overcoming barriers to patient adherence: the case for developing innovative drug delivery systems [J]. Nat Rev Drug Discov, 2023, 22(5): 387-409.

[44] SEGEL M, LASH B, SONG J, et al. Mammalian retrovirus-like protein PEG10 packages its own mRNA and can be pseudotyped for mRNA delivery [J]. Science, 2021, 373(6557): 882-889.

[45] BANSKOTA S, RAGURAM A, SUH S, et al. Engineered virus-like particles for efficient in vivo delivery of therapeutic proteins[J]. Cell, 2022, 185(2): 250-265.e16.

[46] KREITZ J, FRIEDRICH M J, GURU A, et al. Programmable protein delivery with a bacterial contractile injection system[J]. Nature, 2023, 616(7956): 357-364.

[47] VARGASON A M, ANSELMO A C, MITRAGOTRI S. The evolution of commercial drug delivery technologies[J]. Nat Biomed Eng, 2021, 5(9): 951-967.

[48] LIU X, SONG H, SUN T, et al. Responsive microneedles as a new platform for precision immunotherapy[J]. Pharmaceutics, 2023, 15(5): 1407.

[49] CHEN Z, WANG Z, GU Z. Bioinspired and biomimetic nanomedicines[J]. Acc Chem Res, 2019, 52(5): 1255-1264.

[50] WU Q, HUANG H, SUN M, et al. Inhibition of tumor metastasis by liquid-nitrogen-shocked tumor cells with oncolytic viruses infection[J]. Adv Mater, 2023, 35 (28): e2212210.

[51] RURIK J G, TOMBÁCZ I, YADEGARI A, et al. CAR T cells produced in vivo to treat cardiac injury[J]. Science, 2022, 375(6576): 91-96.

[52] AGARWALLA P, OGUNNAIKE E A, AHN S, et al. Bioinstructive implantable scaffolds for rapid in vivo manufacture and release of CAR-T cells[J]. Nat Biotechnol, 2022, 40(8): 1250-1258.

[53] KUMAR S, FRY L E, WANG J H, et al. RNA-targeting strategies as a platform for ocular gene therapy[J]. Prog Retin Eye Res, 2023, 92: 101110.

[54] PATERSON B M, ROBERTS B E, KUFF E L. Structural gene identification and mapping by DNA-mRNA hybrid-arrested cell-free translation[J]. Proc Natl Acad Sci U S A, 1977, 74(10): 4370-4374.

[55] SCHARNER J, AZNAREZ I. Clinical applications of single-stranded oligonucleotides: current landscape of approved and in-development therapeutics[J]. Mol Ther, 2021, 29(2): 540-554.

[56]江玉翠.靶向肿瘤相关巨噬细胞的核酸给药体系用于肿瘤的治疗研究[D].南京:南京大学,2014.

[57] HU J, XU J, LI M, et al. Targeting lymph node sinus macrophages to inhibit lymph node metastasis[J]. Mol Ther Nucleic Acids, 2019, 16: 650-662.

[58]KON E,AD-EL N,HAZAN-HALEVY I,et al. Targeting cancer with mRNA-lipid nanoparticles：key considerations and future prospects[J]. Nat Rev Clin Oncol,2023,20(11)：739-754.

[59]卢安,王向宇,闫仪,等.肿瘤微环境响应型的 RNA 药物递送系统的研究进展[J].药学学报,57.01(2022):109-121+277.

[60]KISHORE R,MAGADUM A. Cell-Specific mRNA therapeutics for cardiovascular diseases and regeneration[J]. J Cardiovasc Dev Dis,2024,11(2):38.

[61]DAI H,ABDULLAH R,WU X,et al. Pancreatic cancer：nucleic acid drug discovery and targeted therapy[J]. Front Cell Dev Biol,2022,10:855474.

[62]HU M,LI X,YOU Z,et al. Physiological barriers and strategies of lipid-based nanoparticles for nucleic acid drug delivery[J]. Adv Mater,2024,36(22):e2303266.

第五章
细胞靶向核酸药物递送技术

第一节　工程化免疫细胞疗法

细胞疗法问世于 20 世纪 80 年代末，该疗法利用从癌症患者身上提取的肿瘤浸润 T 细胞来治疗转移性黑色素瘤，这首次证明了活免疫细胞可用于治疗癌症。这些早期临床试验推动了对多种免疫细胞类型的免疫细胞疗法（immune cell therapy，ICT）的探索，也为 ICT 应用范围从癌症到传染病再到自身免疫疾病的拓展奠定了基础。然而，以 T 细胞为代表的 ICT 疗法很快就遇到了诸多挑战：在许多类型的癌症中，分离和制备大量肿瘤特异性 T 细胞十分困难。因为肿瘤中自然存在的 T 细胞在面对高肿瘤抗原负担时会逐渐失去其特有的功能（称为耗竭），而且肿瘤还进化出多种方法来抑制原生淋巴细胞的攻击。这些问题的存在，促进了基础免疫学、基因工程、基因编辑和合成生物学的不断发展，促使该领域早期探索者开启了免疫细胞工程化的尝试[1]。

免疫细胞疗法可分为非工程化免疫细胞疗法和工程化免疫细胞疗法。非工程化免疫细胞疗法是指未经修饰的免疫细胞，利用其固有的细胞毒性发挥作用，包括调节性 T 细胞（regulatory T cell，Treg）疗法、肿瘤浸润淋巴细胞（tumor infiltrating lymphocytes，TIL）疗法、细胞毒性 T 细胞（cytotoxic T cell，CTL）疗法等。工程化免疫细胞疗法是人为将免疫细胞进行改造，以便输入患者体内时，识别和响应疾病状态（又被称为活着的药物），包括嵌合抗原受体 T 细胞（chimeric antigen receptor T cell，CAR-T）疗法、嵌合抗原受体自然杀伤细胞（chimeric antigen receptor natural killer cell，CAR-NK）疗法、嵌合抗原受体巨噬细胞（chimeric antigen receptor macrophage，CAR-M）疗法、嵌合抗原受体中性粒细胞（chimeric antigen receptor neutrophils，CAR-NE）疗法、CAR-Tregs 疗法、T 细胞受体嵌合 T 细胞（T cell receptor-gene engineered T cell，TCR-T）疗法、嵌合自身抗体受体 T 细胞（chimeric autoantibody receptor T cell，CAAR-T）疗法等。

目前，工程化免疫细胞疗法已进入临床应用，多种工程化 T 细胞疗法被批准用于治疗血液系统恶性肿瘤。众多研究者正在进行临床前和临床研究以改进免疫细胞的特性和功能，将其广泛应用于癌症、传染病等疾病的治疗。

工程化免疫细胞的方法主要包括药理操作和基因修饰等多种技术，它们可以在细胞治疗输注前在体外进行，也可以直接在体内进行。

一、体外细胞工程

为适应临床需求，工程化免疫细胞疗法使用的免疫细胞需具有以下主要特征：靶点特异性、高效、安全。体外工程主要通过遗传和分子手段实现，包括受体工程、宿主细胞基因组工程和治疗有效载荷协同工程（见图 5-1-1）[2]。

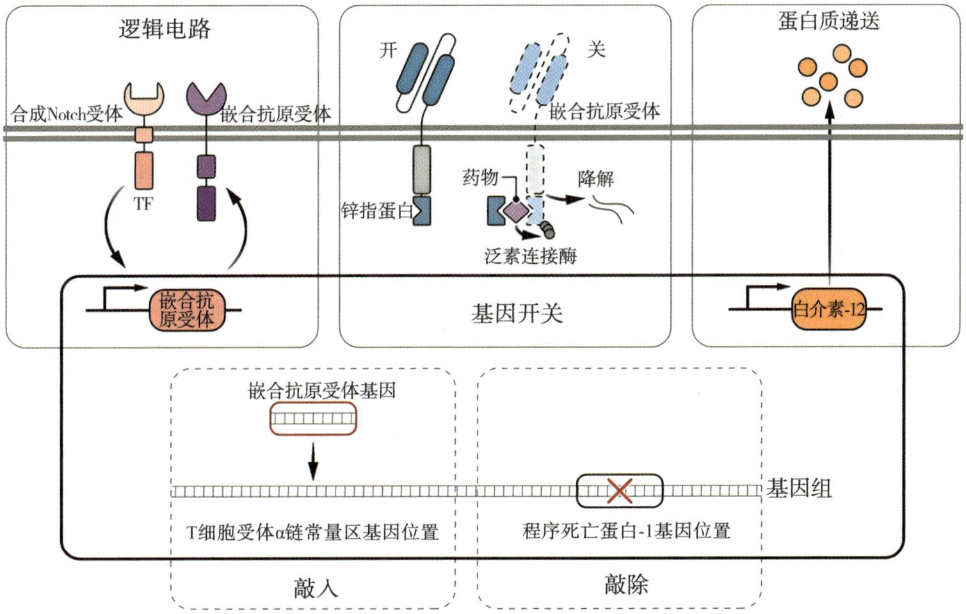

图 5-1-1　不同工程学方法系统举例[2]

（一）抗原受体工程

抗原受体工程是对免疫细胞表面受体进行修饰，以提高免疫细胞的靶向特异性和安全性，进而增强免疫治疗的效果。其中最典型的是嵌合抗原受体（chimeric antigen receptor，CAR）。CAR 通过结合 T 细胞受体（T cell receptor，TCR）和共刺激受体信号结构域，控制 T 细胞的增殖、效应功能和代谢适应性，使得免疫细胞回输到体内后可以靶向、杀伤特定癌细胞。相较于 TCR，CAR 能够不依赖于主要组织相容性复合体（MHC）的单倍型而靶向任何表面抗原，但其敏感性较低。T 细胞受体融合构建物（T cell receptor fusion construct，TruCs）很好地结合了二者的优点。TruCs 将抗体结构域连接到 TCR 复合体的不同组分，显示出与 CAR 相似的抗原敏感性，同时减少炎性细胞因子的产生。合成性 T 细胞受体抗原受体（synthetic TCR and antigen receptor，STAR）和非人类白细胞抗原依赖性 T 细胞受体（HLA-independent TCR，HIT）也在体内展现了良好的活性和抗原敏感性。

虽然许多新的抗原受体和高级逻辑受体仍在进行临床前测试，设计用于减少因抗原逃逸导致疾病复发的 CAR 已经在初步临床试验中进行了评估。这些研究表明，OR-gate CAR(可通过与两种不同靶抗原之一结合而触发的 CAR)免疫细胞的过继转移是安全的，但由于 CAR-T 细胞在体内发挥作用的持久性差或两种 CAR 的效力不同，仍有一部分患者在接受这种体外编辑抗体受体 T 细胞治疗后复发。一些 AND-gate CAR 系统(仅当两个不同的靶抗原同时结合时才被激活)在多个临床前肿瘤模型中显示出高度的特异性，这些系统已准备好在临床试验中进行测试。几家公司还展示了 NIMPLY CAR(在没有第三种抗原的情况下，通过存在一个或多个抗原激活 CAR)的良好临床前结果，并准备进行针对实体和血液肿瘤的试验。

(二)治疗有效载荷协同工程

除了表达抗原特异性受体外，体外改变工程化免疫细胞表达的治疗性有效载荷，也为调节细胞在体内的功能提供了附加维度。当与 CAR 表达相结合时，有效载荷有时被称为“装甲”CAR 或 TRUCK(T 细胞重定向用于通用细胞因子介导的杀伤)。目前，最有治疗希望的有效载荷是分泌因子，如细胞因子(如 IL-12、IL-15)、治疗性抗体(如抗 PD-L1)、可以重塑肿瘤微环境或激活药物前体的酶。因此，ICT 也可以作为一种活的药物输送装置。例如，经体外设计能够在体内表达 IL-15 的自然杀伤细胞(natural killer cell，NK)，IL-15 是 NK 细胞存活的关键细胞因子，经体外设计能够转导表达 IL-12 的骨髓细胞以对抗实体瘤中发现的免疫抑制基因标记。

尽管这些因子具有很强的功能，但也存在许多严重的副作用，因此在体内治疗过程中需要进行严格监管以确保安全。其中一种方法是改造可溶性的因子使其在质膜上表达以限制其扩散，并将信号集中在供体细胞上。另一种策略是设计可诱导的基因开关，来调整辅助载荷表达的强度和时间窗口。许多哺乳动物基因开关已被开发出来，但大多数与 ICT 不兼容，因为它们要么具有明显的非人类 DNA 痕迹，要么使用了未经临床批准的诱导剂，或者其体内药代动力学性能存在明显的缺陷或不确定性。基于来那度胺的基因开关有望带来创新和突破。以基于人类锌指蛋白和使用临床批准的药物诱导剂的平台为例，灵活的平台将有助于优化体外改造的免疫细胞过继到体内后治疗的效果和安全性。

(三)基因组工程

除了体外改造免疫细胞的肿瘤特异性受体和免疫调节因子的表达外，体外改造免疫细胞的基因组工程可用于提高免疫细胞体内治疗过程的有效性和安全性。此外，如果免疫细胞来源是同种异体的，机体有可能对进入机体的免疫细胞出现排异反应，增加治疗风险。基因组工程还可以通过敲除供者免疫细胞中控制 TCR 和 MHC 的基因，以降低体外改造免疫细胞疗法应用到体内后可能会引起的排斥反应风险。遗传学上破坏免疫细胞的 *PD-1* 等基因会增强其抗肿瘤的能力，敲除 *RASA2*、*Dhx37* 等基因可以促进 T 细胞维持其抗癌活性。在体外应用相应技术对基因组已知位点进行靶向整合和应用 CRISPR-Cas 等基因编辑能延长作用时间，前者主要的限制是靶向整合需要与插入位点匹配的序列模板，CRISPR-Cas 方法的限制则在于其脱靶效应及潜在风险。

（四）免疫细胞制造

免疫细胞的工业化制造面临着诸多挑战。ICT 生产中最大的挑战之一是使用病毒转染来向免疫细胞中递送 DNA，这个过程复杂且失败率高。为了克服这一挑战，人们正在开发非病毒的方法在原代人类免疫细胞中进行基因传递，如 mRNA 转染或基于转座子的基因组工程化工具。ICT 的另一个挑战是细胞来源的异质性，特别是当使用患者自身来源的细胞时，患者的疾病状态可能导致其 T 细胞功能障碍和改变免疫细胞组成，导致所生产的 T 细胞产品不理想。目前已有许多资源可用于开发同种异体的“现货型”细胞产品，例如通过替代细胞类型（如 NK 细胞、诱导多能干细胞衍生的免疫细胞），或通过基因组编辑工具来破坏导致同种异体排斥反应（如 β2-微球蛋白）和移植物抗宿主病（如内源性 TCRs）的蛋白质。然而，这些方法都面临着各自独特的一系列挑战。例如，相比 T 细胞，NK 细胞更不易被病毒感染，而与基因组编辑特异性相关的调控问题，也尚未得到解决。

二、体内细胞工程

工程化改造的免疫细胞在寻找和摧毁靶点的过程中也面临着许多挑战，包括存活足够的时间，归巢到适当的疾病位点并与靶细胞接触，以及保持适当的表型以允许癌症清除。宿主体内的被动屏障和主动屏障都是造成这些挑战的原因，目前研究人员正在开发各种技术来实现高效和安全的免疫细胞治疗。这些技术包括选择用于将免疫细胞递送至指定位点的材料，根据外界可控的线索来靶向转移的细胞以及在体内直接进行基因操作（见图 5-1-2）[2]。

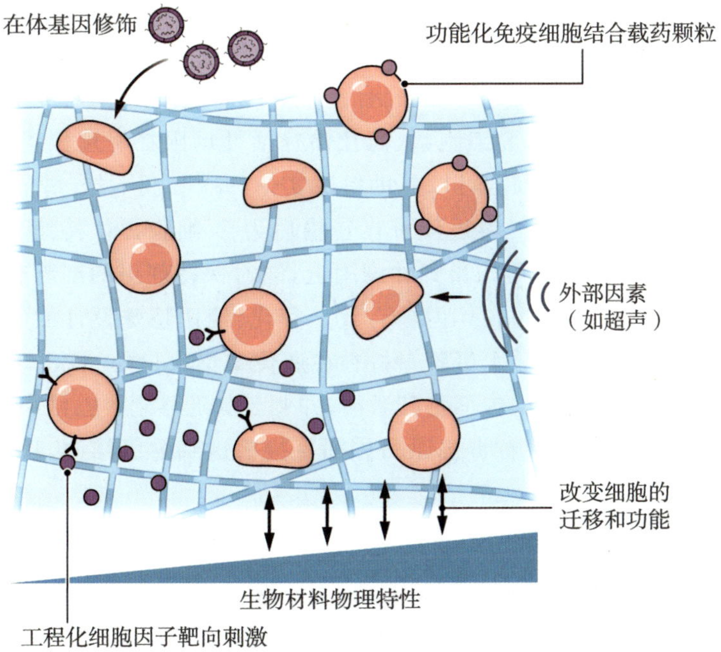

图 5-1-2　体内免疫细胞工程手段[2]

(一)靶向刺激转移细胞

为了在治疗效果和安全性之间取得适当的平衡,研究者越来越多地开始采用对免疫细胞进行体内控制的新策略。这些方法通常通过药理学操作实现对细胞转录活性的远程、实时控制,或改变细胞的微环境以实现对转移细胞和宿主免疫细胞活性的更大范围的控制。例如,FDA 批准的小分子药物具有良好的生物利用度和药代动力学特征,已被用于控制基因开关,实现对工程化 T 细胞功能的快速、可逆的动态调节。这有助于严格控制 CAR-T 细胞治疗的活性,同时减少临床前研究中 T 细胞的耗竭。同时,这也提供了一个安全开关,允许在毒性出现时及时终止细胞活性。例如,将细胞因子包装成纳米颗粒和微粒,可在转移前黏附到免疫细胞表面,或通过代谢标记靶向体内免疫细胞,使细胞因子仅在所需的治疗部位发挥活性,减轻全身副作用。细胞因子受体也可改造,以允许供体 T 细胞(但不是原代的内源性细胞)对联合给药的工程化细胞因子药物产生特异性反应,或对细胞因子刺激产生独特的细胞内信号。工程化 T 细胞也可以被疫苗特异性激活,这些疫苗特异性激活其合成抗原受体,以促进 T 细胞的扩增、存活和效应功能。细胞外囊泡是一种来自细胞的脂质双分子层包围的颗粒,作为一种有效的细胞间通信途径,也被设计用于触发特定的免疫反应。转移细胞的物理微环境也可被操纵,从而改变它们的活性。例如,CAR-T 细胞被改造具有热敏感特性后,就可以通过施加于肿瘤空间的外部线索介导的局部温度升高来刺激其活化。肿瘤的力学特性(如硬度)可能成为免疫细胞的治疗、运输和功能的主要障碍。因此,调节机械感应也提供了一种改变体内免疫细胞活性的手段。

(二)调节免疫细胞的工程化系统

生物材料策略提供了另一个提高 ICT 有效性的机会,该策略可以直接在体内操纵免疫细胞,并且可以与宿主免疫和过继细胞治疗进行协同应用。工程化生物材料可以在特殊的肿瘤微环境中保护分子和细胞,从而让治疗活性局限在病理位置,并控制宿主细胞的运输和激活。转输的 T 细胞可以帮助解决实体肿瘤浸润不佳、肿瘤驻留 T 细胞耗竭等现象,研究和制备的生物材料载体可在转输后为 T 细胞提供持续的刺激(如 TCR 刺激、细胞因子),并允许 T 细胞归巢到肿瘤附近,同时保持理想的细胞表型。在这一背景下,抗原呈递细胞(APC)也可在体内被有效工程化:使用特殊设计的生物材料支架如天然或合成的聚合物微粒系统、水凝胶等材料在原位聚集大量的 APC[3],负载可持续释放的抗原,然后通过协同递送的佐剂将其激活,并刺激其迁移到淋巴结中。除此之外,研究者们还开发了一系列纳米颗粒将抗原和佐剂直接输送到淋巴结内,从而显示出强大、特异的免疫反应。

(三)体内直接基因修饰

在移植前对培养细胞进行工程化改造,是一个既昂贵又复杂的过程,而且需要相当长的时间,这促使人们探索原位基因修饰宿主细胞的方法来绕过体外操作。编码 CAR 的逆转录病毒颗粒与免疫细胞整合,在体内就可以产生 CAR-T 细胞,绕过了体外细胞操作步骤。此外,慢病毒和聚合物纳米颗粒也被开发用于特异靶向 T 细胞。

总的来说,工程化免疫细胞疗法已经取得了非常大的进步,但寻找更安全、更有效的免疫细胞治疗方法仍有巨大的探索空间。

第二节　基于病毒载体的工程化免疫细胞疗法

一、逆转录病毒载体

逆转录病毒载体(retroviral vector,RV)是第一个广泛应用于临床的病毒载体,逆转录病毒载体可以容纳外源 DNA 的长度在 10 kb 左右。逆转录病毒载体转导效率高,并且能整合到宿主细胞基因组内,实现显著、持久的转基因表达,常用于基因治疗中。第一个成功的基因治疗临床试验是利用鼠白血病病毒(murine leukemia virus,MLV,一种 γ-逆转录病毒),将其作为基因转移载体治疗 11 名儿童的 X 性染色体连锁严重联合免疫缺陷。虽然大部分患者的治疗效果良好,但由于在转导造血干细胞时由载体介导的插入诱变,少数患者发生了白血病,因此,γ-逆转录病毒载体的安全性一直被严格监控,世界各地科学家所进行的以逆转录病毒为载体的多项研究也一度被迫终止。

后来有研究发现,由于 γ-逆转录病毒载体具有干扰整合位点侧翼基因组区域的先天能力,如果整合发生在原癌基因或其附近,则可导致肿瘤转化。同时,全基因组分析研究表明,与随机整合相比,γ-逆转录病毒优先整合到转录起始位点和 CpG 岛附近,从而增加致癌转化的机会,这可能是导致 X 性染色体连锁严重联合免疫缺陷患者发生白血病的原因。

目前,γ-逆转录病毒载体已被有效地用在 T 淋巴细胞中表达 CARs。抗 CD3、抗 CD28 单克隆抗体(monoclonal antibody,MAb)以及外源性细胞因子 IL-2 常被用于刺激来自患者的外周血单核细胞(peripheral blood mononuclear cell,PBMC)以筛选并扩增外周血淋巴细胞(peripheral blood lymphocyte,PBL)内的 T 细胞。随后用高效价载体包装细胞系如 PG13 产生的载体上清液转导 T 细胞,这种包装细胞系通过 *CAR* 基因与反式提供的重要病毒基因(*gag*、*pol*、*env*)的瞬时转染产生。目前,通过 γ-逆转录病毒载体构建的 CAR-T 细胞已广泛应用于肿瘤治疗的临床试验中。

逆转录病毒载体的制备流程包括目的基因获取、质粒构建与测序验证、病毒瞬时包装、细胞系筛选、扩大培养、病毒上清液收集以及病毒的纯化。科研级逆转录病毒载体的生产相对简单,无须进行细胞系筛选,但产量较低,主要用于科学研究。工业化生产工艺更为完善,采用转染一种包装细胞并利用其产生的病毒上清液转染另一种包装细胞的方法,通过筛选获得的稳定转染细胞系来收集逆转录病毒载体[4]。尽管瞬时转染的病毒载体存在一定的异质性,但通过筛选稳转细胞系甚至挑选单克隆细胞库,则可以提高细胞基因水平的稳定性,保证产生的病毒载体产品质量稳定,并且便于工艺放大。单个批次生产的逆转录病毒载体可供多达 1000 名患者进行细胞治疗，这种规模化生产大大节约了成本[5]。

二、慢病毒载体

慢病毒（见图 5-2-1）是在感染后需要较长时间才会引发疾病或症状的病毒，属于逆转录病毒科。其独特之处在于它们可以在非分裂细胞内复制，而其他逆转录病毒则不能。慢病毒能够借助逆转录酶将外源基因整合到宿主基因组中，长期稳定地表达基因，例如神经元、造血干细胞和免疫系统细胞。此外，就插入诱变的风险而言，慢病毒载体（lentivirus vectors，LV）似乎比 γ-逆转录病毒更安全。在基因疗法中，慢病毒被广泛用作基因传递媒介，其中大多数慢病毒载体基于人类免疫缺陷病毒 1 型（human immunodeficiency virus type 1，HIV-1）。

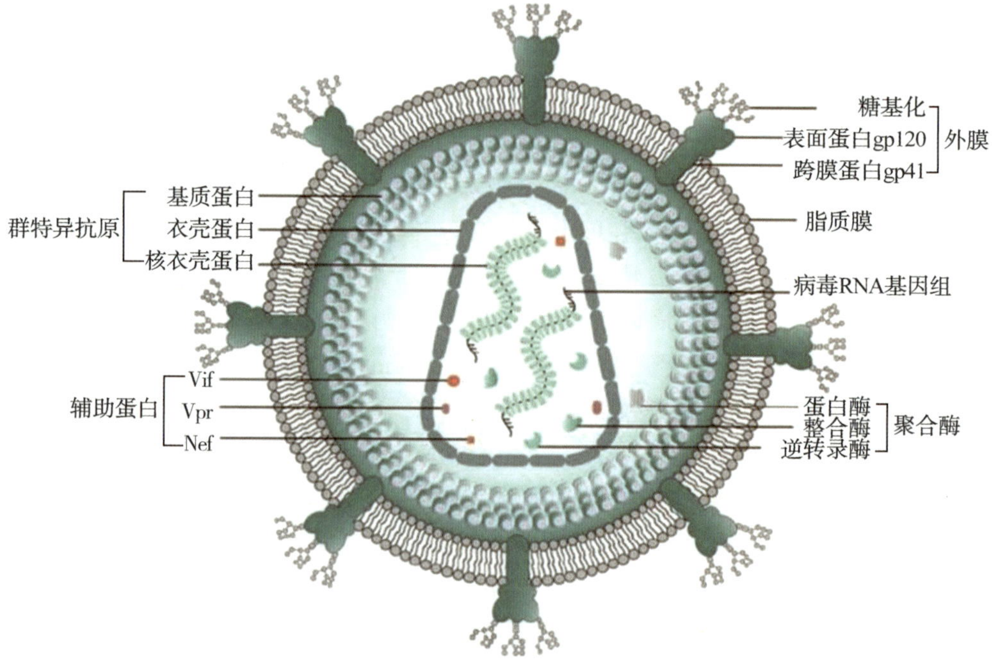

图 5-2-1　突出其主要结构成分的慢病毒形态[6]

HIV-1 是一种逆转录病毒，其结构由两个相同的单链阳性 RNA 分子组成。病毒粒子由来自宿主细胞的脂质外膜包裹，病毒糖蛋白（gp41 和 gp120）对于病毒入侵细胞至关重要。病毒基因组受到由 p24 蛋白质形成的壳的进一步保护，并且病毒还有另外两种结构蛋白 p17 和 p7。所有这些结构蛋白对于病毒复制周期中的基本功能至关重要。病毒中的其他组成部分包括逆转录酶，将病毒 RNA 基因组转化为病毒 DNA；整合酶，将前病毒 DNA 基因组整合到宿主细胞基因组中；以及病毒蛋白酶，负责在病毒成熟过程中切割 gag 和 gag-pol 多蛋白。

用于基因传递的 LV 具有许多优点：可以将基因传递到分裂细胞和非分裂细胞中，

整合到宿主基因组中，实现长期基因表达，克隆容量约为 8 kb，并具有较低的免疫原性。然而，LV 也有一些限制，包括需要假分型，可能会生成具有复制能力的慢病毒（replication competent lentivirus，RCL），插入诱变以及由于病毒调节蛋白的存在而导致的安全问题。

LV 在基因治疗中广泛使用，但仍然需要寻找保证安全的同时又不影响效率的方法，目前已经有几项改进措施，例如分离不同质粒中的必需慢病毒基因并删除一些辅助基因。这种策略是过去几年开发的 4 代慢病毒载体之间的主要区别，第一代慢病毒载体是使用三个编码病毒蛋白的质粒生产的。在第一代载体中，只有转基因质粒包含基本的顺式作用元件（LTR、Ψ、RRE），这些元件允许它们包装在生产的慢病毒颗粒中。在第二代慢病毒载体中，质粒数量保持不变，但为了提高其安全性，删除了辅助基因。在第三代中，*tat* 基因被除去，病毒基因组被分成一个额外含有 *rev* 基因的质粒。这还包括删除 3′LTR 的 U3 区域，产生自灭活病毒。最后，开发了第四代慢病毒载体，以进一步降低所用质粒之间重组的风险。为此，片段 gag 和 pol 进行了密码子优化。第四代慢病毒载体中保留了前几代的所有修改，但仍受到低滴度的限制，使其在基因治疗中未被广泛采用。

在不同的世代中引入了慢病毒载体设计的其他几项改进措施，以提高效率、促进生产并加强生物安全性。其中一项改进措施是引入了顺式作用多聚嘌呤束，以提高载体的转导效率。另一种改进策略是引入土拨鼠肝炎病毒转录后调控元件，增加了未剪接的 RNA 分子的数量，增加了靶细胞中转基因的表达，以及将绝缘子序列添加到载体中以防止转基因沉默。慢病毒载体的整合可能会导致转基因表达受到抑制，如表观遗传事件。为了解决这个问题，人们在慢病毒载体中引入了染色质-绝缘子序列。这些绝缘子可以阻止增强子-启动子之间的相互作用，并充当抑制沉默效应的屏障。此外，研究人员还通过将蛋白质或抗体与包膜糖蛋白融合，来改变慢病毒载体的趋化性，并重新靶向载体到特定细胞。另一种策略是在转基因构建体中包含组织特异性启动子，将转基因表达限制在特定的细胞类型中。将转基因的表达限制在特定细胞中在中枢神经系统应用时特别有用，其中不同细胞类型的存在使特定的转导变得困难。

慢病毒载体开发用于基因治疗应用的另一个重要进展是假分型工程，其中非慢病毒包膜蛋白用于生产慢病毒载体，例如，用来自水疱性口炎病毒包膜糖蛋白 G 的病毒 VSV-G 蛋白替换天然 Env 糖蛋白。这种修饰增加了病毒稳定性，从而提高了生产效率并增加了病毒滴度的产生。此外，这种蛋白质具有普遍存在的受体，可以靶向更广泛的细胞[7]。

目前慢病毒载体的生产制备通常遵循以下主要步骤：首先获得目的基因，进行质粒构建并进行测序验证。接下来，使用转染技术将构建好的质粒转染至人胚胎肾细胞 293T（human embryonic kidney 293 T cells，HEK293T）中，并进行扩大培养以增加病毒产量。随后，收获病毒上清液，并进行纯化浓缩处理。科研级慢病毒载体的生产过程通常采用普通培养瓶，病毒产量相对较低，仅供科学研究使用。纯化浓缩阶段常采用超滤柱浓缩法、聚乙二醇（polyethylene glycol，PEG）浓缩法或超速离心法等方法[8]。临床试验和工业化生产需要大量慢病毒载体，因此通常采用大规模设备制备，包括使用多层培养系统以及悬浮培养技术来生产慢病毒。在纯化过程中，通常采用膜分离技术、离子交换色谱、亲和色谱、体积排阻色谱等高效技术和设备。此外，对于临床试验和工业化生产，洁净室环境的要求也更高。

三、腺病毒载体

腺病毒是一种无包膜的病毒，属于腺病毒科，其基因组为 26～45 kb 的线状双链 DNA 分子[9]。在腺病毒的基因组中，两端各有一个反向末端重复区，而内侧则是病毒的包装信号。此外，腺病毒的基因组上分布着四个负责调节功能的早期转录元（E1、E2、E3 和 E4），以及一个负责结构蛋白编码的晚期转录元[10]。

自 1953 年人们发现并成功分离腺病毒以来，经过几十年的基因组逐步修改，腺病毒已经成为一种很有前景的基因递送载体。目前，腺病毒载体的基因插入能力已从第一代的约 7 kb 提高到了 36 kb，并且可以产生高达 10^{10}～10^{11} pfu/mL 的病毒载体滴度[11]。

腺病毒载体的构建方法既方便又简单，它可以有效转导分裂期和非分裂期细胞，转导效率高，且病毒载体可以长期储存。重要的是，当腺病毒载体进入宿主细胞后，并不会整合到宿主细胞的基因组中，只是进行瞬间表达，这使得安全性得到了提高。因此，腺病毒载体在基因治疗的临床试验中得到了广泛应用。2003 年，赛百诺公司自主研发的“重组人 p53 腺病毒注射液”(Gendicine)成为世界上第一个获准上市的基于腺病毒载体的基因治疗药物。

现有的腺病毒载体主要分为三代。第一代腺病毒载体去除了 *E1* 或 *E3* 基因，这类病毒在使用前需要经过纯化，否则可能会引发强烈的炎症反应和免疫反应。第二代腺病毒载体则去除了 *E2A* 或 *E4* 基因，这有助于减少免疫反应的发生，提高载体的容量和安全性，但病毒的包装难度会相应增加，病毒滴度也可能有所下降。第三代腺病毒载体则去除了全部或大部分病毒基因，仅保留 ITR 和包装信号序列。这使得免疫反应进一步减少，同时载体中引入的核基质附着区基因有助于外源基因的长期表达，从而提高了载体的稳定性。目前，Ad5 型腺病毒载体在基础科学、基因治疗和疫苗开发等领域得到了广泛应用。

在制备腺病毒载体时，其包装系统可以分为 AdMax 和 AdEasy 两种。主要步骤包括构建穿梭质粒、穿梭质粒与腺病毒骨架的同源重组、转染 HEK293 细胞、扩大培养、收集病毒上清液以及纯化病毒载体。科研级的腺病毒载体主要通过小规模的培养瓶进行培养，而临床级及工业化生产则需要更大规模的细胞培养环境，如细胞工厂或生物反应器。最后，收获的腺病毒载体还需进行纯化，目前常用的纯化方法是柱色谱法，它可以有效去除大颗粒和小分子杂质，使病毒载体得到进一步浓缩。

四、腺病毒相关载体

腺相关病毒（AAV）是一种无包膜的细小病毒，基因组由单链 DNA 组成，长度为4～

6 kb。AAV 颗粒是由三种病毒衣壳蛋白 VP1、VP2 和 VP3 构成的二十面体对称结构。在自然状态下，AAV 需要依赖于其他辅助病毒（如腺病毒、单纯疱疹病毒等）才能进行复制。AAV 载体是在野生型 AAV 基础上改造而成的基因治疗载体。在改造过程中，*rep*、*cap* 和 *aap* 基因被转基因表达盒所取代，仅保留了病毒基因组两端的反向末端重复序列（inverted terminal repeat，ITR）。ITR 是 AAV 复制和包装所必需的顺式作用元件。

与其他病毒载体相比，AAV 载体具有诸多优势。首先，其免疫原性低，不易引起宿主强烈的免疫反应。其次，AAV 可以感染分裂期和非分裂期细胞，具有广泛的感染范围。此外，AAV 载体的包装容量适中，可以承载约 5 kb 以下的基因组，适用于多种基因治疗应用。在生产 AAV 载体时，常采用三质粒共转染法。这种方法涉及三个质粒：一个包含目的基因的质粒（两侧带有 ITR），一个表达 *rep* 和 *cap* 基因的质粒，以及一个提供辅助功能（如腺病毒 E1a/b、E2a、E4 和病毒相关 RNA）的辅助质粒。这三个质粒共同转染至 HEK293 细胞中进行病毒的生产。随着技术的进步，目前已经实现在生物反应器悬浮液中培养 HEK293 细胞，从而实现大规模生产 AAV 载体。每升细胞培养物可以产生超过 1×10^{14} 个载体基因组。生产所得的病毒载体可以通过密度梯度离心或阴离子交换柱等方法进行纯化，从而获得大量高纯度、高效率的 AAV 载体。

在许多方面 AAV 与 LV 截然相反。AAV 由无包膜的蛋白质外壳构成，内部装载有单链 DNA 基因组（见图 5-2-2）[12]。AAV 介导的遗传修饰通常是短暂的，尤其是在活化淋巴细胞等快速增殖细胞中更为明显。在与其入口受体发生相互作用之后，载体通过胆囊素介导的内吞作用及细胞内运输进入细胞核。进入核内后，载体释放出单链转基因，随后在第二链合成完成后，转基因便可进行转录。

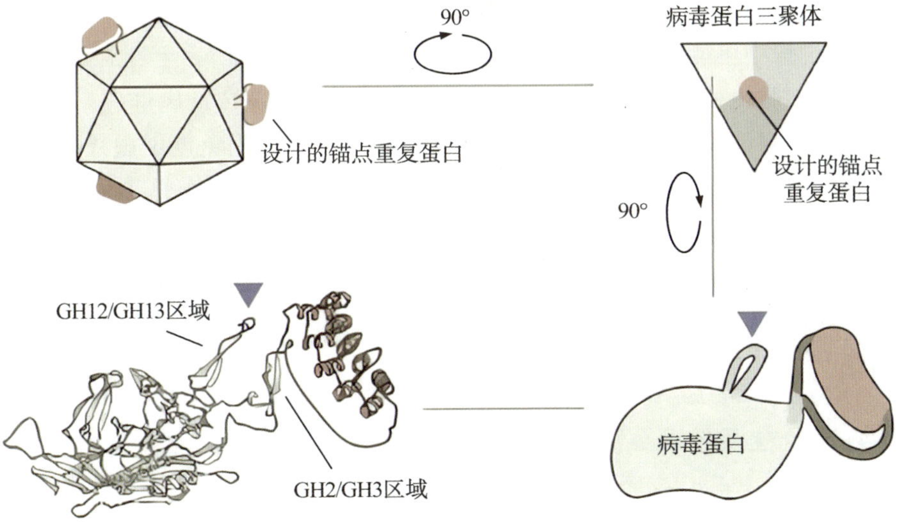

图 5-2-2 DART-AAV[14]

由于 AAV 缺少膜结构的包裹，制作时必须将识别分子直接整合进刚性的衣壳中以实现对受体的靶向。AAV 的不同衣壳蛋白（VP1～VP3）都有 VP3 区域，但在 N 端尾部存在差异。第一种 AAV 衣壳工程化的方法是选择性地混合血清型或插入多样化的肽段来生成具有特定生物分布优势的载体颗粒库。虽然这种策略成功生产了多种型衣壳，但这些载体颗粒通常不能实现对特定细胞类型的完全选择性，这种方法未能够制备出与 LV 相似的特异性作用于 T 淋巴细胞的 AAV[13]。第二种方法是在 VP2 的 N 端连接 DARPin（靶向肿瘤标志物 Her2/neu），同时为阻断 AAV2 衣壳与硫酸乙酰肝素蛋白聚糖（heparan sulfate proteoglycan，HSPG）的结合，增加了两个精氨酸残基基因。这种靶向策略大幅减少了静脉给药载体在肝脏的积累，增加了安全性。有学者将载体定向运送至 CD38、ARTC2.2（ADP-ribosyltransferase C2.2）和 P2X7（一种属于 P2X 受体家族的 ATP 敏感离子通道）。通过在 VP1 的 GH2-GH3 环中插入 DARPin，生成了针对小鼠 CD8 的 AAV。在初级小鼠脾细胞上，由此产生的 mCD8-AAV 的转导效率比母本 AAV2 高出 26 倍，超过 99%的 GFP 阳性细胞为 CD8 阳性。这种高基因传递活性的新型载体类别，称为 DART-AAV，在体内 CAR T 细胞的生成中具有极高的实用性和潜在价值。

腺病毒载体作为一种基因治疗工具，具有广泛的应用前景。其独特的生物学特性、低免疫原性以及高效的感染能力使其成为基因治疗领域的重要载体之一。

第三节　基于非病毒载体的工程化免疫细胞疗法

工程化免疫细胞疗法的病毒载体系统相对完善，也是目前广泛应用的方法，但其主要存在以下几点不足：①对插入基因片段大小有限制；②难以产生高滴度的、稳定的媒介粒子；③生产过程中可能产生复制能力强的逆转录病毒/慢病毒，产生针对载体编码表位的体液免疫和细胞免疫反应。此外，临床级慢病毒（LV）和逆转录病毒（retrovirus，RV）对相关的生产和测试技术有严格要求，这进一步提高了工程化免疫细胞疗法的成本，限制了其在临床的应用。

为了克服这些限制，非病毒载体依赖的转染方式逐渐兴起，为工程化免疫细胞制备提供了更多选择。非病毒载体的使用主要以转座子系统、纳米颗粒系统和 CRISPR-Cas9 基因编辑技术为代表。这些方法可以实现稳定的基因转移，从而解决了病毒载体系统存在的一些问题[15]。

一、纳米颗粒系统

（一）脂质纳米颗粒

脂质纳米颗粒是由一个（单层）或多个（多层）磷脂双层组成的球形囊泡[16]，通常由四种成分组成：可电离脂质、辅助脂质、胆固醇（Chol）和聚乙二醇化脂质（PEG 化脂质）

（见图 5-3-1）。

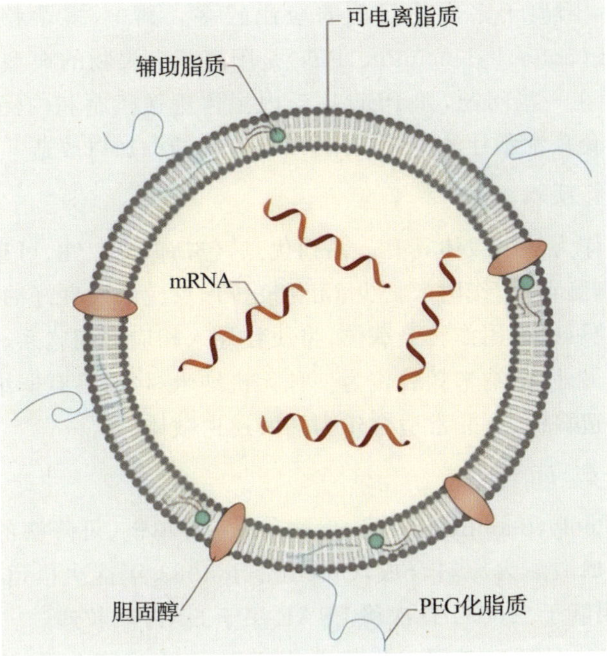

图 5-3-1 含有 mRNA 的脂质纳米颗粒示意图[17]

LNP 中辅料的作用与该类辅料在脂质体中的作用类似：中性辅助磷脂一般为饱和磷脂，可提高阳离子脂质体的相变温度，支持层状脂质双层结构的形成并稳定其结构排列；胆固醇有较强的膜融合性，促进 mRNA 胞内摄入和胞质进入；PEG 化磷脂位于脂质纳米颗粒表面，改善其亲水性，避免被免疫系统快速清除，防止颗粒聚集，增加稳定性。

可电离磷脂在生理条件下（pH＝7.4）不电离，在酸性条件下（pH≤5.0）发生电离，结构中至少含有一个叔胺，有的还含有一个或多个仲胺，且有能发生水解反应的羧酸酯（除 $C_{12\sim200}$外）。在酸性环境下，叔胺质子化，磷脂形成一个较小的两性离子头部和一个疏水链尾部，形成一个锥形结构，促进膜向六方晶相转变，从而实现高效递送和转染。羧酸酯的存在保证磷脂在体内的可降解性，避免磷脂的蓄积引起不良反应。

可电离阳离子磷脂的极性属于 pH 响应型，在酸性环境中，携带正电荷，可与 mRNA 静电络合形成复合体，稳定 mRNA 分子。在中性 pH 下，属中性，可减少其不良反应。入胞前，阳离子脂质可与带负电荷的 mRNA 分子静电络合，形成复合体，提高 mRNA 分子的稳定性。mRNA/LNP 到达细胞膜时，阳离子磷脂与带负电荷的细胞膜触发膜融合，细胞膜去稳定化，促进 mRNA 分子的递送。内化进入细胞后，随着含有多种水解酶的溶酶体分解外源大分子，pH 降低形成偏酸环境，使可离子化的脂质质子化，LNP 的双层结构遭受破坏，释放 mRNA，按照“中心法则”与负责生产蛋白质的核糖体结合，翻译 CAR。

（二）高分子多聚物

多聚物载体中，阳离子多聚物目前的应用较多。其中，多聚赖氨酸（poly lysine，PLL）和聚乙烯亚胺（polyethyleneimine，PEI）是阳离子多聚物的典型代表。对于阳离子多聚物的应用仍存在一些问题，如 PLL 缺乏内涵体逃逸机制和内涵体裂解基团[18]，这限制了其在工程化免疫细胞疗法中的应用，需要对其结构加以改造。

（三）无机纳米颗粒

无机纳米颗粒作为基因载体具有一系列优点，包括低分散性、可重复合成性、良好的生物亲和性、较低细胞毒性、代谢产物少、无免疫排斥反应以及良好的稳定性等。有研究表明，无机纳米颗粒可以被用作转染载体，将质粒导入相应的细胞系，并实现基因在细胞内的高水平表达。另外，金纳米颗粒作为一种无机纳米材料，具有非细胞毒性、生物相容性以及易于修饰改造等优点，非常适合作为核酸递送载体。

（四）聚（β-氨基）酯

聚（β-氨基）酯[poly（β-amino）ester，PBAE]是一种单链、可降解的高分子聚合物，以伯胺或仲胺与二丙烯酸酯为原料合成，Chiellini 于 1983 年首次报道了 PBAE。麻省理工学院的 Langer 团队于 2000 年首次将 PBAE 用于 DNA 质粒递送。PBAE 的胺基带正电，可与核酸中带负电的磷酸基团发生静电相互作用，形成高分子-核酸复合物。PBAE 溶解性好，pK_a 为 5.5～7.4，有较好的溶酶体逃逸能力，在生物体内可降解。PBAE 比其他不会分解的阳离子塑料（如 PEI）危害更小。在聚合物的正电荷推动下，PBAE 能够将核酸压缩成纳米级颗粒，从而使这些颗粒内化到细胞中。一旦进入细胞，这些颗粒就可以从内溶酶体区室中逸出。通过多种靶向机制可以将核酸物质携带到适当的细胞中。PBAE 还可以使用多种给药方式，如肌内注射、雾化给药、微针给药等，除作为单独的核酸递送载体外，还可与二油酰磷脂酰乙醇胺（1，2-dioleoyl-sn-glycero-3-phosphoethanolamine，DOPE）、胆固醇、PEG 通过微流控的方法制备复合纳米颗粒，该复合纳米颗粒尾静脉注射给药具有肺部靶向的作用。

二、外泌体

外泌体（exosome）是一种细胞释放的小膜泡，直径为 30～150 nm，包含了复杂 RNA、蛋白质和其他生物分子。目前，外泌体特指直径在 40～100 nm 之间的盘状囊泡。1983 年，外泌体首次于绵羊网织红细胞中被发现，1987 年 Johnstone 将其命名为“exosome”。多种细胞在正常及病理状态下均可分泌外泌体。其主要来源于细胞内溶酶体微粒内陷形成的多囊泡体，经多囊泡体外膜与细胞膜融合后释放到胞外基质中。外泌体富含胆固醇和鞘磷脂。有学者发现鼠的肥大细胞分泌的外泌体可以被人的肥大细胞所捕获，并且其携带的 mRNA 成分可以进入细胞浆中被翻译成蛋白质，不仅仅是 mRNA，外泌体所转移的 microRNA 同样具有生物活性，在进入靶细胞后可以靶向调节细胞中 mRNA 的水平。

在外泌体中常见的一类细胞质蛋白质是 Rabs 蛋白，是鸟苷三磷酸酶（GTPases）家族的一种。Rab 蛋白可以调节外泌体膜与受体细胞的融合，现有大量的研究发现外泌体中含有 40 种 Rab 蛋白。除了 Rab 蛋白，外泌体中富含具有外泌体膜交换以及融合作用的膜联蛋白（包括膜联蛋白 1、2、4、5、6、7、11 等）。外泌体膜上富含参与外泌体运输的四跨膜蛋白家族（CD63、CD81 和 CD9）、热休克蛋白家族（HSP60、HSP70、HSPA5、HSP90）、CCT2 以及一些细胞特异性的蛋白，如 A33（结肠上皮细胞来源）、MHC-Ⅱ（抗原呈递细胞来源）、CD86（抗原呈递细胞来源）以及乳凝集素（不成熟的树突状细胞）。其他一些外泌体中的蛋白质包括多种代谢类酶（GAPDH、烯醇化酶 1、醛缩酶 1、PKM2、PGK1、PDIA3、GSTP1、DPP4、AHCY、TPL1、抗氧化蛋白、P4HB、LDH、亲环素 A、FASN、MDH1 和 CNP）、核糖体蛋白（RPS3）、信号转导因子（黑色素瘤分化相关因子、ARF1、CDC42、人类红细胞膜整合蛋白、SLC9A3R1）、黏附因子（MFGE8、整合素）、细胞骨架蛋白以及泛素等。

人体内多种细胞及体液均可分泌外泌体，包括内皮细胞、免疫细胞、血小板、平滑肌细胞等[19]。当其由宿主细胞被分泌到受体细胞中时，外泌体可通过其携带的蛋白质、核酸、脂类等来调节受体细胞的生物学活性。外泌体介导的细胞间信号转导主要有以下三种方式：一是外泌体膜蛋白可以与靶细胞膜蛋白结合，进而激活靶细胞内的信号通路；二是在细胞外基质中，外泌体膜蛋白可以被蛋白酶剪切，剪切的碎片可以作为配体与细胞膜上的受体结合，从而激活细胞内的信号通路；三是外泌体膜可以与靶细胞膜直接融合，非选择性地释放其所含的蛋白质、mRNA 以及 microRNA。

与人工合成的纳米颗粒相比，生物衍生的外泌体具有许多优势，使其成为一种有吸引力的药物递送纳米平台。这归因于它们固有的稳定性，可以有效地保护物质免于降解，同时降低免疫原性和毒性。在此基础上，通过修饰其表面的结构蛋白实现了工程外泌体的发展。这些工程化的外泌体可以在其外膜和负载上表达功能蛋白，并递送具有特定功能的基因序列。

三、细胞穿膜肽

细胞穿膜肽（cell penetrating peptide，CPP），是一大类由 10～30 个氨基酸组成的短肽，也称为蛋白质转导域（protein translocation domain，PTD）、“特洛伊木马”肽（trojan horse peptide）、转导肽（transduction peptide）等。至今为止，已发现了多种 CPP，主要包括转录反式激活蛋白（transactivator，Tat）、细胞穿膜肽 VP22、模型两亲性肽（model amphipathic peptide，MAP）、信号转导肽和富含精氨酸序列肽。

多数已知的 CPP 不具备明显的组织特异性或细胞类型特异性，而是依赖于生理 pH 环境下氨基酸（主要是富含精氨酸和赖氨酸等碱性氨基酸残基）的正电荷序列以及细胞表面带负电荷的糖蛋白之间的静电相互作用而发挥作用。在生理 pH 条件下，精氨酸的胍头基可以和细胞表面膜上带负电的磷酸基和硫酸基产生氢键结合，进而产生细胞内化作用。赖氨酸与精氨酸含有相同的净正电荷，但不含有胍头基，当其单独作用时穿过质膜的效果会差些。有学者发现肽序列中氨基酸的数量和次序(主要是精氨酸)决定着CPP的转导性。因此,根据它们在序列、疏水性和极性等方面的特征,CPP大致可以分为以下三类。

(一)阳离子型肽

此类肽富含精氨酸,具有高度净正电荷且几乎不含酸性氨基酸残基[20],主要包括R9、Tat、hLF和RXR4等。阳离子CPP需要包含至少8个正电荷才能有效地被细胞摄取。阳离子CPP在进入细胞时一般不会引起细胞应答反应,但会影响细胞膜的完整性和活性。

核定位信号序列肽(nuclear localization sequence peptide,NLSP)是一种较为特殊的阳离子型细胞穿膜短肽,富含赖氨酸(K)、精氨酸(R)或脯氨酸(P)残基,可以穿过核孔复合体转运进入细胞核。NLSP一般又可以分为两种:①单分型NLSP(monopartite NLSP),最初发现于猿猴病毒40(SV40)大T抗原中,是一段由4~8个氨基酸组成的富含碱性氨基酸的短肽(PKKKRKV),其核心序列可表示为K(K/R)X(K/R);②双分型NLSP(bipartite NLSP),这类核定位信号以核质蛋白的核定位序列(KRPAATKKAGQAKKKK)为典型,是由两簇碱性氨基酸残基组成的,两簇碱性序列之间被10~12个非保守氨基酸残基间隔,其序列通式可以表示为R/K(X)10-12RRKK。由于大多数NLSP的电荷数量恰好小于8,所以NLSP不是有效的CPP,但常被用来与疏水性肽序列共价连接以获得可以被有效摄取的两亲性CPP。

抗菌肽(antimicrobial peptide,AMP)是生物体防御外界病原体侵袭时产生的由基因编码、核糖体合成的一类小分子活性多肽,是生物体内先天性防御系统的重要组成成分。抗菌肽在进入细胞的过程中会损伤细菌的细胞膜,具有杀菌剂的性质。

(二)两亲性肽类

两亲性肽类由亲水结构域和疏水结构域构成,其所带正电荷主要依赖于赖氨酸残基,而两亲性的特征是由其一级结构和二级结构决定的。一级结构的两亲性CPP一般分为两种:一种是疏水结构域与NLSP共价连接,包括MPG、penetratin和CADY等。以MPG为例,MPG(GALFLGWLGAAGSTMGAPKKKRKV)的亲水区是SV40 NLS PKKRKV,而疏水区则是源自HIV糖蛋白41的融合序列,两个区域通过WSQP连接键连接。另一种则是全部由天然蛋白质分离获得,如血管内皮-钙黏蛋白(pVEC)、ARF(1-22)和BPrPr(1-28)。二级结构的两亲性CPP具有α-螺旋的空间构象,其亲水性氨基酸残基(亲水端可以为阳离子、阴离子或极性基团)和疏水性氨基酸残基分别位于螺旋结构的不同表面。富含脯氨酸序列或多聚脯氨酸序列的肽是此类肽的代表,它们都含脯氨酸-吡咯烷基团,在水中能形成螺旋状结构,如包含50%脯氨酸残基、来源于玉米储藏蛋白的SAP,其序列为VRLPPP。

(三)疏水性肽

此类CPP仅含非极性残基,目前仅发现少量的疏水性CPP,比如从整合素β3中发现的信号序列 VTVLALGALAGVGVG 以及卡波济成纤维细胞生长因子(AAVALLPAVLLALLA P)[2]。不同类型的 CPP 具有不同的穿膜行为;与 CPP 相连的药物或载体的大小及理化性质、肽的长度和浓度以及细胞类型等因素都显著影响其穿膜效应。

CPP 能够输送种类繁多的物质进入细胞,被转运物质的理化性质也不尽相同。因此,需要不同的连接方法将 CPP 与被转运物质连接。其中,连接方式对 CPP 在摄取水平和方式上有重要影响[19]。共价连接是最常见的方法。通过稳定或可裂解的化学键(如巯基-马来酰亚胺、酰胺键、二硫键和硫酯键)将 CPP 与被转运物质结合。基于非共价连接与载体结合的大多数是两亲性 CPP,如 MPG 肽、Pep-1 肽等,还有阳离子型的 Tat 和寡聚精氨酸。非共价结合相对比较简单,包括静电作用和疏水作用。运用非共价结合方法可以实现核酸和蛋白质等生物活性大分子的胞内递送并保留其生物活性。由于 CPP 与核酸类药物进行化学连接存在困难,因此 CPP 介导的基因递送系统通常采用基于静电作用的非共价连接方式。与大分子量的阳离子聚合物相比,CPP 的分子量较小,其结合并压缩核酸类药物的能力相对较弱,所形成复合物的结构通常不够紧密而不利于基因转导。将 CPP 与大分子阳离子聚合物共价连接后,再通过静电作用的非共价连接方式与核酸类药物形成复合物,能够获得较好的基因递送效率。

第四节　临床应用与总结

一、CAR-T 疗法的临床进展

在近 5 年中,6 种 CAR-T 疗法被批准用于恶性血液病,1 种工程化胸腺组织疗法被用于先天免疫缺陷,肿瘤浸润淋巴细胞的 ICT 也即将获批,还有许多临床试验也在进行中。

第一个被批准的"基因疗法"是 CAR-T 疗法,CAR 的表达使 T 细胞具有对目标抗原的特异性。一代 CAR 只有单一的细胞内结构域,临床效应有限。二代 CAR 引入共刺激信号结构域(CD28/4-1BB),直接靶向 CD19 抗原,早期试验显示对 B 细胞淋巴瘤和白血病有效[21]。在过去的几十年中,FDA 批准了 4 种不同的 CD19 靶向 CAR-T 细胞产物用于治疗 B 细胞恶性肿瘤,近期研究显示,其疗效与标准的高剂量化疗类似。有 2 个被批准用于多发性骨髓瘤(multiple myeloma,MM)靶向 B 细胞,成熟抗原的 CAR-T 细胞产物在患者中疗效显著。同时,基于转基因的 TCR-T 的 ICT 也正处于研究阶段。TCR-T 能识别突变或过表达胞内蛋白的肽段,扩大潜在抗原靶点。TCR-T 的试验尚处于早期阶段,其在黑色素瘤和 HPV^{+} 上皮癌症中已经初见成效。应用于癌症外疾病的 T 细胞疗法也进入临床试验,特别是自身免疫疾病。在小鼠模型中,靶向 CD19 的 CAR 能有效治疗 B 细胞调节的自身免疫病,也能用于调节狼疮中系统自身抗体水平的下降和疾病缓解等。感染性疾病中,HIVG1 广谱性中和抗体产生的 CAR 被证实是安全的。目前,使用

CAR、TCR 等新型工程化 T 细胞的就有数百家公司，仅 CAR-T 细胞相关的临床试验就超过 1000 例，但仍存在肿瘤特异性差、毒副作用大以及制备成本高等许多问题。

此外，基于其他免疫细胞的疗法也进入临床试验阶段，如 NK 细胞、巨噬细胞、自然杀伤性 T 细胞(natural killer T cell，NKT 细胞)和 Tregs。

二、CAR-M 疗法的临床进展

CAR-T 疗法已显示出对血液系统恶性肿瘤的显著疗效，而对于占所有癌症 90%的实体瘤，CAR-T 疗法却难以取得相似的效果，这主要是因为 CAR-T 细胞难以渗透肿瘤组织以及 T 细胞在肿瘤微环境(tumor microenvironment，TME)中难以浸润和存活。因此科学家们转向研究 CAR-M 作为一种新的免疫疗法。相比于 T 细胞，存在于血液循环中的巨噬细胞会被持续地招募到肿瘤部位并浸润到 TME 中，其在实体瘤中的浸润比例高达 30%～50%。此外，CAR-T 细胞的循环时间有限，引起的非肿瘤靶向毒性小。

在临床前研究中，CAR-M 显示出对 HER2 抗原的特异性吞噬作用和肿瘤清除活性。在卵巢癌异种移植小鼠模型中，CAR-M 能显著降低 HER2 阳性肿瘤负荷并延长小鼠生存期。在另外两种实体瘤异种移植小鼠模型中，单次注入人类 CAR-M 也能降低肿瘤负荷并延长总生存期[22]。此外，CAR-M 通过转化为促炎的 M1 型巨噬细胞，并分泌促炎因子改变 TME，能够激活系统免疫反应。2020 年，针对 HER2 的 CAR-M 疗法进入了Ⅰ期临床试验，标志着 CAR-M 疗法临床研究阶段的开始。在人源化小鼠模型中，CAR-M 进一步被证明可以诱导促炎肿瘤微环境并增强抗肿瘤 T 细胞活性。除肿瘤治疗，CAR-M 能够针对阿尔茨海默病中的淀粉样斑块进行靶向和降解，为治疗阿尔茨海默病提供了新的希望。尤其是通过创建能够自我维持并在脑内存活的 CAR-M，研究团队成功地解决了持久性有限的问题，并且能够显著减少斑块负荷[23]。这项研究的成功证明了免疫疗法在治疗阿尔茨海默病方面的潜力，并且为将 CAR-M 技术应用于其他疾病提供了启示。还有研究发现 CAR-M 的过继转移能够显著减少肝纤维化，促进肝脏功能的恢复。在多种小鼠模型中 CAR-M 展示了对肝星状细胞(hepatic stellate cell，HSC)的吞噬活性，并证明了它们在减轻肝纤维化和肝硬化方面的疗效[24]。这项研究的意义重大，因为肝纤维化是一种难以治愈的疾病，影响全球数百万人。这项研究为使用 CAR-M 作为治疗肝纤维化的有效细胞疗法提供了临床前证据，为开发更有效的肝纤维化治疗方案提供了新的可能性。

三、CAR-NK 疗法的临床进展

CAR-NK 细胞不仅可以通过 CAR 分子识别抗原表达的癌细胞，还可以通过 NK 细胞受体本身来消除肿瘤。这克服了 CAR-T 细胞的一些局限性，提供了更安全、更有效的现成细胞疗法。近期临床构建出了以淋巴瘤泛靶点 CD70 为靶点、具有 4-1BB 共刺激结构域和 IL-15 的特异性第四代 CAR-NK。与非转导的 NK 细胞和 CD19 特异性 CAR-NK 细胞相比，CD70 CAR-NK 细胞在体外和体内对 CD19 阴性 B 细胞淋巴瘤表现出优异的细胞毒性活性。更重要的是，荷瘤小鼠在接受两剂 CD70 CAR-NK 细胞后治疗肿瘤得以有效根除，同时血浆 IL-15 浓度增加，CAR-NK 细胞增殖和持久性增强。研究表明，与单剂量 CAR-NK 细胞相比，基于重复给药的 CAR-NK 细胞疗法在治疗 B 细胞淋巴瘤方面具有临床优势[25]。有研究显示，CD123 CAR-NK 细胞在移植人造血细胞的小鼠模型中表现出比 CD123 CAR-T 细胞更低的急性毒性，并在急性髓系白血病小鼠模型中显示出相当的抗白血病疗效[26]。另一种用于急性髓系白血病的 CAR-NK 细胞疗法显示，CD33/FLT3 CAR-NK 细胞在动物模型中表现出有希望的抗白血病疗效，能够杀死超过 90% 的白血病细胞[27]。在 10 例评估的患者中，只有 1 例患者发生了 2 级细胞因子释放综合征（cytokine release syndrome，CRS），没有发生更高级别的 CRS，也没有发生任何级别的免疫效应细胞相关神经毒性综合征（immune effector cell-associated neurotoxicity，ICANS）。所有 3～4 级骨髓抑制患者在一个月内康复。在抗白血病疗效方面，60%的患者在 CAR-NK 细胞输注 28 天后达到完全缓解[28]。

针对 MM 的诱导多能干细胞衍生的 B 细胞成熟抗原（B cell maturation antigen，BCMA）CAR-NK 细胞的Ⅰ期试验正在进行中。在接受 CAR-NK 细胞输注的 9 例患者中未观察到 CRS 和 ICANS。其中一名患者接受了 3 亿个 BCMA CAR-NK 细胞作为单一疗法，取得了非常好的部分缓解，而另外 2 例患者在输注 1 亿 BCMA CAR-NK 细胞和达雷妥尤单抗后也获得了缓解[29]。另外，国内一个团队介绍了人脐带来源的 CD33 CAR-NK 细胞用于复发或难治性患者的Ⅰ期临床试验的初步结果。

目前共有数十项 CAR-NK 相关的临床试验正在进行，其中中国进行的临床试验有近 20 项，美国德克萨斯大学安德森癌症中心正在开展 2 项，德国正在开展 1 项。疾病模型上，仍以非实体瘤为主，但在多种实体瘤中已有尝试。这些结果表明，CAR-NK 疗法在白血病和 MM 的治疗中显示出潜在的临床前景，并且具有较低的毒性和良好的安全性。随着进一步的临床研究，这种治疗方法可能会为癌症患者带来新的治疗选择。

四、CAR-NKT 疗法的临床进展

为了增强 NKT 细胞对特定肿瘤抗原的识别和杀伤能力，科学家们已经开发了 CAR-NKT 细胞。这些细胞通过基因工程技术表达特定的 CAR，使其能够靶向特定的糖脂和蛋白抗原，如 GD2 和 CD19。这种设计不仅保留了 NKT 细胞对糖脂抗原的天然反应性，还增加了对其他特定肿瘤标志物的靶向能力。在临床前试验中，用针对 GD2 和 CD19 的 CAR 逆转录病毒转导的 NKT 细胞的有效性已被证实，表明了 CAR 介导的和内源性的抗肿瘤活性[30,31]。有研究团队提供了一种在临床前体外环境中使用 NKT 细胞进行瞬时基于 RNA 的 CAR 转移的方法。为证明这些 CAR-NKT 细胞在临床环境中的潜在用途，下一步将是工程化的 NKT 细胞用于癌症小鼠模型[32]。CAR-NKT 也可用于肝细胞癌（hepatocellular carcinoma，HCC）的免疫治疗，由于 GPC3 在超过 75% 的 HCC 患者中高表达，而在健康组织中不表达，因此它被视为一个理想的治疗靶点。研究

人员以甘氨糖-3(GPC3)为靶点设计出 GPC3-CAR-NKT,其通过结合多种共刺激因子和细胞因子,以及调节细胞内信号转导途径,对 HCC 有较好的疗效。这项研究为未来设计更有效的免疫治疗策略提供了重要启示[33]。

五、CAR-Treg 疗法的临床进展

在过去的十多年里,移植医学领域已经进行了多项 Treg 临床试验,主要使用非工程化的、离体扩增的 Treg。这些 Treg 群体是多克隆的,其抗原特异性尚不清楚,但其核心作用已在临床中得到验证,包括预防自身免疫性肾病、维持耐受性肾移植物和预防同种异体移植排斥反应。例如,TxCell 公司开发的 HLA-A2 CAR-Treg 细胞疗法已进入临床试验阶段。这种疗法利用 CAR-Treg 细胞针对特定的抗原,以期能够在移植后减少免疫排斥反应。此外,针对特定自身抗原的 CAR-Treg 细胞疗法也在开发中,已在多种疾病模型治疗中显示出应用前景,包括 1 型糖尿病、自身免疫性肝炎、炎症性肠病和关节炎等。在临床前模型中,CAR-Treg 在移植过程中能够积累和扩增,保持其分化表型,并且比多克隆 Treg 能更有效地执行免疫抑制。CAR-Treg 为建立同种异体、局部免疫耐受提供了希望,并且首次启动了 CAR-Treg 治疗移植排斥反应的临床试验[34]。在临床前疾病模型的研究中,增加 CAR-Treg 的特异性可以提高其治疗效果。这种增强特异性的方法包括使用双特异性 CAR 或者联合多个 CAR-Treg。联合 CAR-Treg 的方法已在 CAR-T 细胞治疗中得到测试,例如联合靶向 CD19 和 CD123 用于治疗急性 B 淋巴细胞白血病,以及 HER2 与 IL-13Rα2 联合用于治疗胶质母细胞瘤。这种方法可以通过不同的 CAR-Treg 靶向多个抗原,从而提高治疗效果。然而,这种方法在逻辑上存在挑战,因为它依赖于可用的自体 Treg 数量和高表达靶向抗原的数量。在"LIBERATE"试验(Quell Therapeutics)中,CAR-Treg 应用于肝移植患者,以减少或消除全身免疫抑制。最近的试验表明,过继转移的 Treg 在移植患者中具有安全性和持久性[35]。特别是在多中心 ONE 研究中,对肾移植患者进行了具有多克隆特异性的扩增自然 Treg 的治疗,以及进行了肝移植试验,都未发现重大的排斥反应等不良反应[36]。此外,在一项试验中,对肾移植受者进行了 Treg 代替诱导免疫抑制的治疗,结果显示了其可行性和安全性。其他试验也显示了 Treg 疗法的潜力,如一项使用离体生成的富含 Treg 的细胞产品的 Treg 治疗试点研究(UMIN-000015789)显示,对非免疫性肝病的活体供体肝受者进行了药物最小化和操作耐受性诱导的治疗,以及等待肝移植或移植后患者进行了 Treg 的过继转移,显示了一些可观的结果[37]。

随着对 Treg 疗法的进一步研究,尤其是 CAR-Treg 疗法在移植中的应用,如针对 HLA-A*02 的 CAR-Treg 在肾移植中的试验,人们可以期待更多有关这种新型免疫疗法的应用。

参考文献

[1]EVAN W W, MARCELA V M, CRYSTAL L M. The Emerging landscape of immune cell therapies[J]. Cell, 2020, 181(1): 46-62.

[2]IRVINE D J, MAUS M V, MOONEY D J, et al. The future of engineered immune cell therapies[J]. Science, 2022, 378(6622): 853-858.

[3]WALVEKAR P, KUMAR P, CHOONARA Y E. Long-acting vaccine delivery systems[J]. Adv Drug Deliv Rev, 2023, 198: 114897.

[4]CORNETTA K, POLLOK K E, MILLER A D. Retroviral vectors for gene transfer[J]. CSH Protoc, 2008, 2008: pdb.top29.

[5]DUBENSKY T W J R, SAUTER S L. Generation of retroviral packaging and producer cell lines for large-scale vector production with improved safety and titer[J]. Methods Mol Med, 2003, 76: 309-330.

[6]房恩岳，张丽萍，马雪征，等.慢病毒载体系统及其安全性研究进展[J].病毒学报，2023，39(04)：1181-1192.

[7]ZHANG C, LIU J, ZHONG J F, et al. Engineering CAR-T cells[J]. Biomark Res, 2017, 5: 22.

[8]TISCORNIA G, SINGER O, VERMA I M. Production and purification of lentiviral vectors[J]. Nat Protoc, 2006, 1: 241-245.

[9]WATANABE M, NISHIKAWAJI Y, KAWAKAMI H, et al. Adenovirus biology, recombinant adenovirus, and adenovirus usage in gene therapy[J]. Viruses, 2021, 13(12): 2502.

[10]KULANAYAKE S, TIKOO S K. Adenovirus core proteins: structure and function[J]. Viruses, 2021, 13(3): 388.

[11]SYYAM A, NAWAZ A, IJAZ A, et al. Adenovirus vector system: construction, history and therapeutic applications[J]. Biotechniques, 2022, 73(6): 297-305.

[12]IZSVÁK Z, HACKETT P B, COOPER L J, et al. Translating sleeping beauty transposition into cellular therapies: victories and challenges[J]. Bioessays, 2010, 32(9): 756-767.

[13]LI M A, PETTITT S J, YUSA K, et al. Genome-wide forward genetic screens in mouse ES cells[J]. Methods Enzymol, 2010, 477: 217-242.

[14]IVICS Z, MÁTÉS L, YAU T Y, et al. Germline transgenesis in rodents by pronuclear microinjection of sleeping beauty transposons[J]. Nat Protoc, 2014, 9(4): 773-793.

[15]WANG W, LIN C, LU D, et al. Chromosomal transposition of PiggyBac in mouse embryonic stem cells[J]. Proc Natl Acad Sci U S A, 2008, 105(27): 9290-9295.

[16]JAYARAMAN M, ANSELL S M, MUI B L, et al. Maximizing the potency of

siRNA lipid nanoparticles for hepatic gene silencing in vivo[J]. Angew Chem Int Ed Engl,2012,51(34):8529-8533.

[17]KAUFFMAN K J,DORKIN J R,YANG J H,et al. Optimization of lipid nanoparticle formulations for mRNA delivery in vivo with fractional factorial and definitive screening designs [J]. Nano Lett,2015;15(11):7300-7306.

[18]GEBRE M S, BRITO L A, TOSTANOSKI L H,et al. Novel approaches for vaccine development[J].Cell,2021,184(6):1589-1603.

[19]DUAN Q,HU T,ZHU Q,et al. How far are the new wave of mRNA drugs from mRNA product current perspective and future development[J]. Front Immunol, 2022,13:974433.

[20] KULKARNI J A, CULLIS P R, VAN DER Meel R. Lipid nanoparticles enabling gene Therapies: from concepts to clinical utility[J]. Nucleic Acid Ther,2018, 28(3):146-157.

[21]刘检,蒋敬庭.自然杀伤性 T 细胞在肿瘤免疫治疗中的作用及机制[J].临床检验杂志,2015,33(06):444-446.

[22] KLICHINSKY M, RUELLA M, SHESTOVA O, et al. Human chimeric antigen receptor macrophages for cancer immunotherapy[J]. Nat Biotechnol,2020,38 (8):947-953.

[23]PAN Q, YAN P, KIM A B, et al. Chimeric antigen receptor macrophages target and resorb amyloid plaques[J]. JCI Insight,2024,9(6):e175015.

[24]DAI H, ZHU C, HUAI Q, et al. Chimeric antigen receptor-modified macrophages ameliorate liver fibrosis in preclinical models[J]. J Hepatol, 2024,80(6):913-927.

[25]GUO S,LEI W,JIN X,et al. CD70-specific CAR-NK cells expressing IL-15 for the treatment of CD19-negative B cell malignancy[J]. Blood Adv,2024:2635-2645.

[26]CARUSO S,DE ANGELIS B,DEL BUFALO F,et al. Safe and effective off-the-shelf immunotherapy based on CAR. CD123-NK cells for the treatment of acute myeloid leukaemia[J]. J Hematol Oncol,2022,15:163.

[27]GARRISON B,DENG H,YUCEL G,et al. Senti 202, a selective, off-the-shelf, preclinical CAR-NK cell therapy with CD33 and/or FLT3 activating CAR, healthy cell protection from endomucin (EMCN) inhibitory CAR and calibrated release IL-15 for hematologic malignancies including AML[J]. Blood,2022,140:4531-4532.

[28]HUANG R,WEN Q,WANG X,et al. Off-the-shelf CD33 CAR-NK cell therapy for relapse/refractory AML: first-in-human[J].Phase I Trial Blood,2022,140:7450-7451.

[29]DHAKAL B,BERDEJA J G,GREGORY T,et al. Interim phase I clinical data of FT576 as monotherapy and in combination withdaratumumab in subjects with relapsed/refractory multiple myeloma[J].Blood,2022,140:4586-4587.

[30] HECZEY A, LIU D, TIAN G, et al. Invariant NKT cells with chimeric antigen receptor provide a novel platform for safe and effective cancer immunotherapy[J]. Blood, 2014,124:2824-2833.

[31] TIAN G, COURTNEY A N, JENA B, et al. CD62L+ NKT cells have prolonged persistence and antitumor activity in vivo[J]. J Clin Investig, 2016,126:2341-2355.

[32] SIMON B, WIESINGERM, MÄRZ J, et al. The Generation of CAR-Transfected Natural Killer T Cells for the Immunotherapy of Melanoma[J]. Int J Mol Sci, 2018, 19 (8):2365.

[33] SHAIK R S, RATHI P, COURTNEY A, et al. Glypican-3-specific CAR-NKT cells overexpressing BATF3 mediate potent antitumor activity against hepatocellular carcinoma. JCO, 2022,40(16):e14521.

[34] KALJANAC M, ABKEN H. Do treg speed up with CARs? Chimeric antigen receptor treg engineered to induce transplant tolerance[J]. Transplantation, 2023, 107 (1):74-85.

[35] WANG Y M, ZHANG G Y, WANG Y, et al. Foxp3-transduced polyclonal regulatory T cells protect against chronic renal injury from adriamycin[J]. J Am Soc Nephrol, 2006, 17:697-706.

[36] SAWITZKI B, HARDEN P N, REINKE P, et al. Regulatory cell therapy in kidney transplantation (The ONE Study): a harmonised design and analysis of seven non-randomised, single-arm, phase 1/2A trials[J]. Lancet, 2020, 395:1627-1639.

[37] TODO S, YAMASHITA K, GOTO R, et al. A pilot study of operational tolerance with a regulatory T-cell-based cell therapy in living donor liver transplantation[J]. Hepatology, 2016, 64:632-643.

第六章
亚细胞器靶向核酸药物递送技术

第一节　线粒体的结构及功能

一、线粒体膜结构

线粒体的内膜和外膜都由磷脂双分子层组成，镶嵌有蛋白质，与细胞膜的结构类似。线粒体外膜（outer mitochondrial membrane，OMM）是位于线粒体最外层的单位膜结构，有较高的通透性；线粒体内膜（inner mitochondrial membrane，IMM）是位于线粒体外膜内侧的单位膜结构，向线粒体基质折叠形成嵴，通透性较低（见图 6-1-1）。

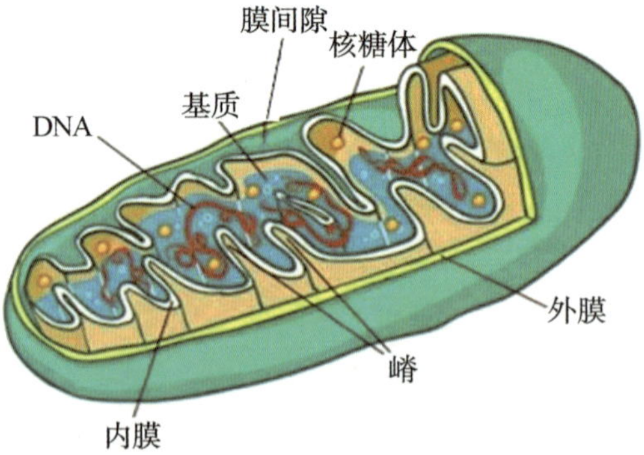

图 6-1-1　线粒体结构图[1]

（一）外膜

线粒体最外层是一层平滑的单位膜结构，被称作外膜，其厚度大约为 6 nm。在外膜的构成中，蛋白质和脂质的比例大约各占一半。此外，外膜上布有由孔蛋白组成的桶状通道，这些通道的直径为 2～3 nm，并能根据细胞的状态进行可逆性的开启或关闭。由于外膜的高通透性，膜间隙的离子环境与细胞质几乎无差异。

（二）内膜

内膜是位于外膜内侧的一层单位膜结构，厚度 6～8 nm。与外膜相比，内膜有很高的蛋白质脂质比（质量比≥3∶1）。内膜缺乏胆固醇，富含心磷脂（cardiolipin）。这种组成决定了内膜的不透性（impermeability）。线粒体内膜向内延伸形成嵴，大大增加了内膜的表面积[2]。

二、线粒体基因组构成

线粒体作为真核细胞的一种细胞器，具有独特的基因组系统，该系统被称为线粒体基因组。在复制、转录以及蛋白质合成等生物过程中，线粒体 DNA 发挥着不可或缺的作用。线粒体基因组通常是环状 DNA 分子，但也存在特例，少数低等真核生物的线粒体基因组为线状 DNA 分子。

植物细胞的线粒体基因组具有显著的大小差异和高度变化性。高等植物的线粒体大小通常在 200～2400 kb 内变动。这一特性使得高等植物的线粒体在形态和功能上呈现出显著的多样性。植物线粒体基因组结构较为复杂，具有多态性、组成异质性、进化复杂性以及序列和基因组顺序易变性等特点。因此，对植物线粒体基因组的研究更具挑战性[3]。

哺乳动物线粒体基因 DNA（见图 6-1-2）不含内含子，每一对核苷酸几乎都构成某一基因的一部分。这种特点使得线粒体基因 DNA 在哺乳动物基因中扮演着至关重要的角色，几乎每一个线粒体核苷酸都直接参与到基因的编码过程中。Anderson 等 1981 年测定了人线粒体基因组全序列，共 16569 bp[4]。现已确认有 13 个为蛋白质基因，即细胞色素 b（cytochrome b，CYB）的基因、细胞色素 c 氧化酶的 3 个亚基的基因、ATP 酶的 2 个亚基的基因以及还原型烟酰胺腺嘌呤二核苷酸（NADH）脱氢酶的 7 个亚基的基因，以及分别编码 16S rRNA 和 12S rRNA 以及 22 个 tRNA 的基因[5]。

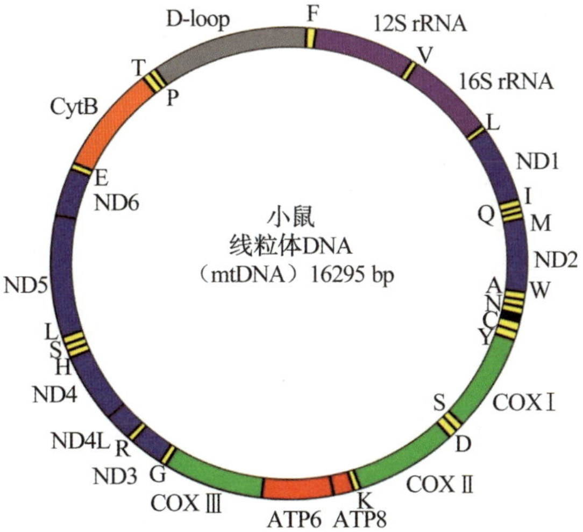

图 6-1-2　小鼠线粒体基因组结构[6]

（一）13个编码多肽的基因（见表6-1-1）

表6-1-1 编码多肽的基因

编码产物	基因
NADH-脱氢酶	*MT-ND1*、*MT-ND2*、*MT-ND3*、*MT-ND4*、*MT-ND4L*、*MT-ND5*、*MT-ND6*
辅酶Q-还原酶	*MT-Cytb*
细胞色素c氧化酶	*MT-COX1*、*MT-COX2*、*MT-COX3*
ATP合酶	*MT-ATP6*、*MT-ATP8*

（二）22个编码tRNA的基因（见表6-1-2）

表6-1-2 编码tRNA的基因

编码产物	基因	编码产物	基因
丙氨酸	*MT-TA*	精氨酸	*MT-TR*
天冬酰胺	*MT-TN*	天冬氨酸	*MT-TD*
半胱氨酸	*MT-TC*	谷氨酸	*MT-TE*
谷氨酰胺	*MT-TQ*	甘氨酸	*MT-TG*
组氨酸	*MT-TH*	异亮氨酸	*MT-TI*
亮氨酸	*MT-TL1*、*MT-TL2*	赖氨酸	*MT-TK*
甲硫氨酸	*MT-TM*	苯丙氨酸	*MT-TF*
脯氨酸	*MT-TP*	丝氨酸	*MT-TS1*、*MT-TS2*
苏氨酸	*MT-TT*	色氨酸	*MT-TW*
酪氨酸	*MT-TY*	缬氨酸	*MT-TV*

（三）2个编码核糖体核糖核酸的基因（见表6-1-3）

表6-1-3 编码核糖体核糖核酸的基因

编码产物	基因
12S rRNA	*MT-RNR1*
16S rRNA	*MT-RNR2*

三、线粒体内的重要蛋白质及其功能

线粒体干重中，蛋白质占比较大，为65%～70%，这些蛋白质既包含可溶性的蛋白质，也包含不溶性的蛋白质。其中，可溶性的蛋白质主要存在于线粒体基质中，它们以酶的形式存在，同时也包括膜的外周蛋白。不溶性的蛋白质则构成了膜的主体部分，其中一部分是镶嵌蛋白，也有一些是酶类。

(一)线粒体蛋白质组

线粒体蛋白质的异质性、复杂性、组织特异性及进化起源等因素限制了线粒体蛋白质的鉴定。研究推测，哺乳动物线粒体蛋白质组大约含有1500个蛋白质，这些蛋白质被核基因组和线粒体基因组编码。线粒体DNA(mitochondrial DNA，mtDNA)仅编码13个线粒体蛋白，在线粒体内转录、翻译后成为呼吸链复合体的重要蛋白质组分；mtDNA也编码2个核糖体RNA、22个转移RNA，能够保证其编码的呼吸链复合体蛋白质顺利表达。另外，研究推测，核基因组编码大约250个蛋白质，在维持线粒体基因组的表达方面发挥了重要作用[7]。

(二)线粒体基因组编码的13个蛋白质

NADH-脱氢酶(NADH dehydrogenase，complex Ⅰ)：包含7个mtDNA编码的蛋白质，即ND1、ND2、ND3、ND4、ND4L、ND5、ND6。在呼吸链中接受NADH的电子传递给辅酶Q，同时将质子输送到线粒体内膜间隙，促进质子梯度生成。

辅酶Q-还原酶(coenzyme Q-cytochrome c reductase/cytochrome b，complex Ⅲ)：包含1个mtDNA编码的蛋白质，即Cytb。将来自辅酶Q的电子传递给细胞色素c，质子被释放至线粒体膜间隙，促进质子浓度梯度生成。

细胞色素c氧化酶(cytochrome c oxidase，complex Ⅳ)：包含3个mtDNA编码的蛋白质，即COX1、COX2、COX3。将来自细胞色素c的电子和氧气结合形成水，并同样将质子从基质侧输送到内膜间隙，促进质子浓度梯度生成。

ATP合酶(ATP synthase，complex Ⅴ)：包含2个mtDNA编码的蛋白质，即ATP6、ATP8[8]。利用质子梯度来驱动ADP和磷酸根的结合形成ATP。

四、线粒体相关疾病

线粒体相关疾病是一组以线粒体功能障碍为特征的遗传性疾病。线粒体疾病的病理生理学较为复杂，涉及线粒体DNA(mtDNA)和核DNA(nDNA)的基因突变。这种复杂的遗传学意味着线粒体相关疾病可以有多种遗传模式，包括nDNA突变的常染色体和X-连锁遗传以及mtDNA突变的母系遗传，现已发现也有从头突变引起的罕见散发病例。在线粒体DNA突变的患者中，单个细胞中存在多个线粒体DNA基因组，这往往会导致突变型和野生型基因组的混合，称为异质性[9]，从而使遗传和临床表现进一步复杂化。异质性水平是决定细胞功能障碍程度的关键。在传统观念中，线粒体相关疾病被认为是导致氧化磷酸化(oxidative phosphorylation，OXPHOS)过程中的主要缺陷来源。但其他因素，例如三羧酸循环(tricarboxylic acid cycle，TCA)和叶酸循环功能障碍，缺乏酶中间体和有毒物质的积累等，也可能在疾病中产生影响。线粒体相关疾病可累及任何器官或组织，其特点是涉及多个系统，通常影响高度依赖有氧代谢的器官。与线粒体相关的疾病的一些临床特征可以归类为特定的综合征，例如利氏(Leigh)综合征(亚急性坏死性脑脊髓病）和阿尔珀斯（Alpers）综合征（Alpers syndrome）。线粒体相关疾病临床表现的异质性意味着这些疾病的诊断和治疗都非常困难。除了活检的组织化学和生化分析外，诊断通常还依赖于基因测试。线粒体相关疾病患者的管理包括减少发病率和死亡率、器官特有并发症的早期治疗以及探索可能的干预策略。

（一）线粒体基因突变

人类线粒体DNA突变与多种线粒体相关疾病有关，并严重扰乱细胞代谢，特别是氧化磷酸化相关蛋白质的突变抑制了ATP的产生[10,11]。当一个线粒体内突变的mtDNA与健康的野生型mtDNA的比率超过一定阈值时，就会发生这种线粒体功能障碍（见图6-1-3）。

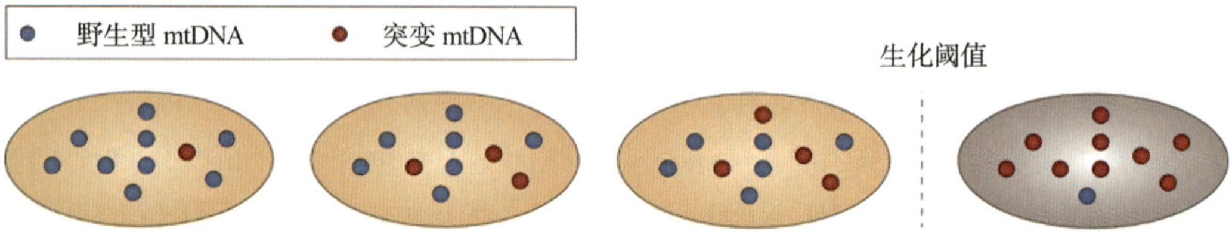

图6-1-3　线粒体异质性导致线粒体相关疾病的示意图[10]

mtDNA突变引起的线粒体功能障碍会引发一系列的遗传性疾病，如神经退行性疾病包括亨廷顿症、帕金森病和阿尔兹海默病，以及糖尿病和癌症等。目前主要的线粒体基因突变疾病为点突变，一个特定的点突变可以引起多种线粒体相关疾病，一种线粒体突变疾病也可以由多种点突变引起。同时，由于基因突变引起的mtDNA的异质性水平不同，其疾病表现也不尽相同（见图6-1-4）。

mtDNA的变异可能落在一个连续的范围内，从那些导致单基因疾病的变异到作为常见复杂疾病风险等位基因的变异。在此过程中，上位性和环境因素共同作用于临床外显性的表现，其影响程度则因个体背景的不同而有所差异（见图6-1-5）。mtDNA罕见的高穿透性突变是导致遗传性多系统线粒体相关疾病的主要原因。例如，线粒体脑肌病伴高乳酸血症和卒中样发作（MELAS），通常由在第3243位的A碱基突变为G碱基（m.3243A>G）引起；肌阵挛性癫痫伴破碎纤维综合征（MERRF），通常由m.8344A>G突变引起；以及卡恩斯-塞尔综合征（Kearns-Sayre），通常由mtDNA的4977 bp缺失引起[12]。这些突变通常在人类两代或三代内重新发生，而对于缺失，往往只影响一代人，因此它们是异质的。在另一个极端，常见的群体多态对人类常见疾病的风险影响很小。最引人注意的线粒体变异致病研究案例是帕金森病，几项大型研究的结果表明，常见的线粒体DNA变异与这种疾病的发病机制有关。同种变异也有导致几种人类疾病的风险，这些疾病具有相同的线粒体机制。这些变异通常是古老的（>10000年前），因此是同质的。一些变异介于这两个极端之间，只有在与其他遗传或环境因素结合出现时才会引起疾病。例如，对于导致莱伯遗传性视神经病变（LHON）的m.11778A>G、m.3460A>G和m.14484T>C mtDNA突变，mtDNA背景单倍型、核遗传背景和环境因素（如吸烟）都会造成影响。这些突变通常是同质的，但不是唯一的[13]。

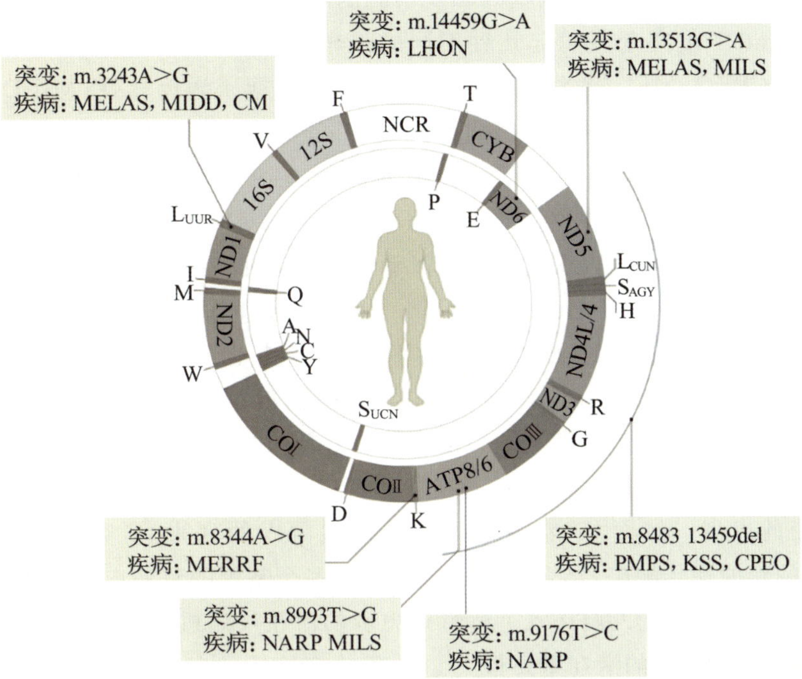

MELAS：线粒体脑肌病伴高乳酸血症和卒中样发作；MIDD：母系遗传性糖尿病和耳聋；LHON：Leber 遗传性视神经病变；MILS：母系遗传 Leigh 综合征；CPEO：慢性进行性眼外肌麻痹；KSS：Kearns-Sayre 综合征；NARP：神经源性肌萎缩-共济失调-色素视网膜病变综合征；MERRF：肌阵挛共济失调和癫痫伴粗糙红纤维。

图 6-1-4　线粒体相关疾病关键基因点位[11]

（二）线粒体相关疾病的临床治疗现状

线粒体相关疾病的发病时间呈双峰分布，在生命的前 3 年达到高峰。随后是第二个更广泛的高峰，从青少年末期开始，直至生命的第四个十年（成人期发病）。线粒体相关疾病可能出现得更晚，特别是慢性进行性眼外肌麻痹（CPEO）。线粒体相关疾病的临床诊断因为涉及几乎所有器官系统功能障碍的不同表型而变得复杂。相对较少的病例表现单个器官受累，例如 LHON 的孤立性眼部受累。大多数患者表现为多系统受累，患病个体可能出现一系列与离散临床综合征相容的临床特征。将患者的疾病表现归类为综合征的价值有限，因为大多数患者不属于离散的类别。

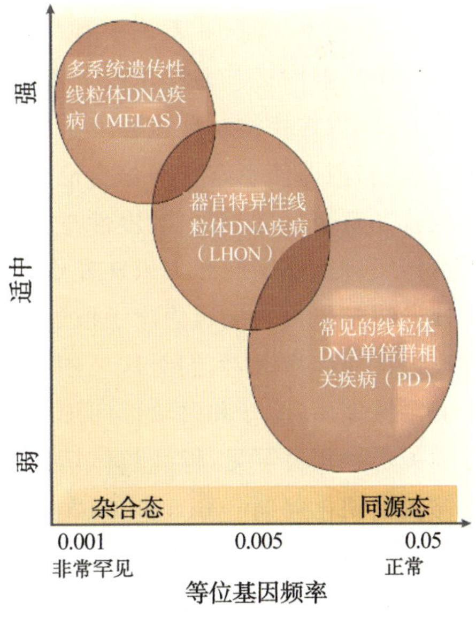

图 6-1-5　等位基因频率[13]

对线粒体相关疾病的诊断因基因和观察到的临床表型之间的微妙关系而变得更加复杂。一些 mtDNA 突变可引起几种不同的临床症状，例如 m.3243A＞G 突变（MT-TL1）可导致 CPEO、MELAS 综合征以及母系遗传性糖尿病伴耳聋（MIDD）。反之亦然，特定的综合征可能有不同的遗传病因，例如 Leigh 综合征可能是由几个基因中的一系列 mtDNA 和 nDNA 突变引起的。通常，mtDNA 突变的不同临床表现是异质性水平的直接结果，或者更具生理学意义的是组织中野生型 mtDNA 的绝对拷贝数。此外，其他尚未确定的遗传、环境和表观遗传因素似乎也在决定许多线粒体 DNA 突变的临床表型方面起着重要作用。除了 LHON 中明显的男性流行率外，目前还没有关于影响疾病外显性因素的确凿证据。LHON 的外显性不仅受到线粒体 DNA 原发性突变的影响，还受线粒体 DNA 继发突变、核因素等多种因素的影响，但是影响线粒体拷贝数增加的因素尚不清楚。对于单个、大规模 mtDNA 缺失的患者，其表型受缺失大小和异质性水平的影响[14]。直到近些年，为大部分患者建立基因诊断仍是具有挑战性的，特别是那些有核基因突变的患者。然而，随着可使用的下一代测序的到来，研究人员发现了影响 OXPHOS 的新的遗传缺陷，迄今为止已发现 300 多个基因的致病突变。识别特定的遗传缺陷很重要，它不仅让人们深入了解特定患者的潜在疾病机制，还可能突出以前没有考虑到的患者特定治疗的潜在重要性[15]。由于临床特征的多样性、基因-表型之间的异质性、转诊护理途径的复杂性和病例确定的不完全因素，确定线粒体相关疾病的患病率一直是一项具有挑战性的任务。一些研究表明，核遗传缺陷是导致儿童线粒体相关疾病的主要原因，而 mtDNA 突变在成人中更常见。儿童起病的线粒体相关疾病（16 岁以下），在每 10 万人中有 5～15 例。就成年人而言，线粒体 DNA 疾病的患病率计算为每 10 万人中有 9.6 例，另有 10.8 例患者因一名一级亲属受到影响而面临风险。对于核遗传原因，患病率为每 10 万人中有 2.9 例[16]。临床治疗方面的主要困难是线粒体相关疾病患者中出现的极其多样化的表型-基因型关系。如前所述，这不仅体现在不同器官的受累，还体现在疾病的严重程度上。儿童可能会受到 Leigh 综合征的严重神经退行性疾病的影响，但即使患有这种综合征，预后也会因潜在的遗传缺陷而明显不同。成人起病通常较儿童轻，可能会出现慢性进行性外眼肌麻痹、耳聋和糖尿病等症状，但它也可能表现为持续进行性癫痫和中风样发作，最终导致神经退行性痴呆综合征。寻找小分子药物是开发线粒体相关疾病治疗手段的重要方法之一，最近，几家生物技术公司致力于发现或改进线粒体疗法，人们对这一领域的兴趣也越来越大，这在很大程度上是因为为治疗此类罕见疾病，监管和财政部门加大了对药物的投资。虽然与其他神经疾病相比，线粒体相关疾病相对罕见，但线粒体功能的调节也可以在减少帕金森氏病、阿尔茨海默病、肌萎缩侧索硬化症（amyotrophic lateral sclerosis，ALS）、亨廷顿病和 Friedrich 共济失调等疾病的发病机制方面发挥关键作用。事实上，代谢综合征如肥胖、糖尿病和非酒精性脂肪性肝病等也可能是线粒体修饰物的靶标。尽管研究者讨论了旨在改善原发线粒体相关疾病的小分子，但它们很可能不仅可用于这些疾病，而且可在涉及线粒体的综合征的更广泛的背景下考虑它们的应用范围[17]。目前治疗线粒体功能障碍相关疾病的药物选择仅限于支持性和症状性问题，有效性尚不确定，如增加线粒体ATP的产生，减少ROS的产生，以及诱导线粒体生物发生，但对导致功能障碍的主要原因没有显著影响。线粒体相关疾病患者经常服用维生素补充剂、抗氧化剂，如α-硫辛酸、维生素C和维生素E；调节线粒体电子传递通量的化合物，如维生素B_2、核黄素和辅酶Q10；硝酸前体，如精氨酸和L-瓜氨酸；能量缓冲剂，如肌酸；参与脂肪酸吸收的药物，如L-肉碱；以及线粒体生物发生，如维生素B_3。据报道，L-精氨酸有益于缓解MELAS患者的卒中样发作。此外，大多数治疗方式都是基于抗氧化剂的使用，如辅酶Q10、艾地苯酮、EPI-743。尽管其中一些还没有商业化，但有些针对线粒体相关疾病的药物和疗法仍具有广阔前景（见表6-1-4）。

表6-1-4　治疗线粒体相关疾病的潜在治疗策略

药品名	治疗方式	疾病模型	临床阶段	临床实验号
Idebenone	抗氧化剂	线粒体脑肌病伴高乳酸血症和卒中样发作，Leber遗传性视神经病变	Ⅱa期 Ⅳ期	NCT00887562 NCT02774005
EPI-743	NADP酶调节剂	Leigh综合征	Ⅱb期	NCT01721733
Elamipretide	一种小分子肽，稳定IMM	线粒体肌病Barth综合征	Ⅲ期	NCT02367014

相对于小分子用药，基因疗法成为近几年的新兴和热点疗法。对于线粒体相关疾病的基因治疗，通过提供野生型mtDNA、基因组编辑修复突变的mtDNA或消除突变的mtDNA来改善异质性条件是一种有效的策略（见图6-1-6）。

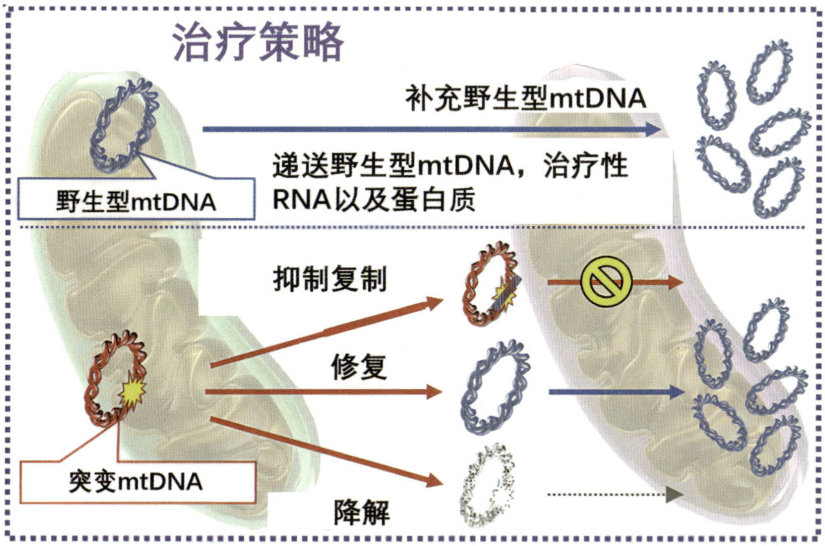

图6-1-6　线粒体相关疾病基因疗法[17]

在线粒体基因治疗的早期阶段，健康细胞的细胞质与线粒体缺陷细胞在体外模型中融合，以提供完整的线粒体。通过这种方法，线粒体功能得到恢复，表明了 mtDNA 基因治疗的重要性[18]。目前开发了多种线粒体基因治疗策略，通过对不同靶向方式的设计改进从而实现核酸药物的高效输送。然而在大多数情况下，线粒体功能障碍相关疾病仍未满足医疗需求。因此，开发专注于线粒体功能障碍实际原因的特定治疗策略具有巨大的应用前景，无论是小分子、抗体疗法抑或是基因治疗方法，现在及未来主要可采取的手段包括操纵线粒体的细胞内容物水平，恢复 NAD^+ 水平，诱导线粒体翻转，增加有丝分裂水平，线粒体代谢重编程，调节活性氧水平，改善氧化应激，恢复线粒体 DNA 动态平衡以及通过基因编辑等手段操纵线粒体基因组等[19]。

虽然本章节将侧重于开发特定的治疗方法，但是要认识到，线粒体相关疾病的患者需要对症治疗，这可能会改善患者的生活质量，甚至于延长预期寿命。这些治疗通常是针对器官的，例如使用抗癫痫药来治疗线粒体癫痫，使用胰岛素或口服降糖药物来治疗糖尿病，或者使用心脏起搏器和植入式电子设备来治疗心脏传导障碍患者。虽然目前仍在不断寻找更好的治疗方法，但至关重要的是，当下患者就能获得尽可能好的对症治疗。

第二节　线粒体靶向核酸药物递送技术

药物递送技术可以将多种药物（小分子药物、核酸药物以及蛋白质药物等）靶向到特定的细胞器、组织或细胞。靶向细胞器可以提高治疗效果，减少不良反应，而线粒体因能够产生能量（ATP）、控制细胞内活性氧以及钙离子的水平、调节自噬等成为了亚细胞器中很有发展前景的靶点。此外，人类的 mtDNA 是多拷贝、环状和双链的，包含 16568 个碱基对，可以编码 37 个基因、22 种 tRNA、13 种对 ATP 合成相关的重要蛋白质以及 2 种 rRNA。mtDNA 与核 DNA 不同，它不被组蛋白包装和保护，并且长期暴露于 ROS 中，因此，随着时间的推移，突变的风险会增加。mtDNA 突变引起的线粒体功能障碍会导致多种遗传性疾病，如神经退行性疾病、糖尿病和癌症[20]。除了针对人类线粒体进行基因治疗外，植物线粒体还是农业领域的重要靶细胞器，因此开发针对 mtDNA 的递送策略一直是研究热点。

一、靶向线粒体递送环状 DNA

（一）基于亲脂性阳离子的线粒体靶向

亲脂性阳离子如三苯基膦（TPP），作为配体分子是线粒体靶向基因递送以及小药物递送的可靠物质，因其可以增强递送载体和线粒体之间的静电相互作用[21]。有研究团队通过酰胺偶联将 TPP 与高分子量试剂聚（乙二醇）-聚（乙烯亚胺）（PEG-PEI）结合，增强了 pDNA 内化到线粒体和细胞吸收。最后，PEG-PEI-TPPNP 显著增强了报告基因和 ND4 蛋白的表达（见图 6-2-1）。

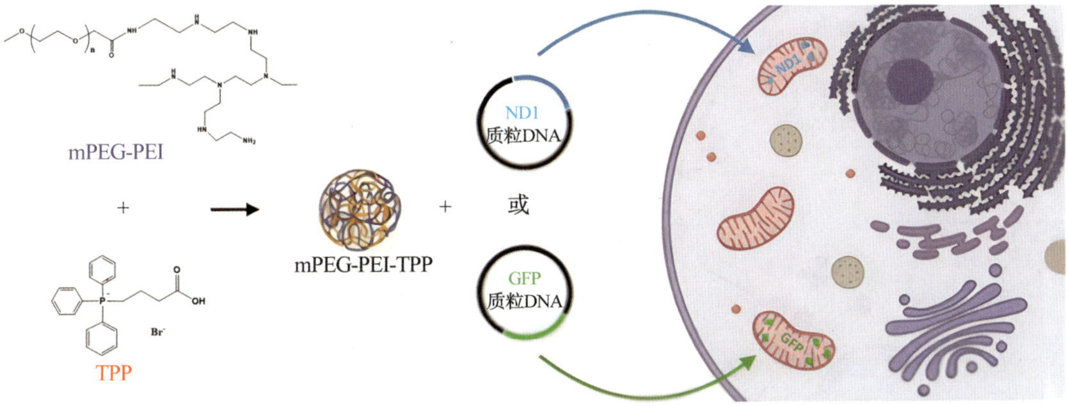

图 6-2-1 PEG-PEI-TPP 示意图[21]

(二)罗丹明 123 修饰的基因传递载体

Coutinho 等开发了罗丹明 123(Rho123)修饰的基因传递载体[22],用于线粒体靶向。为了构建载有 pDNA 的 Rho123 标记的纳米颗粒(NP),该研究团队使用了一种共沉淀方法,该方法是在碳酸根存在的条件下由 Ca^{2+} 和 pDNA 之间的相互作用诱导的。纳米粒子的大小是通过加入纤维素或明胶作为稳定剂来控制的,通过共聚焦激光显微镜观察线粒体中的荧光强度,可以发现 NP 主要在线粒体中积累并有效地促进了报告基因的表达。

(三)Dequalinium 修饰的基因传递载体

Dequalinium 修饰的基因传递载体是基于 Dequalinium{DQA:1,1′-[1,10 十亚甲基-二-(4-氨基-2-甲基喹啉)]-氯}与 pDNA 复合的 NP,被称为 DQAsomes,也被认为是有前途的线粒体靶向载体。DQA 是 FDA 批准的阳离子脂质,可以通过静电相互作用与 pDNA 形成脂质体样结构。载有编码绿色荧光蛋白(GFP)的 pDNA 的 DQAsomes 在细胞中可以诱导线粒体基因表达。然而,线粒体中 DQAsomes 的转染效率仅限于 5%。为了解决这个问题,Choi 等将 DQA 与其他脂质体——(2,3-二油酰基-丙基)-三甲基铵-氯盐(DOTAP)和 1,2-二油酰-sn-甘油-3-磷酸乙醇胺(DOPE)混合,以进一步改善 DQAsomes 的功能[23]。DQA 和 DOTAP/DOPE 的联合使用提高了细胞摄取和内体逃逸能力,进一步增强了线粒体基因的表达(见图 6-2-2)。

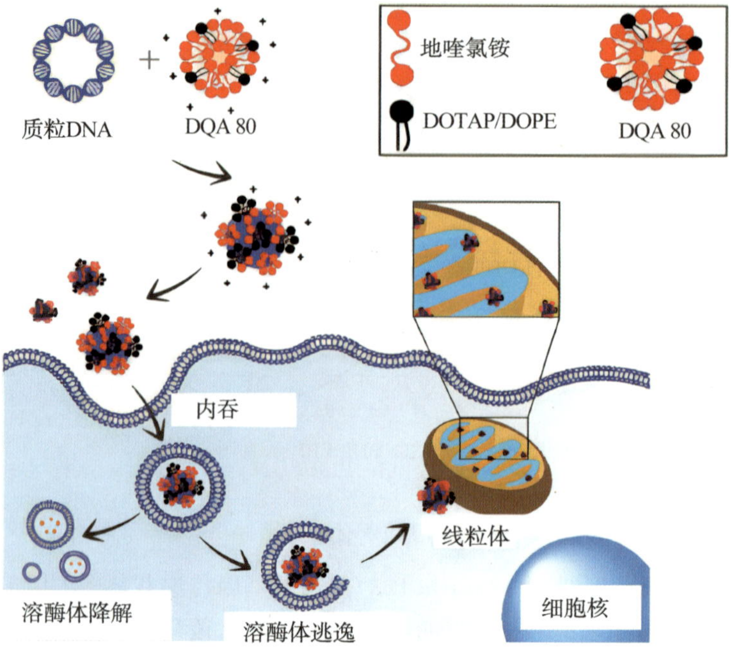

图 6-2-2　DQA-DOTAP/DOPE 线粒体靶向载体示意图[23]

(四)基于 MITO-Porter 的基因传递载体

另一种基于脂质的递送载体是 MITO-Porter,由 DOPE、鞘磷脂(SM)和细胞穿透肽(CPP)、八个精氨酸(R8)组成。MITO-Porter 可以通过 DOPE 诱导的膜融合机制将装载的药物输送到线粒体,R8 可以增加细胞吸收的速度。这种膜融合系统能够将各种药物输送到线粒体。为了提高使用 MITO-Porter 将外源 pDNA 转染到线粒体中的效率,Yamada 等使用另一种 CPP,即具有赖氨酸-亮氨酸-丙氨酸重复序列的 KALA 肽向细胞内运输药物。KALA 修饰的 MITO-Porter 构建体(KALA-MITO-Porter)的转染效率比 R8 修饰的 MITO-Porter 构建体约高 10 倍。可能是由于 KALA 肽诱导的线粒体膜不稳定,用 KALA 替代 R8 增加了细胞毒性。通过整合额外的线粒体 RNA 适体(RP)配体,进一步增强了 KALA-MITO-Porter 的功能,以增强细胞摄取和线粒体靶向活性[24]。RP 修饰显著提高了载有 pDNA 的 KALA-MITO-Porter 构建体进入线粒体的转染效率。此外,RP/KALA-MITO-Porter 的给药并未改变小鼠血清中的生物标志物水平,表明其在体内应用中具有良好的生物相容性。

二、靶向线粒体递送 RNA

中山大学苏士成、高志良、许小丁团队发现了线粒体定位的环状 RNA 在代谢性炎症中发挥重要功能。非酒精性脂肪性肝炎患者的成纤维细胞中线粒体定位的环状 RNA 显著下调,针对其中的一个环状 RNA(SCAR)开展深入研究发现,脂肪酸导致的内质网应激诱导 CCAAT/增强子结合蛋白(CHOP)表达上调,CHOP 抑制 PGC1α 表达[25],而后者调控环状 RNA(SCAR)的表达,因此脂质导致 SCAR 减少。SCAR 在线粒体内通过结合线粒体通透性转换孔的亚基 ATP5B 而阻止其开放,抑制线粒体 ROS 和成纤维细胞活化。SCAR 介导的线粒体调控通路对于理解 NASH 发病过程中肝脏的纤维化的发生机制有重要意义。另外,研究团队率先构建靶向线粒体环状 RNA 的纳米递送系统,实现在体内外干预线粒体环状 RNA,为靶向线粒体信号治疗代谢性免疫疾病提供了新思路。

第三节　线粒体靶向核酸药物递送技术挑战

作为现代医药科技的一项重要成果,线粒体靶向纳米药物递送系统具备诸多显著优势,为药物治疗领域带来了革命性的改变。其中,线粒体靶向核酸药物递送技术更是引领了新一轮的治疗潮流。这种技术能够将核酸药物直接、精准地送达线粒体内部,确保了药物在靶点的高浓度聚集,从而显著提升治疗效果。与传统的药物递送方式相比,线粒体靶向递送不仅能增强药效,更能减少核酸药物对正常细胞的潜在毒性,降低了治疗过程中的不良反应,为患者带来了更为安全、有效的治疗选择。同时,通过精细设计载体和递送系统,能够实现核酸药物的可控释放,保证药物在体内的稳定性和持久性,确保治疗效果的持久维持。

尽管线粒体靶向核酸药物递送技术在癌症治疗等领域展现出了巨大的潜力,但仍然面临着诸多挑战。目前,线粒体靶向纳米材料递药系统的靶头设计主要依赖于一些小分子,如 TPP、胍等[26]。然而,这些分子的生物安全性问题逐渐引起了研究者的关注。因此,近年来越来越多的研究者开始尝试采用各种序列的多肽作为靶头,甚至向仿生领域进军,以期开发出低毒甚至无毒的线粒体靶向仿生药物载体。在这一过程中,最关键的是靶头的设计。其安全性和靶向效果将直接影响纳米载体的整体性能,因此是未来开发该类纳米载体的重点考查因素。此外,联合治疗作为一种更为有效的治疗方式,其在线粒体靶向纳米药物递送领域的应用也备受关注。然而,目前关于联合治疗的方法研究和安全性评价还不够细化,如纳米载体的生物可降解性、药物的代谢产物的安全性以及可能引发的免疫排斥反应等问题,都需要进一步深入研究和探索。

线粒体靶向纳米药物递送系统为疾病治疗领域带来了新的希望和机遇。然而,要充分发挥其设计优势,解决人类健康问题,还需要广大科研工作者共同努力,不断探索、创新和完善。只有这样,研究者才能为未来的医疗领域注入更多的活力,为人类的健康事业作出更大的贡献。

第四节　细胞核的结构及功能

一、细胞核的结构

细胞核主要由核膜、核仁、染色质和核基质等构成(见图 6-4-1)。

(一)核膜

内核膜和外核膜:核膜由两层膜组成,内外各一层。内核膜紧贴着核质(nucleoplasm),而外核膜则与细胞质相接触。这两层膜之间形成核周隙(perinuclear space)。

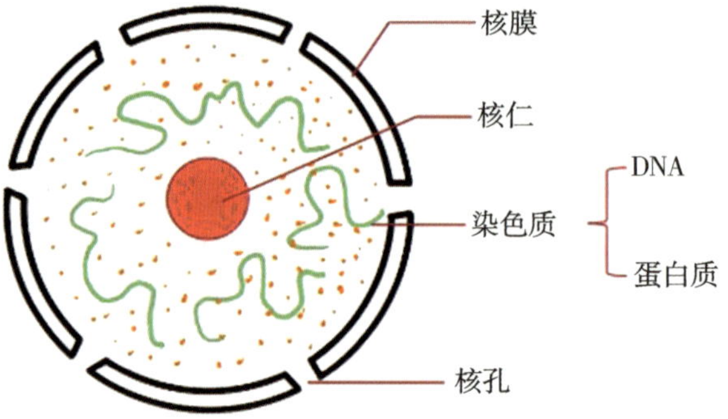

图 6-4-1　细胞核的结构

核孔:核膜上布满了核孔,一个细胞核大约有 3000 个核孔,细胞复制染色体时,一个核孔每分钟要运输 100 个组蛋白分子进入核内。细胞迅速生长时,一个核孔每分钟向细胞质运出 3 套核糖体的前体单位[2]。核孔是直径 80～120 nm 的圆形孔,核孔复合体稍大些,直径为 120～150 nm。这些孔道贯穿内外核膜,允许分子在细胞核和细胞质之间进行物质交换。核孔由称为核孔复合体的大型蛋白质复合物组成。

(二)核仁

核仁是形成核糖体前身的部位。大多数细胞可具有 1～4 个核仁。合成蛋白质旺盛的细胞,核仁多而大。光镜下,核仁呈圆形,并因含大量 rRNA 而显强嗜碱性。电镜下,核仁由细丝成分、颗粒成分与核仁相随染色质三部分构成。通常认为,颗粒成分是核糖体亚基的前身,由细丝成分逐渐转变而成,可通过核孔进入细胞质;核仁相随染色质是编码 rRNA 的 DNA 链的局部。人的第 13、14、15、21 和 22 对染色体的一端有圆形的随体(satellite),通过随体柄与染色体其他部分相连。

最近的研究发现,核仁同时参与核分裂、细胞周期调控、DNA 的复制与修复、核蛋白(RNP)的生物合成以及细胞的应激反应[27]。

核仁与核糖体的形成有关,在代谢旺盛的细胞(如乳腺细胞、唾液腺细胞等)中,核仁体积大[28]。

(三)染色质

DNA:染色质主要由 DNA 组成,DNA 是遗传信息的载体,其中包含了细胞的全部遗传信息。

蛋白质：染色质中存在大量的蛋白质，其中包括组蛋白（histone）和非组蛋白质（non-histone protein）。组蛋白是一类碱性蛋白质，它们与DNA紧密结合，帮助DNA在细胞核内紧密缠绕成染色质纤维，调节染色质的结构和可及性。非组蛋白质则参与染色质的复制、修复和转录调控等过程。

RNA：染色质中也含有一些RNA，这些RNA参与调控染色质的结构和功能，例如通过与特定的蛋白质相互作用来调节基因的表达。

（四）核质

核质是核中除染色质与核仁以外的成分，包括核液与核骨架两部分。核液含水、离子和酶类等无机成分；核骨架（nuclear skeleton）层相连，对核的结构具有支持作用。

二、细胞核的功能

根据细胞核的结构和组成，可以得出细胞核的功能：控制细胞的遗传、生长和发育。细胞核是遗传物质储存和复制的场所。从细胞核的结构可以看出，细胞核中最重要的结构是染色质，染色质的组成成分是蛋白质分子和DNA分子，而DNA分子又是主要遗传物质。当遗传物质向后代传递时，必须在核中进行复制。所以，细胞核是遗传物质储存和复制的场所。因此，对细胞核功能的较为全面的描述应该是：细胞核是遗传信息库，是细胞代谢和遗传的控制中心。

第五节　细胞核靶向核酸药物递送技术

基因治疗是将核酸药物递送到细胞中，并与细胞遗传物质相互作用，持续表达治疗蛋白或纠正细胞错误基因的治疗方法。核酸药物可以分为DNA药物和RNA药物，不同的基因治疗机制不同，核酸药物的递送部位和要求也不同。例如，siRNA药物可以在细胞质中作用于mRNA，以阻止翻译过程发生，因此需要将siRNA有效递送到细胞质中发挥作用。而DNA药物如pDNA一般需要整合到基因组中，在细胞核中完成转录以发挥作用，所以DNA药物需在细胞核及其附近释放，并在细胞核内整合到宿主细胞的基因组中发挥治疗作用。

相比于RNA核酸药物的靶向递送，DNA细胞核靶向递送对传递系统和技术的要求比较高、难度更大，这主要体现在寻找合适的核酸药物递送载体及相关递送技术上。在这方面的研究中，用于递送质粒DNA的核靶向元件一直处于关注的焦点。

一、基于NLS肽的核靶向递送技术

（一）NLS的基本概念

核定位信号（nuclear localization signal）肽即NLS肽，指具有NLS序列且能通过与核膜上的 NLS 受体识别，定位于核区的功能化多肽。治疗基因的有效核积累是基因递送过程中最关键的步骤之一，将 NLS 肽与核酸共价缀合可以赋予核酸高效靶向进入细胞核的能力，发挥其基因治疗作用。

NLS 包括 SV40 T 抗原、腺病毒、TAT 肽等，其核靶向的作用机制如下：NLS 最初可与引入的导入蛋白 α 相互作用，然后进一步与导入蛋白 β 结合形成复合物；最后，该复合物与 NPC（核孔复合物）的 Nups（核仁蛋白）相互作用，进行核转运[29]。还有其他类型的 NLS 直接与先导蛋白 β 形成复合物，然后进入细胞核。在细胞核中，通过鸟嘌呤核苷酸结合蛋白 Ran（GTP 结合型）与导入蛋白 β 结合，从而取代导入蛋白 α，使复合物解离[30,31]。图 6-5-1 所示为具体机制。

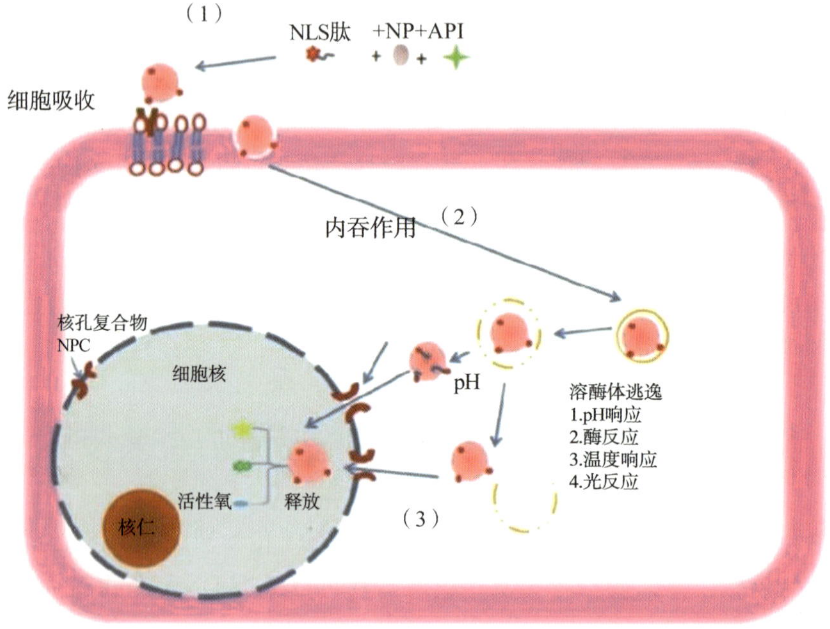

（1）NLS 肽修饰的功能化纳米颗粒的组装。（2）NLS 肽修饰的功能纳米颗粒被细胞吸收并通过内吞作用进入细胞。（3）NLS 肽修饰的功能纳米颗粒逸出细胞质，NLS 肽与核运输分子结合，最后通过 NPC 进入细胞核。NP：纳米颗粒。API：活性药物成分[32]。

图 6-5-1　NLS 肽修饰的功能化纳米颗粒的核靶向过程

（二）NLS 核靶向递送技术的研究进展

目前，NLS 肽的应用方式主要是与装载核酸药物的载体连接或者与药物共同装载到载体中，使核酸药物和载体高效、稳定地共同靶向到达细胞核，并在细胞核释放发挥治疗作用。核酸载体一般可分为病毒性载体和非病毒性载体两大类。常见的病毒性载体包括腺相关病毒、慢病毒、腺病毒和逆转录病毒等，由于利用了野生型病毒固有的能力，因而可以高效转染细胞。目前大多数的细胞和基因治疗项目所采用的载体都是病毒载体。但病毒载体对核酸分子的尺寸有限制，而且需要复杂的制备过程，成本较高，更重要的是可能存在免疫原性、致癌性等安全隐患。非病毒载体具有更高的安全性，但其缺点是转染效率较低。近年来，随着转染效率、特异性和安全性的改进，临床试验中非病毒载体的数量逐渐增加。

介孔二氧化硅纳米微球（Mesoporous silica nanospheres，MSN）属于核酸药物的非病毒递送载体，具有较高的载药能力和抗癌药物的控释特性，将 NLS 肽与药物和纳米颗粒结合，并共同装载到 MSN 中，可实现核酸药物的核靶向递送[33]。但是孔径小于3 nm的传统 MSN 大大限制了其应用，即使是核酸也只能偶联到 MSN 的外表面或者吸附在其上[34]。对此，吴美英团队提出了胶束/前体共模板组装（M/P-CA）策略。他们将 TAT 肽与硫醚桥接的杂交组合 MON（微孔有机纳米管）外表面耦合，构建了一个具有高负载能力的核靶向纳米平台。由于 Arg-Glu-Asp-Val（REDV）多肽能被 α4β1 整合素特异性识别，因此 REDV 修饰的基因载体能特异性识别内皮细胞并选择性地提高转染效率[35,36]。郝及其同事选择 TAT 肽（PKKKRKV）作为穿膜载体，将具有靶向内皮细胞作用的 REDV 肽与该 TAT 肽整合，在细胞中孵育 1 h 后荧光共定位相关系数为 98.2%，孵育 4 h 和 12 h 荧光共定位相关系数分别为 85.7%和 73.8%，说明该体系是具有内皮细胞特异性和细胞核积累能力的高效基因递送系统[37]。李倩等利用 TAT-NLS 的非特异性和选择性转移功能，设计了 REDV-TAT-NLS-Hn。他们在基因载体中引入了寡组氨酸（Hn）序列，质子化的 Hn 使其更容易从溶酶体中逸出，从而提高了递送效率[38]。何晓燕团队在将 *β-catenin* 基因作为靶点来逆转肿瘤免疫抑制的研究过程中，以 NLS 肽为靶向定位基础，构建了一种基于天然聚合物的递送系统[39]。该系统由与透明质酸共轭的载体（AS1411）和与透明质酸共轭的多肽（TAT-NLS）组成，可有效递送 CRISPR-Cas9 质粒以敲除 *β-catenin* 基因（见图 6-5-2）。

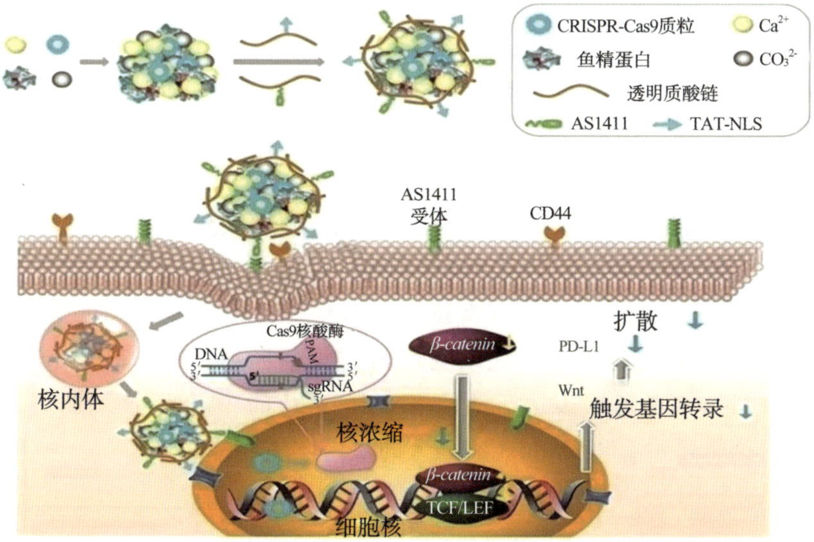

图 6-5-2　肿瘤靶向传递 CRISPR-Cas9 质粒，实现有效的基因组编辑，调控肿瘤细胞的行为和基因组发生后所涉及的主要抗肿瘤机制[39]

透明质酸(hyaluronic acid,HA)是一种具有良好生物相容性的阴离子聚合物,可为自组装提供负电荷,并靶向各种肿瘤细胞中的CD44,从而提高肿瘤靶向效率[40,41]。融合肽TAT-NLS兼具细胞穿透和核转运功能,进一步促进了质粒的摄取和核转运。随后,被抑制的Wnt/β-catenin通路会抑制肿瘤细胞的生长,并通过下调PD-L1的表达来恢复T细胞的抗肿瘤活性。在该多功能递送系统中,PS和HA是美国FDA批准的药物,Ca^{2+}和CO_3^{2-}是生理环境中天然存在的离子。递送载体的各组分具有良好的生物相容性和生物安全性。虽然对于NLS的研究在不断深入,但是目前尚无FDA批准的核靶向纳米载药体系相关的药物,因为其复杂的制备和纯化过程阻碍了其大规模生产,且与已经上市的抗肿瘤药物相比,其疗效和生物相容性都有待提升[32]。

二、基于其他组分的核靶向递送技术

关于基于其他组分的核靶向递送技术,这里主要介绍聚乙二醇磷脂修饰的阳离子脂包型基因传递载体和利用维生素A支架构建的脂包型细胞核靶向载体。

(一)聚乙二醇磷脂修饰的阳离子脂包型基因传递载体

RNA引导的CRISPR相关的核酸酶Cas9已成为一种创新和强大的基因编辑手段,并为多功能基因组编辑提供了一个平台[42]。Cas9由合成的小向导RNA(sgRNA)介导,可诱导目标基因组位点的DNA双链断裂,导致基因组特定位点的靶向功能缺失突变。张灵敏等构建了一种新型的基于聚乙二醇磷脂修饰的阳离子脂质纳米颗粒(PLNP),该系统可以压缩和包封Cas9/sgRNA以及质粒DNA,形成PLNP/DNA的核壳结构,在A375细胞中的成功转染率高达47.4%。该系统实现了高效递送CRISPR-Cas9,并可以穿透细胞膜或定位于细胞的特定区域,特别是细胞核[43]。

(二)利用维生素A支架构建的脂包型细胞核靶向载体

维生素A可以通过细胞质结合蛋白转运至其细胞核受体,因此可以构建一个装载有维生素A支架(vitamin A-scaffold)的载体,该载体可被细胞质结合蛋白识别,从而被运送至细胞核,实现细胞核靶向作用[44-47]。Hiroki Tanaka及其同事构建了一种中性、可被生物降解的脂质体,其主要结构单元是由维生素A支架、二硫键以及叔胺基组成的一种类脂材料(vitamin A-scaffold SS-cleavable proton-activated lipid-like material,ssPalmA),这使得该脂质体(ssPalmA-LNP)可以实现高效内吞体逃逸以及细胞核靶向(见图6-5-3)。该团队还构建了用简单酰基链支架替代维生素A支架的脂质体(LNPPalmM),二者装载pDNA后,LNPPalmA的基因表达活性是LNPPalmM的15倍。该团队还进行了细胞内影像学研究,结果显示LNPPalmA有强大的核内体破坏特性[48]。

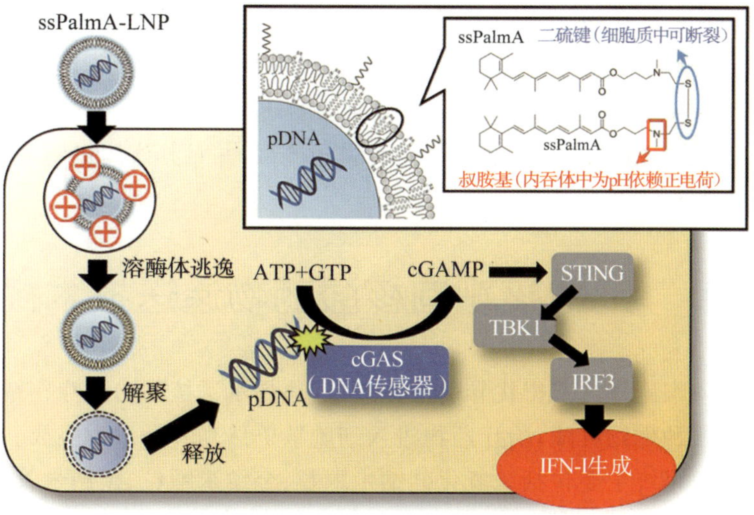

图 6-5-3 ssPalmA-LNP 作用机制[48]

(三)TAT 肽修饰的金银纳米颗粒核靶向载体

无机纳米颗粒,在过去几十年中已成为备受关注的非病毒基因载体,其中 AuNPs 或 AgNPs 等贵金属纳米颗粒因其易于合成、尺寸和形状可调、表面易于修饰等特性而广泛应用。浙江大学彭丽华团队采用带正电荷的 PEI 分子作为封端剂制备 AuNPs 和 AgNPs,然后通过巯基-TAT 肽的部分配体交换进一步对纳米颗粒进行官能团化,得到 Au/AgNPs@PEI-TAT 载体,与 DNA 结合后研究了其体外基因转染活性及纳米颗粒(NP)的细胞摄取和细胞内分布(见图 6-5-4)。结果表明,AuNPs@PEI/DNA 和 AgNPs@PEI/DNA 复合物在载体/DNA 权重比为 3 时具有最佳的转染能力。与 PEI-TAT 和 NPs@PEI 相比,NPs@PEI-TAT 能够以更高的效率将 DNA 递送到细胞和细胞核中,从而具有优异的基因递送能力[49]。

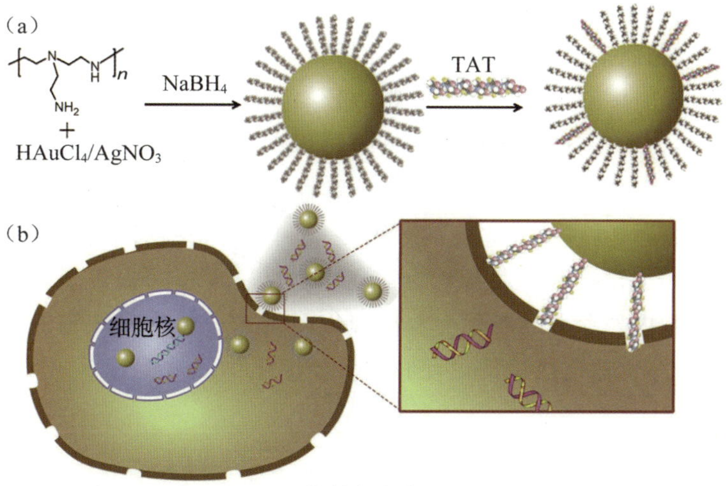

(a)Au/AgNPs@PEI-TAT 的制备方案;(b)Au/AgNPs@PEI-TAT 与 DNA 结合后进行细胞核靶向的示意图[49]。

图 6-5-4 Au/AgNPs@PEI-TAT 的制备与作用机制

核酸药物的核靶向递送技术除了以上几种,近年来也开发了许多其他适宜的核酸载体,如引入两亲性分子反式-环己烷-1,2-二醇(TCHD)也可显著增强大分子的核吸收效率[50]。研究人员需要继续对其入核机制进行深入的研究,开发出具有更高疗效、更低成本、更好生物相容性、更低毒性、更强靶向性的载药体系,并对其作用机制进行深入研究,为基因治疗提供新思路。

第六节　细胞核靶向核酸药物递送技术挑战

药物成功进入细胞核可获得优异的治疗效果,这揭示了核靶向治疗在精准医学中的潜力。然而由于各种生物屏障,治疗药物进入细胞核仍然是一个重大挑战。无机细胞核靶向纳米药物递送系统主要包括二氧化硅纳米颗粒、金纳米颗粒、碳纳米管,有机细胞核靶向纳米药物递送系统主要包括聚合物胶束、脂质体、聚合物纳米囊泡等[51]。

细胞核靶向核酸药物能够绕过细胞多药耐药机制,将药物直接递送到细胞核内作用靶点,提高药物的作用效果,避免药物对正常细胞的毒副作用,具有广阔的应用前景。然而,从基础研究到临床转化的过程中,细胞核靶向核酸药物的研究仍面临许多问题和挑战:①细胞核靶向核酸药物为疾病治疗提供了新的方向,但由于细胞膜、核膜等多重屏障限制了药物进入细胞核,且由于多药耐药等原因,进入细胞的药物又被外排到胞外,药物的有效浓度大大降低。因此,开发安全性更高、生物相容性更好、耐药性更好、可被机体代谢排泄的细胞核靶向核酸药物是今后药物载体研究的重要方向,也是细胞核靶向化疗能够进入临床应用的前提。②构建智能型纳米载体,使其在特定条件的刺激下释放药物,从而减少药物进入细胞核之前的泄漏,提升药物在细胞核内的释放效率。③在载体表面修饰NLS,可实现纳米载体细胞核靶向功能,但还需进一步研究携带NLS纳米载体与核孔复合体之间的相互作用机制,这有利于提高纳米载体从细胞质内进入细胞核的效率。④有些细胞核靶向纳米载体具有很好的核靶向性,但药物在细胞核中释放不够高效,因此需要建立并完善纳米载体细胞核靶向效率的评价机制。

为了应对这些挑战,发展和优化细胞核靶向核酸药物递送技术仍是今后纳米药物载体研究的重要方向。研究人员正在开发各种策略和技术,如以纳米颗粒、脂质体、聚合物、蛋白质等作为载体,通过改变它们的表面性质和结构来提高细胞膜通透性和细胞核靶向性。此外,基因编辑技术的发展也为实现细胞核靶向递送提供了新的思路和方法。未来,深入了解细胞内外存在的各种生物屏障以及纳米载体内化细胞的作用机制,有助于细胞核靶向核酸药物递送技术的设计和进一步优化。

参考文献

[1]JAVADOV S, KOZLOV A V, CAMARA A K S. Mitochondria in health and diseases[J]. Cells, 2020, 9(5): 1177.

[2]翟中和.细胞生物学[M].4 版.北京:高等教育出版社,2011.

[3]张同武.植物细胞器基因组测序,组装及比较基因组学研究[D].杭州:浙江大学,2014.

[4]ANDERSON S,BANKIER A T,BARRELL B G,et al. Sequence and organization of the human mitochondrial genome[J]. Nature,1981,290(5806):457-465.

[5]张方,米志勇.动物线粒体 DNA 的分子生物学研究进展[J].生物工程进展,1998,18(3):25-31.

[6]QUIROS P M, GOYAL A, JHA P, et al. Analysis of mtDNA/nDNA ratio in mice [J]. Current protocols in mouse biology, 2017, 7(1): 47-54.

[7]庄天鹏,魏曼丽,贾振伟.线粒体蛋白质组及蛋白质量控制[J].中国细胞生物学学报,2021,43(1):161-169.

[8]RAHMAN J, RAHMAN S. Mitochondrial medicine in the omics era[J]. The Lancet, 2018, 391(10139): 2560-2574.

[9]STEWART J B,CHINNERY P F. The dynamics of mitochondrial DNA heteroplasmy: implications for human health and disease[J]. Nat Rev Genet,2015,16(9):530-542.

[10]GORMAN G S,CHINNERY P F,DIMAURO S, et al. Mitochondrial diseases [J]. Nat Rev Dis Primers,2016,20(2):16080.

[11]COYNE L P,CHEN X J. mPOS is a novel mitochondrial trigger of cell death-implications for neurodegeneration[J]. FEBS Lett,2018,592(5):759-775.

[12]DIMAURO S,SCHON E A,et al. The clinical maze of mitochondrial neurology[J]. Nat Rev Neurol,2013,9(8):429-444.

[13]CHINNERY P F,ANDREWS R M,et al. Leber hereditary optic neuropathy: Does heteroplasmy influence the inheritance and expression of the G11778A mitochondrial DNA mutation? [J]. Am J Med Genet,2001,98(3):235-243.

[14]GRADY J P, CAMPBELL G, et al. Disease progression in patients with single, large-scale mitochondrial DNA deletions[J]. Brain,2014,137(Pt 2):323-334.

[15]GORMAN G S,MCFARLAND R,et al. Mitochondrial donation: from test tube to clinic[J]. Lancet,2018,392(10154):1191-1192.

[16]MURPHY M P,HARTLEY R C. Mitochondria as a therapeutic target for common pathologies[J]. Nat Rev Drug Discov,2018,17(12):865-886.

[17]KAGAWA Y,HAYASHI J I. Gene therapy of mitochondrial diseases using human cytoplasts[J]. Gene Ther,1997,4(1):6-10.

[18]RUSSELL O M,GORMAN G S,et al. Mitochondrial diseases: hope for the future[J]. Cell,2020,181(1):168-188.

[19]MODICA-NAPOLITANO J S,SINGH K K. Mitochondria as targets for detection and treatment of cancer[J]. Expert Rev Mol Med,2002,4(9):1-19.

[20] NISSANKA N, MORAES C T. Mitochondrial DNA damage and reactive oxygen species in neurodegenerative disease[J]. FEBS Letters,2018, 592(5):728-742.

[21]FARIA R,ALBUQUERQUE T,NEVES R A,et al. Physicochemical characterization and targeting performance of triphenylphosphonium nano-polyplexes[J]. J Mol Liq,2020:316.

[22]COUTINHO E,BATISTA C,SOUSA F,et al. Mitochondrial gene therapy: advances in mitochondrial gene cloning, plasmid production, and nanosystems targeted to mitochondria[J]. Mol Pharm,2017,14(3):626-638.

[23]BAE Y,JUNG M K,SONG S J,et al. Functional nanosome for enhanced mitochondria-targeted gene delivery and expression[J]. Mitochondrion,2017,37:27-40.

[24]ISHIKAWA T,SOMIYA K,MUNECHIKA R,et al. Mitochondrial transgene expression via an artificial mitochondrial DNA vector in cells from a patient with a mitochondrial disease[J]. J Control Release,2018,274:109-117.

[25]ZHAO Q, LIU J, DENG H, et al. Targeting mitochondria-located circRNA SCAR alleviates NASH via reducing mROS output[J]. Cell, 2020, 183(1): 76-93.

[26] ZIELONKA J, JOSEPH J, SIKORA A, et al. Mitochondria-targeted triphenylphosphonium-based compounds: syntheses, mechanisms of action, and therapeutic and diagnostic applications[J]. Chemical reviews, 2017, 117(15): 10043-10120.

[27]MORIMOTO M, BOERKOEL C F .The role of nuclear bodies in gene expression and disease[J].Biology,2013,2(3):976-1033.

[28]周光金,余龙,赵寿元.核仁和核仁蛋白[J].细胞生物学杂志,2006,26(3):261-265.

[29]ASHKENAZY-TITELMAN A, SHAV-TAL Y, KEHLENBACH R H. Into the basket and beyond: the journey of mRNA through the nuclear pore complex[J]. Biochem J. 2020,477(1):23-44.

[30]KUERSTEN S, OHNO M, MATTAJ I W. Nucleocytoplasmic transport: Ran, beta and beyond[J].Trends Cell Biol. 2001,11(12):497-503.

[31]TARTAKOFF A M, TAO T. Comparative and evolutionary aspects of macromolecular translocation across membranes[J]. Int J Biochem Cell Biol, 2010,42(2):214-229.

[32]李若瑾,吴晓雪,王澈.核定位信号肽修饰的抗肿瘤纳米载药体系[J].中国生物化学与分子生物学报,2022,38(01):35-41.

[33]DU W, DU S, DONG X, et al. Biodegradable silica nanocapsules enable efficient nuclear-targeted delivery of native proteins for cancer therapy[J].Biomaterials, 2023,294:122000.

[34]WU M, MENG Q, CHEN Y, et al. Large-pore ultrasmall mesoporous organosilica nanoparticles: micelle/precursor co-templating assembly and nuclear-targeted gene delivery [J].Adv Mater, 2015,27(2):215-222.

[35]OHYA Y, NISHIMURA K, SUMIDA H, et al. Cellular attachment behavior on biodegradable polymer surface immobilizing endothelial cell-specific peptide[J]. J Biomater Sci Polym Ed, 2020,31(11):1475-1488.

[36]WANG H, LI Q, YANG J, et al. Comb-shaped polymer grafted with REDV peptide, PEG and PEI as targeting gene carrier for selective transfection of human endothelial cells[J]. J Mater Chem B, 2017,5(7):1408-1422.

[37]HAO X F,LI Q,GUO J T,et al. Multifunctional gene carriers with enhanced specific penetration and nucleus accumulation to promote neovascularization of HUVECs in vivo[J]. ACS Appl Mater Interfaces,2017,9(41) : 35613-35627.

[38]LI Q, HAO X, ZAIDI SSA, et al. Oligohistidine and targeting peptide functionalized TAT -NLS for enhancing cellular uptake and promoting angiogenesis in vivo[J]. J Nanobiotechnology, 2018,16(1):29.

[39]HE X Y, REN X H, PENG Y, et al. Aptamer/peptide-functionalized genome-editing system for effective immune restoration through reversal of PD-L1-mediated cancer immunosuppression[J].Adv Mater, 2020,32(17):e2000208.

[40]HOLMBOE S, HANSEN P L, THISGAARD H, et al. Evaluation of somatostatin and nucleolin receptors for therapeutic delivery in non-small cell lung cancer stem cells applying the somatostatin-analog DOTATATE and the nucleolin-targeting aptamer AS1411 [J].PLoS One, 2017,12(5):e0178286.

[41]LI Q, ZHAO D, SHAO X, et al. Aptamer-modified tetrahedral DNA nanostructure for tumor-targeted drug delivery[J]. ACS Appl Mater Interfaces, 2017, 25, 9(42):36695-36701.

[42] HSU P D, LANDER E S, ZHANG F. Development and applications of CRISPR-Cas9 for genome engineering [J]. Cell, 2014, 157(6): 1262-1278.

[43] ZHANG L, WANG P, FENG Q, et al. Lipid nanoparticle-mediated efficient delivery of CRISPR/Cas9 for tumor therapy [J]. NPG Asia Materials, 2017, 9(10): e441.

[44]BUDHU A S, NOY N. Direct channeling of retinoic acid between cellular retinoic acid-binding protein Ⅱ and retinoic acid receptor sensitizes mammary carcinoma cells to retinoic acid-induced growth arrest [J]. Molecular and cellular biology, 2002, 22(8): 2632-2641.

[45]DONG D, RUUSKA S E, LEVINTHAL D J, et al. Distinct roles for cellular retinoic acid-binding proteins Ⅰ and Ⅱ in regulating signaling by retinoic acid [J]. The Journal of biological chemistry, 1999, 274(34): 23695-23698.

[46]GAUB M P, LUTZ Y, GHYSELINCK N B, et al. Nuclear detection of cellular

retinoic acid binding proteins Ⅰ and Ⅱ with new antibodies [J]. Journal of Histochemistry and Cytochemistry Official Journal of the Histochemistry Society, 1998, 46(10): 1103-1111.

[47]MAJUMDAR A, PETRESCU A D, XIONG Y, et al. Nuclear translocation of cellular retinoic acid-binding protein Ⅱ is regulated by retinoic acid-controlled SUMOylation [J]. The Journal of biological chemistry, 2011, 286(49): 42749-42757.

[48]TANAKA H, AKITA H, ISHIBA R, et al. Neutral biodegradable lipid-envelope-type nanoparticle using vitamin A-Scaffold for nuclear targeting of plasmid DNA [J]. Biomaterials. 2014,35(5):1755-1761.

[49]PENG L H, NIU J, ZHANG C Z, et al. TAT conjugated cationic noble metal nanoparticles for gene delivery to epidermal stem cells[J]. Biomaterials, 2014,35(21):5605-5618.

[50]RIBBECK K, GORLICH D. The permeability barrier of nuclear pore complexes appears to operate via hydrophobic exclusion[J]. EMBO J,2022,21 (11):2664-2671.

[51]王小兵,于涛.细胞核靶向纳米药物递送系统的研究进展[J].中国医药生物技术,2020,15(1):61-64.

第七章
核酸药物递送技术在疫苗方面的应用

随着人类社会的不断发展和全球化的加速，传染病的威胁日益凸显。传染病一直以来对人类社会造成着巨大破坏，其中包括乙肝、流感和艾滋病等疾病的传播。虽然传统疫苗在预防传染病方面发挥了巨大作用，但目前疫苗的发展仍然面临一些挑战，例如疫苗开发时间长、生产周期长、存储和运输条件苛刻等。因此，寻找更为快速、灵活和高效的疫苗策略迫在眉睫。

在此背景下，核酸疫苗作为一种全新的疫苗策略，引起了科学界和医学界的广泛关注。核酸疫苗利用 DNA 和 mRNA 等核酸分子作为疫苗候选物，通过直接将核酸递送到宿主细胞内，诱导机体产生特定抗原蛋白，从而激发免疫系统产生针对病原体的免疫反应。相较于传统疫苗，核酸疫苗具有研发速度快、生产成本低、适应性强和可定制性高等诸多优势，因此核酸疫苗被视为下一代疫苗的重要方向之一。

纳米颗粒作为 mRNA 药物递送载体，其独特的优势是尺寸小，可以穿透细胞膜进入细胞内部，实现精确的靶向递送。同时，纳米颗粒的比表面积大，可以携带更多的药物分子，提高药物的递送效率。此外，纳米颗粒还具有良好的生物相容性和可降解性，对机体的毒性较小，因此它被广泛应用于药物递送和基因治疗等领域。

在核酸疫苗的研发中，纳米颗粒的应用不仅可以提高核酸的稳定性和生物利用度，还可以实现高效的基因表达和免疫应答。通过纳米颗粒介导的递送系统，可以将 DNA 或 mRNA 疫苗精确地递送到目标细胞内部，避免了核酸在体内的降解和清除，从而提高了疫苗的免疫效果。

尽管核酸疫苗带来了巨大的希望，但其在科学、技术和临床应用方面仍面临着一系列挑战和困难。例如，核酸递送技术的有效性和稳定性、免疫激活和细胞毒性等问题都是目前亟待解决的难题。此外，公众对于核酸疫苗的接受度和安全性问题也需要得到充分考虑和解决。

在本章中，我们将对核酸疫苗这一创新疫苗策略进行全面介绍和探讨，深入分析核酸疫苗的工作原理、优势和挑战，探讨其在疫苗领域中的应用前景以及对未来传染病防控的潜在影响，为接下来的深入研究和讨论奠定坚实基础。

第一节　DNA 和 mRNA 在疫苗开发方面的优势

在疫苗领域，DNA 疫苗和 mRNA 疫苗技术是一种创新的、有潜力的方法，可以解决传统疫苗制备过程中的许多难题。

作为疫苗开发的载体，DNA 和 mRNA 与传统疫苗相比具有显著的优势。它们的生产过程相对简便和快速，不需要复杂的细胞培养和纯化步骤。通过基因工程技术，可以高效地合成编码抗原蛋白的 DNA 或 mRNA 序列，并通过体外转录或质粒提取等方法获得高纯度的疫苗产品。这种简化的生产工艺不仅降低了生产成本，还缩短了疫苗的研发周期，使其能够更快地应用于临床[1]。DNA 疫苗和 mRNA 疫苗具有广泛的适用性。通过设计不同的抗原蛋白编码序列，可以针对多种病原体开发相应的疫苗。无论致病原因是病毒、细菌还是寄生虫，都可以通过编码其特异性抗原蛋白的 DNA 疫苗或 mRNA 疫苗来引发机体的免疫应答。这种灵活性使得 DNA 疫苗和 mRNA 疫苗在应对新发传染病或病原体变异时具有更大的优势。DNA 疫苗和 mRNA 疫苗能够触发机体的先天性和适应性免疫应答。当 DNA 疫苗或 mRNA 疫苗被注射到体内后，其包含的 DNA 或 mRNA 可以被细胞摄取并翻译成相应的抗原蛋白。这些抗原蛋白与天然感染时产生的抗原蛋白相似，能够刺激机体产生特异性的免疫反应，例如产生抗体和激活 T 细胞等。这种全面的免疫应答能够提供更为持久和有效的免疫保护，从而更好地预防疾病的发生。

综上所述，核酸疫苗具有以下优势：

(1)快速构建与生产：核酸疫苗从获得流行毒株序列到规模化生产仅需两周时间，而传统蛋白疫苗一般需要 3～6 个月。因为核酸疫苗不需要进行体外蛋白质表达和纯化等烦琐步骤，因此很大程度上简化了生产工艺，显著缩短了研发周期。

(2)高效性与安全性：核酸疫苗能够直接刺激机体产生特异性免疫应答，包括 T 细胞应答和 B 细胞应答，从而快速有效地防止病原体感染。同时，核酸疫苗在制备过程中不需要使用活病毒，降低了突发疾病的风险。此外，核酸疫苗不会对接种者的基因造成影响，因为核酸疫苗仅仅是通过指导免疫系统如何抵抗特定的病原体，不会修改人类基因。

(3)适应性强：核酸疫苗可以合成几乎所有的蛋白质抗原，为抗原设计提供了极大的灵活性。得益于数据挖掘技术，核酸疫苗可进一步优化现有抗原，设计独立于天然基因，实现核酸疫苗的优化和个性化。

(4)成本较低：核酸疫苗的生产成本相对较低，因为它们不需要复杂的细胞培养和纯化步骤。此外，核酸疫苗还具有大规模生产的潜力，这有助于降低疫苗成本，使其更能普及大众。

(5)制备多联多价疫苗的可能性：核酸疫苗可以同时编码多个抗原，具有制备多联多价疫苗的可能性，用于预防多种病原体感染。这种多联多价疫苗可以减少接种次数，提高疫苗接种率。

(6)避免免疫逃逸现象:免疫逃逸是指病原体通过变异或其他机制逃避机体免疫系统的识别和攻击。核酸疫苗可以持续表达抗原,避免免疫逃逸现象的发生。

(7)可用于临床诊断监测:核酸疫苗还可以制成标记性疫苗用于临床诊断监测,为疾病的预防和控制提供有力支持。

(8)疫苗递送和传递的灵活性:DNA 疫苗和 mRNA 疫苗的制备相对简单灵活,能够迅速应对新兴病原体。传统疫苗制备周期长且复杂,需要大量的病毒或细菌培养和处理,而 DNA 疫苗和 mRNA 疫苗的设计只需要根据目标抗原的序列进行合成,无须实际接触病原体,因此制备周期更短,能够更快地应对传染病的暴发。

(9)疫苗递送载体的多样性:DNA 疫苗和 mRNA 疫苗可以利用不同类型的递送载体,如脂质体、聚合物纳米颗粒等,来增强其在体内的稳定性和递送效率。这种灵活性使得疫苗可以根据需要进行定制,针对不同的疾病或免疫对象进行优化,从而提高疫苗的效力和安全性。

(10)可持续性和环境友好性:由于 DNA 疫苗和 mRNA 疫苗的生产过程相对简单,无须大量的生物培养和处理,因此它们具有较高的可持续性和环境友好性。与传统疫苗相比,DNA 疫苗和 mRNA 疫苗生产过程中产生的废物和污染较少,对环境的影响更小。

核酸疫苗具有快速构建与生产、高效性与安全性、适应性强、成本较低、制备多联多价疫苗的可能性、避免免疫逃逸现象以及可用于临床诊断监测等优势。这些优势使得核酸疫苗在预防传染病和癌症等领域具有广阔的应用前景和潜力。

第二节　核酸疫苗的作用机制

一、核酸疫苗的基本构成

核酸疫苗主要由 DNA 或 mRNA 组成,二者均可编码目标抗原的序列。DNA 疫苗通过将目标抗原的 DNA 序列插入质粒载体中进行表达,mRNA 疫苗直接将目标抗原的 mRNA 序列合成并递送到宿主细胞中。这些核酸分子包含了编码特定抗原蛋白的信息,是核酸疫苗发挥作用的关键。

二、mRNA 疫苗的作用机制

(一)mRNA 疫苗的构成和递送

mRNA 疫苗的构成主要包括几个关键组成部分。mRNA 序列是疫苗的核心,它包含了编码目标抗原蛋白的核苷酸序列,是疫苗所需信息的载体。为了保护 mRNA 序列免受降解,通常需要在疫苗中将 mRNA 与脂质体或聚合物纳米颗粒等递送载体结合,形成稳定的复合物。此外,为了增强疫苗的免疫原性和稳定性,还会将目标抗原蛋白包裹在包膜蛋白中，以此来提供额外的保护；也会添加例如免疫佐剂等辅助物质，以进一步增强疫苗的免疫原性和递送效率。为了便于追踪和监测疫苗在体内的分布和代谢过程，还会在疫苗中添加一些标志物。这些组成部分相互协作，共同发挥作用，为疫苗的稳定性、免疫原性和递送效率提供了保障，为疫苗的研发和应用提供了重要支持。这些 mRNA 分子经过合成后，通常需要与递送载体（如脂质体或聚合物纳米颗粒）结合，以增加 mRNA 分子的稳定性和递送效率。一旦 mRNA 疫苗进入宿主细胞，递送载体将释放 mRNA 分子并将其引入细胞质[2]。

（二）mRNA 的翻译和抗原蛋白的产生

1.mRNA 识别和翻译启动

宿主细胞内的核糖体会识别 mRNA 序列的起始密码子，这个过程需要一系列的起始因子和辅助蛋白的参与。一旦起始密码子被识别，翻译复合物就会形成，标志着翻译的启动[3]。

2.多肽链合成

在翻译启动后，核糖体会沿着 mRNA 序列逐个识别并翻译每一个密码子，将相应的氨基酸连接起来，形成多肽链。这个高精度的过程依赖于 mRNA 序列的信息以及特定的 tRNA 分子的供应[4]。

3.蛋白质折叠和修饰

mRNA 疫苗的蛋白质折叠和修饰是疫苗研发中的关键环节，直接影响着疫苗的免疫原性和保护效果。在 mRNA 疫苗的制备过程中，编码目标抗原蛋白的 mRNA 序列被翻译成相应的蛋白质，这些蛋白质需要经过一系列的折叠和修饰过程，才能获得最佳的免疫原性[5]。

首先，蛋白质的折叠是指在翻译过程中，由于氨基酸序列的特定排列和相互作用，蛋白质链会形成特定的三维结构。这个过程是非常复杂的，涉及许多辅助蛋白质和分子的参与，以确保蛋白质的正确折叠。对于 mRNA 疫苗而言，蛋白质的折叠过程尤为关键，因为蛋白质的结构与功能直接相关。如果蛋白质的折叠不正确，可能会导致其失去原有的功能，从而影响疫苗的免疫效果。

其次，蛋白质的修饰是指在折叠完成后，蛋白质可能会经历一系列的翻译后修饰过程，如磷酸化、糖基化、甲基化等。这些修饰可以改变蛋白质的结构和功能，影响其与免疫系统相互作用的方式。对于 mRNA 疫苗而言，通过合适的蛋白质修饰可以增强疫苗的免疫原性和稳定性，提高其在体内的生物活性和免疫效果。

新合成的多肽链会迅速进行折叠和修饰，形成功能完整的蛋白质结构。这个过程通常发生在内质网和高尔基体等细胞器中，包括蛋白质的糖基化、磷酸化等后修饰过程[6]。

4.抗原蛋白的产生

一旦多肽链形成了正确的结构，它就会被定位到细胞膜表面或细胞质中，成为抗原蛋白的一部分。这些抗原蛋白会被细胞的抗原加工和呈递系统识别，并展示在细胞表面，向免疫系统传递信号，引发免疫应答。

5.免疫应答的激活

抗原蛋白的产生激活了机体的免疫系统。在细胞免疫水平，抗原被呈递给T细胞，促使它们分化成效应T细胞，包括细胞毒性T细胞（$CD8^+$ T细胞）和辅助T细胞（$CD4^+$ T细胞）。这些细胞会带来对抗原的免疫应答，进而清除感染细胞。体液免疫时，B细胞会被激活产生抗体，这些抗体可以结合并标记病原体，使其被免疫系统清除。

在宿主细胞内，mRNA分子将被细胞内的翻译机制识别并翻译成抗原蛋白。这些抗原蛋白可能是病原体的表面蛋白、毒素或其他与病原体相关的蛋白质。一旦抗原蛋白被合成，它们将在细胞内或细胞表面进行表达，并暴露给机体的免疫系统[7]。

6.免疫记忆的建立

mRNA疫苗激活的免疫应答能够建立持久的免疫记忆。一旦机体接种了mRNA疫苗并建立了免疫记忆，当日后再次接触相同的病原体，免疫系统就能够迅速识别并消灭病原体，防止疾病的发生和传播。这种免疫记忆的建立是mRNA疫苗长期保护机体免受感染的关键[8]。

7.适应性和定制性

mRNA疫苗具有高度的适应性和定制性，能够根据不同疾病的特点进行定制。通过调整mRNA疫苗中编码抗原蛋白的序列，可以针对不同的病原体进行设计，并根据个体的免疫特点进行个性化的应用。这种定制性使得mRNA疫苗能够更好地满足不同人群的免疫需求，提高疫苗的有效性和安全性[9]。

（三）DNA疫苗的作用机制

与mRNA疫苗类似，DNA疫苗也是一种利用核酸分子激活免疫应答的疫苗策略。DNA疫苗主要由编码特定抗原蛋白的DNA分子组成，通过将DNA递送到宿主细胞内，利用细胞内的转录和翻译机制产生抗原蛋白，从而激活机体的免疫系统。以下是DNA疫苗作用机制（见图7-2-1）：

1.DNA疫苗的构成和递送

DNA疫苗的核心组成部分是含有编码目标抗原蛋白的DNA序列。这个DNA序列是根据病原体的特定抗原蛋白设计的，通常是在实验室中通过基因克隆技术合成的。这个DNA序列包含了一系列核苷酸的顺序，代表了抗原蛋白的氨基酸序列。DNA序列的正确性和稳定性对于疫苗的有效性至关重要[10]。

为了将DNA序列递送到宿主细胞内并确保其稳定性，常常需要将DNA与载体结合。这些载体通常是质粒载体，其可以包裹DNA序列，形成稳定的复合物。这些质粒载体在DNA疫苗的制备中起到了保护DNA序列、促进递送和增强稳定性等作用。

此外，DNA疫苗中还可能包含辅助物质，如免疫佐剂等。这些辅助物质可以激活宿主免疫系统，增强对疫苗的免疫应答，提高疫苗的免疫原性和保护效果。它们也可以改善疫苗的递送特性，增强疫苗在体内的稳定性和生物利用度。

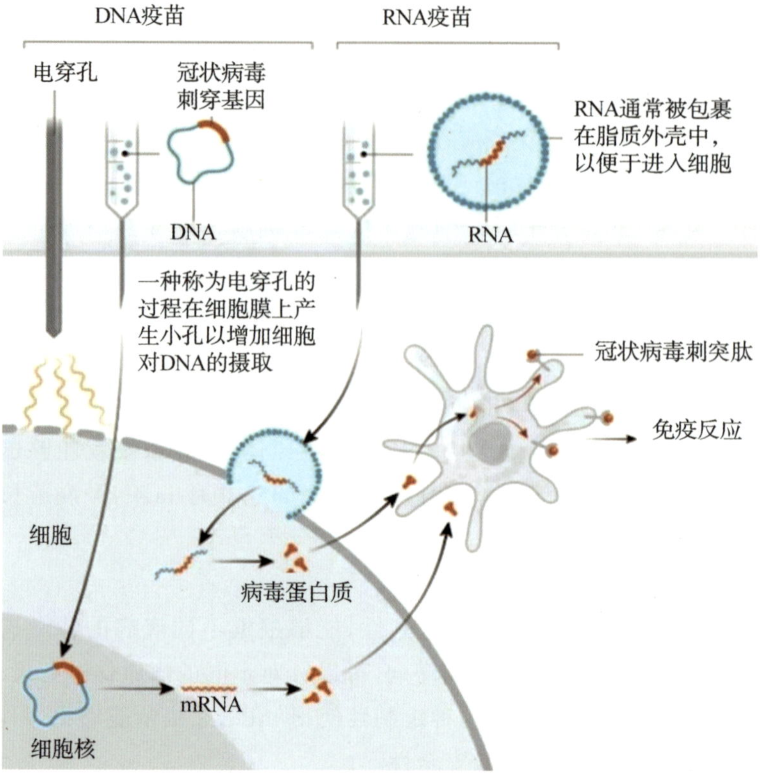

图 7-2-1 核酸疫苗的作用机制[9]

为了便于追踪和监测疫苗在体内的分布和代谢过程，研究者还会在疫苗中添加一些标志物。这些标志物可以帮助科研人员实时观察疫苗在体内的动态变化，评估疫苗的递送效果和生物分布情况，为疫苗设计和优化提供重要信息。这些 DNA 分子通常被克隆到质粒载体中，以增加其稳定性和复制效率。一旦 DNA 疫苗进入宿主细胞，质粒载体将释放 DNA 分子并将其引入细胞核内[11]。

2.DNA 的转录和 mRNA 的产生

在宿主细胞核内，DNA 分子将被细胞内的转录机制识别并转录成 mRNA。这些 mRNA 分子带有编码特定抗原蛋白的信息，在核内被合成之后，它们将穿出细胞核进入细胞质，准备进行翻译[12]。

3.mRNA 的翻译和抗原蛋白的产生

在细胞质中，mRNA 分子将被细胞内的翻译机制识别并翻译成抗原蛋白。这些抗原蛋白将在细胞内或细胞表面进行表达，并暴露给机体的免疫系统。

4.免疫应答的激活和免疫记忆的建立

DNA 疫苗免疫应答的激活和免疫记忆的建立与 mRNA 疫苗类似。一旦抗原蛋白在宿主细胞内或细胞表面表达出来，它们将被机体的免疫系统识别为外源性抗原，引发一系列免疫反应，包括细胞免疫和体液免疫。随后，机体会建立持久的免疫记忆，以保护机体未来免受感染的威胁[13]。

综上所述，mRNA 疫苗和 DNA 疫苗作用机制的基本原理类似，都是通过递送编码特定抗原蛋白的核酸分子，利用细胞内的翻译机制产生抗原蛋白，从而激活机体的免疫系统。这种疫苗策略具有很大的应用潜力，为预防和控制传染病提供了新的方法和工具[14]。

第三节　核酸递送的挑战和局限性

尽管 DNA 疫苗和 mRNA 疫苗在疫苗开发中展现出巨大的潜力，但核酸递送面临的挑战和局限性仍然是制约其应用的关键因素。

核酸递送的效率是一个核心问题。由于核酸分子较大且易于降解，需要高效的递送系统来保护并引导它们进入细胞内部。目前常用的递送方法包括病毒载体、脂质体、聚合物纳米颗粒等。然而，这些方法在递送效率、细胞毒性和免疫原性等方面仍存在不足。因此，开发新型的高效、低毒、低免疫原性的核酸递送系统是当前研究的热点之一。

免疫原性问题也是核酸疫苗面临的一大挑战。一些核酸序列可能会引发机体的免疫反应，导致疫苗的安全性和有效性受到影响。例如，某些病毒载体可能会激发机体对载体的免疫反应，从而干扰对疫苗抗原的免疫应答。因此，在设计和选择递送系统时，需要充分考虑其免疫原性，避免引发不必要的免疫反应。

核酸疫苗的长期稳定性和安全性也需要进一步研究和验证。由于核酸分子在体内的稳定性和持久性相对较差，如何保持疫苗在体内的稳定性和活性，避免潜在的基因突变和整合风险，是核酸疫苗研发中需要解决的关键问题。

核酸抗体持续时间短，不足以实现长效治疗。抗原进入机体后诱发免疫应答，体内抗体滴度随着时间逐步降低，直至失去保护效力。抗体持续时间是所有疫苗都必须考虑的问题。为了提高抗原呈递效率、促进免疫细胞的增殖和分化，一些递送系统直接靶向抗原呈递细胞。除此之外，还可以通过改善抗原翻译的药代动力学来延长抗原刺激时间，进而增强免疫应答。

频繁出现的病毒突变体给疫苗的有效性带来挑战。病毒基因组的突变在复制过程中不可避免，大多数突变对病毒的影响很小，但有些突变会增强病毒的免疫逃逸和传播能力等，阻碍疫苗的开发。例如，流感病毒的频繁突变，致使每年都必须对疫苗做出修改以应对优势毒株。

核酸疫苗的研发虽取得了显著的进展，但当前的技术成熟度仍不如一些传统的疫苗，这限制了核酸疫苗的大规模生产和应用。

为了克服这些挑战和局限性，研究者们正在不断探索和改进核酸递送技术：一方面，通过优化递送系统的设计和制备工艺，提高核酸的递送效率和细胞靶向性；另一方面，通过深入研究核酸疫苗的作用机制和免疫反应机制，为递送系统的改进提供理论依据和指导。

同时，随着纳米技术的飞速发展，纳米颗粒作为一种新型的递送系统，为核酸疫苗的研发带来了新的机遇。纳米颗粒具有独特的优势，如尺寸小、比表面积大、可生物降解等，使其在核酸递送方面展现出巨大的潜力。通过纳米颗粒介导的递送系统，可以实现核酸的高效、安全递送，并触发机体产生强烈的免疫应答。

纳米颗粒介导的核酸递送也面临一些挑战和限制。例如，纳米颗粒的设计和制备过程需要精细控制，以确保其尺寸、形状和表面性质等参数能够满足递送需求。此外，纳米颗粒的生物相容性和安全性也需要进行严格的评估。

综上所述，核酸递送的挑战和局限性主要包括递送效率、免疫原性以及长期稳定性和安全性等问题。为了解决这些问题，研究者们正在积极探索新型的递送系统和技术，并不断优化现有的递送方法。同时，随着纳米技术的不断进步和应用，相信纳米颗粒介导的核酸递送系统将为核酸疫苗的研发带来更多的突破和创新，为预防传染病和癌症等疾病提供更为安全、高效的治疗手段。

第四节　纳米颗粒递送核酸疫苗的优势

基于病毒载体和核酸（如质粒 DNA 和 mRNA）的新疫苗技术都能通过疫苗抗原的原位表达，诱导体液和细胞毒性 T 细胞产生免疫反应。这种特性使新疫苗在达到保护效果的同时，也有助于消除细胞内感染。由于将裸露的 DNA/mRNA 注射到体内会很快被核酸内切酶降解，因此需要特殊的方法改善核酸疫苗的递送。

载体是使基因能够递送到细胞中、提供降解保护并促进细胞中基因转录的系统。目前常用的两种载体分别是病毒载体（如逆转录病毒、腺病毒、腺相关病毒和慢病毒载体）和非病毒载体（如由脂质、聚合物和无机分子合成的纳米颗粒）。利用病毒载体递送核酸除了会遇到无法快速和大规模生产的难题外，还存在一些安全隐患。比如，会在免疫抑制患者体内出现过度病毒复制以及产生病毒抗原对疫苗抗原的免疫显性。因此，非病毒载体是 DNA/mRNA 递送的首选载体。可用于设计这些载体的材料以及可用于生产这些载体的各种配方技术种类繁多，如多肽、聚合物、纳米颗粒和脂质等不同的物质均可用于非病毒载体的递送。与病毒载体相比，非病毒载体更容易生产，能携带的遗传物质有效载荷更大，且具有安全性更高、几乎无限制的转基因大小和重复给药能力等优势。

由于这些优势，合成载体比病毒核酸递送更受研究人员的青睐，因为非病毒载体的优势远远超过了病毒递送的固有感知风险。纳米颗粒（NP）是一种突出且有前景的非病毒载体，用于各种各样的应用场景，特别是诊断成像和药物递送方面。NP 的直径通常小于 200 nm，其纳米尺寸有利于在细胞内摄取。由于纳米颗粒和病毒的尺寸规模相同，纳米技术可以对疫苗开发产生强大和深远的影响。NP 可以包封治疗药物，并能够可控地递送至靶病变细胞，而且 NP 包封治疗药物也可以提高治疗药物的溶解度。NP 的优势在于：具有很大的体积与表面积比、可修饰的外壳、可生物降解性、低细胞毒性、有效载荷递送系统等。使用靶向基团功能化 NP 表面在提高药物疗效的同时降低了剂量，优化了治疗药物的药代动力学性质。为了达到内涵体逃逸释放 DNA/mRNA 有效载荷的目标，对内溶酶体环境敏感的纳米材料已经投入设计与研究。NP 的设计还探索了 NP 向淋巴结(lymph node，LN)的递送，因为 LN 中存在大量的 B 细胞、T 细胞、滤泡树突状细胞和被膜下窦巨噬细胞。可以将 NP 递送至抗原呈递细胞(antigen-presenting cell，APC)，进而迁移至 LN，也可以将大小为 10～100 nm 的 NP 引流至 LN。研究人员还发现可对载有 DNA/mRNA 组合物的 NP 鸡尾酒疫苗进行设计，实现以预定比例向每个单一靶细胞同时递送疫苗，从而达到协同免疫效应的效果。

如前所述，核酸疫苗临床转化的主要障碍有：核酸对内源性核酸酶敏感，核酸密集的负电荷阻碍了细胞内化，细胞质中存在外源性核酸而触发的非特异性干扰素应答。因此，NP 核酸递送系统应高效地包封带负电荷的核酸，使其免受内源性酶的降解，并促进细胞摄取和细胞内释放(见图 7-4-1)。如果纳米颗粒优先靶向 APC 或 LN，这将是一项额外的优势。纳米颗粒提供了一个稳定的核酸递送平台，能够对核酸疫苗进行无限制的定制和快速的临床转化。例如，将阳离子聚合物/脂质掺入带负电荷的核酸复合物中，可保护 DNA/mRNA 免受核酸内切酶降解以及免疫识别，含有功能化核酸以及其他设计特性如对纳米颗粒组分进行多价靶向基团修饰的无机 NP 可长时间维持治疗剂量，并靶向特定的免疫细胞及 LN，提高疫苗有效性。穿膜肽可以与核酸络合以提高递送效力。此外，对 DNA 和 mRNA 进行直接修饰可提高制剂的有效性。

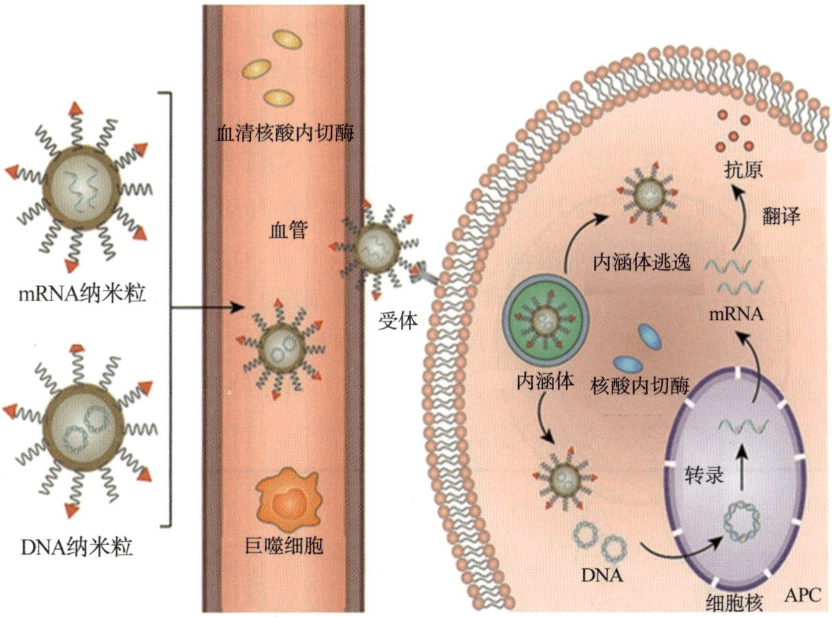

图 7-4-1 核酸疫苗的挑战以及通过基于 NP 递送的解决办法[10]

如果通过静脉注射，NP 可以保护核酸不被核酸内切酶降解，并且不被网状内皮系统的常规吞噬清除。裸露的核酸将面临带负电荷细胞膜这一障碍。NP 可以通过与特定细胞受体相匹配的表面配体呈递靶向细胞，并通过受体介导的细胞内吞作用进入细胞。在细胞内，NP 疫苗必须从内涵体逃逸以递送有效载荷。NP 被设计成对内涵体的酸性 pH 作出响应，触发内涵体逃逸和细胞内有效载荷释放。一旦进入胞质，DNA 疫苗必须进一步转位到细胞核才能被转录。

以下内容将简要概述纳米颗粒用于核酸递送的最新进展，并着重强调新开发的纳米颗粒平台、临床试验、非临床试验和克服核酸疫苗递送问题所需的纳米载体的前景。

一、脂质体纳米颗粒

脂质体是微小的人工囊泡，具有至少一个脂质双层。在核酸的脂质体制剂中，自组装成球形或无定形的结构最常见，脂质和核酸散布在整个双层中。大多数脂质体基因递送采用阳离子脂质促进带负电荷核酸的包封；另外，中性脂质可用于提高核酸稳定性和转染效率。用于基因传递的阳离子脂质也具有相似的特征：带有正电荷的亲水性头部与带负电荷的核酸结合，而疏水性脂质尾部变成了在它们之间的连接子。转染效率取决于几何形状、每个分子的带电基团数量、脂质锚点和连接键的性质。然而，使用阳离子脂质存在正电荷产生细胞毒性的问题。LNPs 的最新研究进展包括淋巴结、抗原呈递细胞的靶向和对不断变化的细胞微环境（肿瘤、内涵体）的药物响应释放。

现存在一种脂质纳米颗粒，递送 mRNA 疫苗用于癌症免疫治疗。从广义上讲，癌症免疫疗法是指利用机体免疫系统对抗癌症。NP 可以被设计为对环境（例如实体瘤内或细胞内涵体内的酸性环境）作出响应并释放药物以降低靶区域外的毒性，同时增加向目标癌细胞的递送。示例制剂处方结合了可电离脂质、磷脂、胆固醇、含聚乙二醇（PEG）的脂质以及用于递送 mRNA 疫苗的添加剂（见图 7-4-2）。实验人员用脂多糖（lipopolysaccharides，LPS，一种强效的 TLR4 激动剂）替代了优化 LNP 处方中 1 摩尔分数组成的 PEG。此外还用可电离脂质修饰 NP，因为其在低 pH 下带正电荷，有助于与带负电荷的 mRNA 络合，并有助于细胞摄取和内涵体逃逸。LNP 制剂 B-11 在 Ai14D 报告小鼠不同的免疫细胞群（包括树突状细胞、巨噬细胞、中性粒细胞和 B 细胞）中显示转染。编码肿瘤相关自身抗原、TRP2 和 gp100 的 mRNA 在 B16F10 肿瘤模型中也显示出疗效，并延长了小鼠的总体生存期。在 LNPs 处方中添加 LPS 增加了 LNPs 递送的 mRNA 疫苗的有效性，并将鼓励其他研究者未来在各自的脂质体-核酸制剂中进行调整。

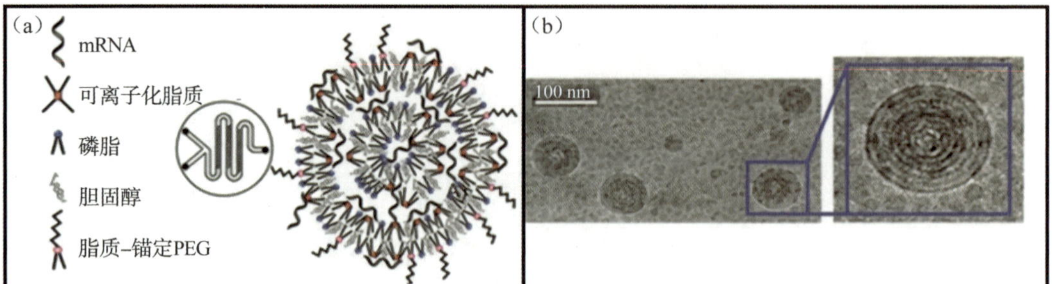

(a)在低 pH 下，可电离脂质与带负电荷的 mRNA 络合；
(b)具有多层结构的球形 LNPs 的低温透射电子显微镜图像。

图 7-4-2　用于细胞摄取和内涵体逃逸的脂质纳米颗粒的设计[11]

树突状细胞(DC)是 $CD4^+$ 和 $CD8^+$ T 细胞活化的主要抗原呈递细胞，它们是转染的天然靶点。由于 DC 很难转染，因此利用靶向其内在受体的纳米颗粒方法正在开发中。由于甘露糖受体(MR)在 DC 表面表达，现存在使用模拟甘露糖的莽草酰化阳离子两亲化合物(头基区域含有 6-氨基己酸间隔基团)设计脂质体 DNA 疫苗载体，与编码黑色素瘤抗原(MART1)的 DNA 疫苗络合，称为 pCMV-MART1。研究人员发现，该制剂可通过小鼠体外免疫诱导持久的抗黑色素瘤免疫应答。他们还进行了结构-活性研究，证明甘露糖受体选择性阳离子两亲性化合物在疏水尾以及模拟甘露糖的莽草酰基和喹啉头基(脂质 5 和脂质 10)之间的间隔臂中含有五个亚甲基单位，这对于体外 DC-DNA 免疫至关重要。此外，在 B16F10 细胞激发的小鼠中，发现 pCMV-MART1 的脂质复合物和设计的脂质 5 体外 DC 转染对有效的抗黑色素瘤免疫应答效率最高。

现已有研究探索了使用阳离子脂质辅助纳米颗粒(CLAN)装载和递送 mRNA 疫苗。CLAN 是由聚(乙二醇)-嵌段-聚(乳酸-羟基乙酸)共聚物(PEG-b-PLGA)和阳离子脂质共聚物构建的，用于核酸的递送，该处方在前期被证明在运载 CRISPR-Cas9 质粒中是成功的。研究发现，包封编码抗原 mRNA 的 CLAN 成功使 DC 成熟以及抗原特异性 T 细胞活化和增殖，增强淋巴组织中 $CD11c^+$ 细胞的成熟和 $CD8^+$ T 细胞的增殖。在侵袭性 E.G7-OVA 淋巴瘤模型中，小鼠静脉注射编码卵清蛋白(OVA)的 CLAN/mRNA 显示出 OVA 特异性 T 细胞应答和肿瘤发展明显缓慢。

如前所述，5′UTR 和 3′UTR 的优化可以通过提高蛋白质产量来改善核酸疫苗的性能。Dong 及其同事最近开发了 5′UTR 和 3′UTR 的最佳组合，称为 NASAR mRNA，其效率是受试内源性 UTR 的 5～10 倍。此外，Dong 等[12]先前通过正交阵列设计构建并优化了 N_1，N_3，N_5-三(2-氨基乙基)苯基-1，3，5-三甲酰胺脂质衍生(TT3)纳米颗粒，被证明在体外将编码荧光素酶的 mRNA 递送效率提高了 350 倍以上。他们还利用合理设计的 NASAR mRNA 与 TT3 NPs 的组合来递送 SARS-CoV-2 的 mRNA 疫苗。NASAR mRNA 通过分析严格的全球基因表达生物信息学扫描过程产生，包括分析产生的拷贝/mRNA 分子、产生的氨基酸/mRNA 分子以及许多其他因素，如内源性/从头 UTR 选择、核苷酸长度/组成优化、miRNA 靶位的去除和有益 RNA 基序的整合。TT3 制备的 SARS-CoV-2 NASAR mRNA 疫苗诱导的抗 S1 抗体是 MC3(FDA 批准的脂质载体)的 300 倍，此外，肌内注射诱导的抗原特异性抗体是皮下注射的 5 倍。研究人员发现了开发核酸递送 UTR 的几个关键细节，5′UTR 的最佳长度为 70 nt，并且不应包含 TOP 基序、二级结构、上游开放阅读框和 microRNA 结合位点等特定调控元件。结果还表明，在 3′UTR 中，R3U 等二级结构可增强 mRNA 表达。NASAR mRNA 是 mRNA 疗法工程潜力的一个例子。

最令人兴奋的是，Moderna Therapeutics 的脂质纳米颗粒正处于新型冠状病毒疫苗的人体临床试验中。刺突(S)蛋白是中和抗体的主要靶点，因为它是新型冠状病毒的主要表面蛋白，并且蛋白质编码的修饰可提高稳定性并增加 mRNA 疫苗的有效性。该小组此前表明,保留中和敏感表位的融合前稳定蛋白免疫原可有效用作抗呼吸道合胞病毒(RSV)的疫苗策略。该小组还在中央螺旋和七肽重复序列1的顶点发现了2个脯氨酸取代(2P),使中东呼吸综合征冠状病毒(MERS-CoV)、严重急性呼吸综合征冠状病毒(SARS-CoV)以及人CoV-HKU1 S蛋白稳定在融合前构象,该2P蛋白可转移至其他β-CoV刺突蛋白,并被整合进入mRNA-1273中。mRNA-1273疫苗编码S-2P抗原,由新型冠状病毒糖蛋白组成,具有跨膜锚和完整的S1-S2裂解位点。mRNA-1273是一种LNPs分散体,由4种脂质(1种专利和3种商业化)制备而成:可电离脂质SM-102、胆固醇、1,2-二硬脂酰-sn-甘油-3-磷脂酰胆碱(DSPC)、单甲氧基聚乙二醇-2,3-二肉豆蔻酰甘油和平均分子量为2000的聚乙二醇(PEG2000-DMG)。Corbett等[13]表明使用该LNPs制剂,1 μg mRNA-1273足以在小鼠中诱导强大的假型病毒中和活性和$CD8^+$ T细胞的免疫应答、均衡的Th1/Th2抗体同种型应答以及维持预防病毒复制超过3个月。此外,单剂给药后诱导了保护性免疫。该项研究连同非人灵长类动物以及早期Ⅰ期临床试验中受试者的免疫原性数据被用在人体临床疗效试验中,评估mRNA-1273的给药剂量和方案。有研究者还进行了一项Ⅰ期、剂量递增、开放标签试验,纳入了45例18~55岁的健康成人,他们间隔28天接受两次疫苗接种。首次接种后,抗体应答随剂量增加而增加(第29天酶联免疫吸附试验抗S-2P抗体几何平均滴度[GMT])。第二次接种后,滴度增加(第57天GMT分别为299751、782719和1192154)。第二次接种后,通过两种方法在接受评价的所有参与者中检测血清中和活性。mRNA-1273目前正在同时进行Ⅱ期和Ⅲ期临床试验。最近,有研究者发布了其初步Ⅲ期临床试验的数据,该试验已入组超过30000例受试者,表明其SARS-CoV-2疫苗在预防新冠病毒感染方面的有效率为95%。辉瑞/BioNTech也发布了Ⅲ期试验的数据,表明其疫苗也具有95%的效力,且未引起安全性问题。如果成功,这将是全球mRNA疫苗开发的一个非常快速(<1年)的发展和前所未有的成功。

自扩增RNA(saRNA)最近也被McKay及其同事使用,他们将编码SARS-CoV-2刺突蛋白的saRNA包封在LNPs疫苗中。该研究中使用的LNPs由可电离阳离子脂质(Acuitas专利)、磷脂酰胆碱、胆固醇、PEG-脂质组成。可电离的氨基脂质通过与聚阴离子核酸的静电相互作用促进自组装成包裹saRNA的纳米颗粒。靶细胞对LNPs进行内吞后,该制剂使saRNA能够逃逸内涵体进行细胞质递送。观察到小鼠血清中较高且呈剂量依赖性的SARS-CoV-2特异性抗体滴度,因此可以中和假型和野生型病毒。SARS-CoV-2 saRNA LNPs疫苗的免疫原性与新冠病毒感染恢复患者自然感染的比较表明,病毒中和与特异性IgG的量成正比,且程度高于新冠病毒感染恢复患者。由此得出结论,强效LNPs制剂在诱导其疫苗如此强烈的细胞应答中发挥作用,并实际上,LNPs制剂saRNA显示出比电穿孔pDNA更高的抗体滴度、病毒中和(IC50)和细胞应答。该方法显示出巨大的转化潜力,因为强效的LNPs制剂saRNA疫苗适合针头注射,这有助于在没有电穿孔的情况下广泛使用。

阳离子纳米乳(CNE)利用纳米乳与阳离子脂质结合。通过亲脂性和亲水性表面活性剂(在水相中稳定油内核),纳米乳剂可通过剧烈搅拌、超声和微流控生成颗粒。有学者使用由阳离子脂质(2,3-二油酰基-丙基)-三甲基铵-氯盐(DOTAP)和MF59(一种成熟的乳剂佐剂)组成的CNE递送自扩增mRNA,其在小鼠、大鼠、兔和非人灵长类动物中对呼吸道合胞病毒、人巨细胞病毒(hCMV)和人免疫缺陷病毒产生强效免疫应答。这些结果与佐剂亚单位疫苗或病毒复制子颗粒递送水平相当,剂量低于pDNA疫苗所需的剂量。此外,现已利用saRNA和CNE制备了两种新型委内瑞拉马脑炎病毒(VEEV)候选疫苗。这种工程化的复制缺陷型VEEV疫苗在小鼠中对VEEV气溶胶刺激表现出100%的保护作用。这些研究表明,saRNA平台可能使临床前研究的开发现代化,并为更多的人类临床研究奠定基础。

LNP与DC靶向、脂质聚合物设计、UTR优化、可电离脂质和针对核酸疫苗的自扩增RNA的结合在过去几年中推动了该领域的发展,可能超过任何其他类型的NP。然而,人们担心阳离子LNPs组分的潜在毒性以及没有适当修饰的LNPs与内涵体膜的相互作用减少可能会阻碍内涵体逃逸。这对未来的LNPs制剂提出了挑战,因为毒性源于膜结构的破坏,这可能引起细胞质空泡化、细胞裂解和坏死。阳离子脂质也会对多个基因的表达造成不良影响。然而,尝试通过减少LNPs中的阳离子电荷来减轻毒性会降低核酸包封率和转染效率。因此,在其持续开发过程中,必须在毒性和疗效之间进行仔细平衡。LNPs代表了NP介导的核酸疫苗递送的很大部分,并在治疗多种疾病中发现了许多临床前用途。LNPs在人体临床试验中的进展最快,候选药物最多。

二、聚合物纳米颗粒系统

聚合物纳米颗粒也代表了一个极佳的NP疫苗制剂选择。最近,研究人员对聚合物在核酸递送领域的应用进行了广泛的研究。聚合物纳米颗粒(PNP)通常由生物相容和生物可降解的聚合物制备,药物被溶解、包裹、封装或黏附在纳米颗粒基质上。使用生物可降解聚合物纳米颗粒用于受控的药物递送已显示出显著的治疗潜力,它们具有各不相同的化学和物理特性,可以保护有效载荷不被降解,控制基因物质的释放,并且能够进行结构修饰以改变其理化性质以及表现出生物相容性和生物可降解性。

用于核酸递送种类最多的聚合物类型是阳离子聚合物,通过带正电荷的聚合物和带负电荷的核酸磷酸基团之间的静电相互作用结合和压缩核酸,形成聚合物-核酸复合物,可保护核酸免受核酸酶降解。此类聚合物中被广泛使用的是聚酰胺树状高分子(PAMAM)和聚乙烯亚胺(PEI)。由于带负电荷的核酸磷酸基团和带正电荷的PEI胺基之间的静电作用,PEI聚合物易与核酸形成复合物,即纳米颗粒。它可以保护核酸并促进其进入细胞。PEI还具有有助于核酸络合的其他显著特征,包括在较宽的pH范围内具有较高的缓冲能力,并且在低pH下胺基的质子化较在高pH下增加。PAMAM树状大分子是亲水性、生物相容、高度支化的阳离子聚合物,具有独特的3D结构,可实现功能化并结合/包埋治疗药物和核酸。PAMAM支链以丙烯酸甲酯和乙二胺为基础,以胺基和羧基末端基团结尾。聚酸酐也是一类阳离子聚合物,是FDA批准的生物相容性聚合物，通过表面侵蚀降解；另外还有含有硫胺键(R_2N-SR)的聚砜酰胺，因易于在室温下合成，同样被用于以微粒和纳米颗粒形式递送核酸疫苗。聚乳酸-羟基乙酸共聚物(PLGA)，一种FDA批准的生物材料，被用于递送CpG以及多柔比星，用于癌症联合免疫治疗。此外，已经证实PLGA-PEG嵌段聚合物与阳离子聚合物PBAE的组合可以展现独特的颗粒内包裹颗粒的形态，并且递送核酸具有高转染效率和长达8天的持续释放效果。

如上所述，高度支化的阳离子聚合物如PAMAM树状高分子已被用于核酸递送。研究人员通过修饰PAMAM树状高分子并使用微流控制备经修饰的树状高分子NP(MDNP)saRNA疫苗，保护小鼠免受H1N1流感病毒或埃博拉病毒的致死性病毒感染。此外，利用携带多个复制子的多重疫苗保护小鼠免受致死性弓形虫攻击。研究证明，在一系列疾病模型中，MDNP在小鼠中产生多种抗原并诱导保护性免疫应答。从获得DNA序列到拥有毫克规模、随时可注射的MDNP疫苗，生产时程仅为7天。

多肽病毒、灭活病毒和DNA疫苗的皮内给药结果表明，微针(MN)递送系统显示出比肌内注射更强的免疫原性。有学者使用含有聚乳酸-羟基乙酸共聚物/聚乙烯亚胺(PLGA/PEI)的阳离子复合物纳米颗粒包被的不锈钢MN开发了皮内pH1N1 DNA疫苗递送平台。包被的复合物在5 min内溶解在猪皮中，与肌内复合物递送或干包被MN递送的裸pH1N1 DNA疫苗相比，引起了更强烈的体液免疫应答。这项研究有可能为其他皮内DNA疫苗提供一个平台。然而，该制剂的外源性基因表达水平较低，且产生的免疫原性较弱，因此可以使用NP制剂和MN成分进行改进。

现已开发一种基于聚酸酐纳米颗粒的灭活鼻内猪流感疫苗(称为KAg^+ CpG-纳米疫苗)，该疫苗可包封失活/灭活可溶性抗原(KAg)和Toll样受体(TLR)-9激动剂(CpG-ODN)。CpG寡聚脱氧核苷酸结合并激活Toll样受体9(TLR9)，从而触发先天性免疫应答，支持随后的获得性免疫发展，并增强抗原呈递以及细胞免疫和体液免疫应答。NP疫苗20∶80 CPTEG∶CPH共聚物通过熔融缩聚反应研发，在猪体内，相比于单独接种KAg，KAg^+ CpG^-纳米疫苗的初免和加强免疫显著增强了鼻腔中抗原特异性IgA抗体应答水平、外周血单核细胞(PBMC)中较高的淋巴细胞增殖反应以及PBMC和气管支气管淋巴结细胞中抗原诱导的回忆应答期间较高的白介素(IFN)-γ分泌。病毒性发热、病毒脱落和肺病毒滴度也有所降低。鼻内给药以与自然感染相似的方式呈递抗原，表面积大、血管化程度高、酶和化学降解低于经口途径。这与NP疫苗在更大动物模型中的成功示范相结合，表明NP疫苗治疗技术正在大大改善。许多疫苗需要在极低温冰箱中保存，这对于在没有广泛可用低温储存条件且存在埃博拉等疾病的发展中国家来说，是一个较大的缺点。此外，由于产生的材料废物和使用的利器盒更少，生物可降解的MN更有优势。一种新的埃博拉疫苗接种方法已经进行研究，使用聚乳酸-羟基乙酸共聚物-聚赖氨酸/聚-γ-谷氨酸(PLGA-PLL/γPGA)纳米颗粒包被的DNA疫苗，通过可溶解在皮肤中的PVA微针(MN)贴片给药(见图7-4-3)。这种制剂利用PLGA-PLL纳米颗粒的阳离子性质来结合埃博拉DNA(EboDNA)疫苗。该制剂可诱导小鼠免疫应答，并且

MN 在 37 ℃下可稳定储存至少 2 周。MN 贴片递送系统使培训少的人员也能够为他人接种疫苗，而且疫苗的稳定性较高，无须冷藏，所有成本均较低。这些研究表明，MN-NP 领域的焦点应转移到微针制剂体内转染效率和 MN-NP 系统的优化上。

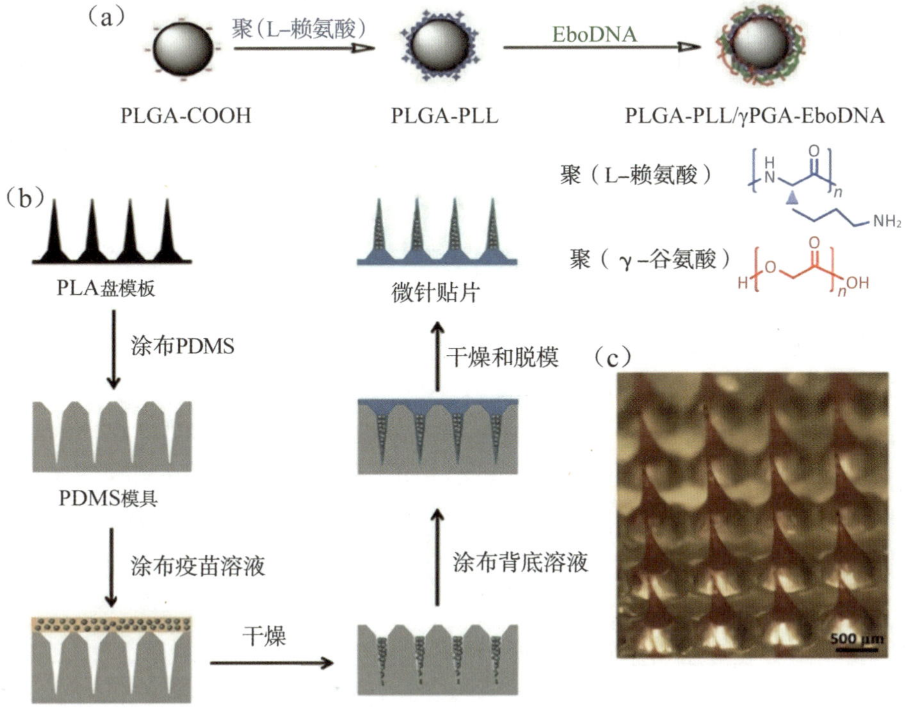

(a)PLGA-PLL/γPGA-EboDNA 的制备工艺示意图；(b)溶解 MN 贴片制造示意图；(c)MN 贴片的明场图像，PLGA-PLL-SRB(红色)包裹在 MN 中。

图 7-4-3 溶解在皮肤中的 PVA 微针(MN)贴片制备工艺示意图[10]

(一)天然聚合物

天然聚合物，如壳聚糖和海藻酸，是由活生物体细胞产生的聚合物。基于天然聚合物的纳米颗粒生物相容性、生物降解性和低免疫原性等多种特性，其适合临床应用。传统 DNA 疫苗在体内本质上不稳定，可能需要多次加强剂量，且免疫原性较低。壳聚糖是一种阳离子多糖和天然生物聚合物，已被用作佐剂和疫苗递送系统。它无毒，具有生物相容性，可以穿透上皮细胞的黏膜表面与细胞间紧密连接。壳聚糖具有黏膜黏附特性，可增强黏膜表面对疫苗和药物的吸收。Zhao 等[14]将新城疫病毒(NDV)F 基因质粒 DNA 和 C3d6 分子佐剂[pVAX I-F(o)-C3d6]包封在 N-2-羟丙基三甲基氯化铵壳聚糖(N-2-HACC)N，O-羧甲基壳聚糖(CMC)的纳米颗粒(N-2-HACC-CMC/pFDNA-C3d6 NP)中。用 N-2-HACC-CMC/pFDNA-C3d6 NP 对鸡进行鼻内接种，产生的抗 NDV IgG 和 sIgA 抗体比其他组鸡更强，并且可以很好地刺激淋巴细胞增殖，进而触发更高水平的 IL-2、IL-4 和 IFN-γ。这表明，季铵化壳聚糖纳米颗粒可能是 DNA 疫苗的高效黏膜免疫载体。

透明质酸(HA)是一种免疫中性的多糖,自然存在于所有活生物体中。自组装 HA 纳米颗粒(HA-NP)由于其生物相容性和受体结合特性,已被广泛研究用于生物医学和制药领域。基于天然阴离子多糖透明质酸(HA)的 NP 已被研究作为递送系统靶向过表达 CD44(HA 的受体)的肿瘤细胞。至于向巨噬细胞的递送,CD44 受体在腹膜巨噬细胞中也过表达,使得 HA-NP 成为靶向递送疫苗的天然选择。由于 DNA/mRNA 也带负电荷,因此使用阳离子聚合物如聚乙烯亚胺(PEI)对 HA 进行修饰,以帮助与核酸形成复合物。PEI 还可以通过"质子海绵效应"促进内涵体逃逸,以帮助内化到细胞中的有效载荷逃逸。

现已合成了 HA-PEI 偶联 NP,用于包封表达 *IL 4* 和 *IL 10* 基因的质粒 DNA(称为 HA-PEI/pDNA)并靶向递送至巨噬细胞,调节其对 C57BL/6 小鼠 J774A.1 巨噬细胞和腹膜巨噬细胞的抗炎性 M2a 和 M2c 表型的功能极性。HA-PEI/pDNA NP 被证明是自组装并由过表达 CD44 受体的 J774A.1 巨噬细胞内化的。HA-PEI/pDNA-IL4 和 HA-PEI/pDNA-IL10 转染的巨噬细胞显示高水平的 *IL 4* 和 *IL 10* 基因。C57BL/6 小鼠腹腔注射并转染 HA-PEI/pDNA-IL4 和 HA-PEI/pDNA-IL10 后,腹膜巨噬细胞内 *IL 4* 和 *IL 10* 基因出现上调,腹膜和血清 *IL 10* 水平上升,将 LPS 和 IFN-γ 刺激的腹膜巨噬细胞转化为 M2 表型。HA-PEI/pDNA-IL10 NP 腹腔给药也减少了 LPS 诱导的局部炎症。研究表明,用 HA-NP 靶向 CD-44 过表达的巨噬细胞是另一种有前景的基因递送方法。

聚合物纳米颗粒显示出生物相容性、稳定性和化学结构的易于修饰性。聚合物(如 PA-MAM 树状大分子)能够同时递送多个表达抗原的复制子,赋予多方面的免疫,微针装载聚合物纳米颗粒稳定性进一步增加,锐器废物减少,能够由操作不熟练的医务人员给药,而天然聚合物(如壳聚糖和 HA)能够增强黏膜吸收,并分别显示出靶向肿瘤和巨噬细胞的能力。HA-PEI 的进一步修饰显示,质子海绵效应改变了内涵体的渗透压,导致其破裂和有效载荷逃逸。基于这些巨大的材料优点,聚合物 NP 长期以来一直是脂质体递送核酸的主力。

目前聚合物纳米颗粒核酸递送的转染效率较低且具有潜在的细胞毒性,加之目前对蛋白冠与聚合物载体相互作用的了解有限,因此聚合物纳米颗粒核酸递送仍面临许多挑战。此外,研究者必须优化侧链基团以获得有利的电荷密度和亲水性/疏水性,因为这些因素会影响复合物-细胞膜相互作用的强度、NP 稳定性和核酸的细胞内释放。最后,新一代聚合物纳米颗粒的制备涉及更复杂的合成工艺,如官能团的保护-去保护和原位聚合,这为扩大规模提出了潜在的问题。

三、无机纳米颗粒

无机纳米颗粒已被广泛研究用于核酸递送。无机纳米颗粒通常比聚合物/脂质纳米颗粒的粒径更小、粒度分布更窄、表面化学适合配体偶联。金纳米颗粒(AuNP)是一种非常稳定的无机纳米颗粒,它们表现出广泛的电磁特性,并在核酸递送生物医学应用中受到广泛关注。AuNP 因其固有的光学性质和易被多种类型配体表面化学修饰而被广泛用于研究和开发。Meka 小组使用通过 6-氨基己烷巯基间隔区与模拟甘露糖的莽草酸配体(SL)偶联的金纳米颗粒(AuNP-SL),通过与 DNA 疫苗的静电络合用于基于体外 DC 转染的遗传免疫,进一步发展了莽草酸配体转染 DC 的概念。C57BL/6J 小鼠皮下给予体外转染 AuNP-SL 静电复合物和黑色素瘤抗原(MART1)编码的 DNA 疫苗(p-CMV-MART1)的 DC,在随后用致死剂量的黑色素瘤细胞激发后,在免疫小鼠中诱导了持久(200 天)的抗肿瘤免疫应答。

另一类无机 NP——介孔二氧化硅纳米颗粒(MSN)是生物可降解和化学稳定的具有独特大孔隙率的纳米结构材料。这种多孔性允许膨胀的表面,可用于 NP 表面化学修饰和药物包封,并允许许多位点高效携带核酸。有研究者设计了阳离子二氧化硅纳米颗粒(SiNP)递送系统,以通过静电相互作用高效地同时装载带负电荷的寡核苷酸佐剂和卵清蛋白(OVA)抗原,从而靶向淋巴结。抗原特异性 $CD4^+$ 和 $CD8^+$ T 细胞介导的免疫对于慢性感染性疾病和癌症至关重要。由于 T 细胞介导的免疫在次级淋巴器官(如 LN)中诱导,最近的此类研究集中在开发靶向 LN 的疫苗策略,以及靶向驻留在淋巴组织中的抗原呈递细胞(APC),如 DC。由于病毒可以通过其体内 LN 引流诱导强大的辅助性 T 细胞和 CTL 免疫应答,研究者设计了 SiNP 来模拟病毒颗粒在 LN 的 APC 中的蓄积。通过 SiNP 免疫的小鼠可产生抗原特异性细胞毒性 T 细胞和体液免疫应答,从而增强抗肿瘤疗效、最小化全身散布并降低疫苗诱导的毒性。在动物肿瘤模型中,该制剂的性能优于可溶性疫苗。

研究表明,MSN 表现出固有的免疫佐剂活性,并促进了 MSN-核酸疫苗的开发。Song 等[15]报道了一种基于 MSN 的 DNA 疫苗的开发,该疫苗使用类似于红毛丹的 MSN 作为基因载体和佐剂。通过间苯二酚-甲醛(RF)树脂和二氧化硅的共聚开发了红毛丹样 MSN,以显示独特的尖刺状纳米形貌,并进一步用阳离子 PEI 修饰(见图 7-4-4),而 PEI 此前已被证明具有优越的 pDNA 递送能力和对核酸酶降解基因的高效保护作用。研究者发现,含有编码卵清蛋白(OVA)pDNA(pDNA-OVA)疫苗的红毛丹样 MSN 可促进小鼠中抗原特异性 IgG 的产生和树突状细胞的成熟,并增强 CD80 和 CD86 的表达;另外,MSN 可促进抗原特异性 IgG 抗体、细胞因子 IFN-γ 的生成,并增加 $CD8^+$ T 细胞的活化。此外,基于 MSN 的 DNA 疫苗的免疫应答优于市售转染剂(in vivo-jetPEI)。

研究表明,这种 AuNP 能与靶向配体偶联并与 DNA 疫苗络合以进行成功的肿瘤免疫,MSN 显示基于 LN 蓄积的 T 细胞免疫应答和体液免疫应答。而另一项用 PEI 和 RF 修饰的 MSN 研究显示,pDNA 递送较市售转染剂有所增强。

AuNP 具有独特的尺寸、形状、结构和光学性质表现出稳定性、易修饰表面和低毒性,但核酸递送设计仍存在挑战。例如,研究人员必须充分阐明偶联配体如何影响可能发生的药代动力学、生物分布和不良反应,因为阳离子配体显示更高的细胞毒性。在 MSN 方面,一个常见的主要问题是颗粒的内涵体包裹,导致细胞质递送效率低和核酸有效载荷性能降低。此外,许多用于核酸递送的无机纳米颗粒是概念验证研究,这必然意味着需要对核酸/配体比例进行进一步优化，以及在更大的动物中进行测试、临床试验和改进设计以实现未来的可放大性。总的来说，无机纳米颗粒是高度稳定的纳米颗粒，在DNA/mRNA疫苗递送中逐渐得到更多的应用。

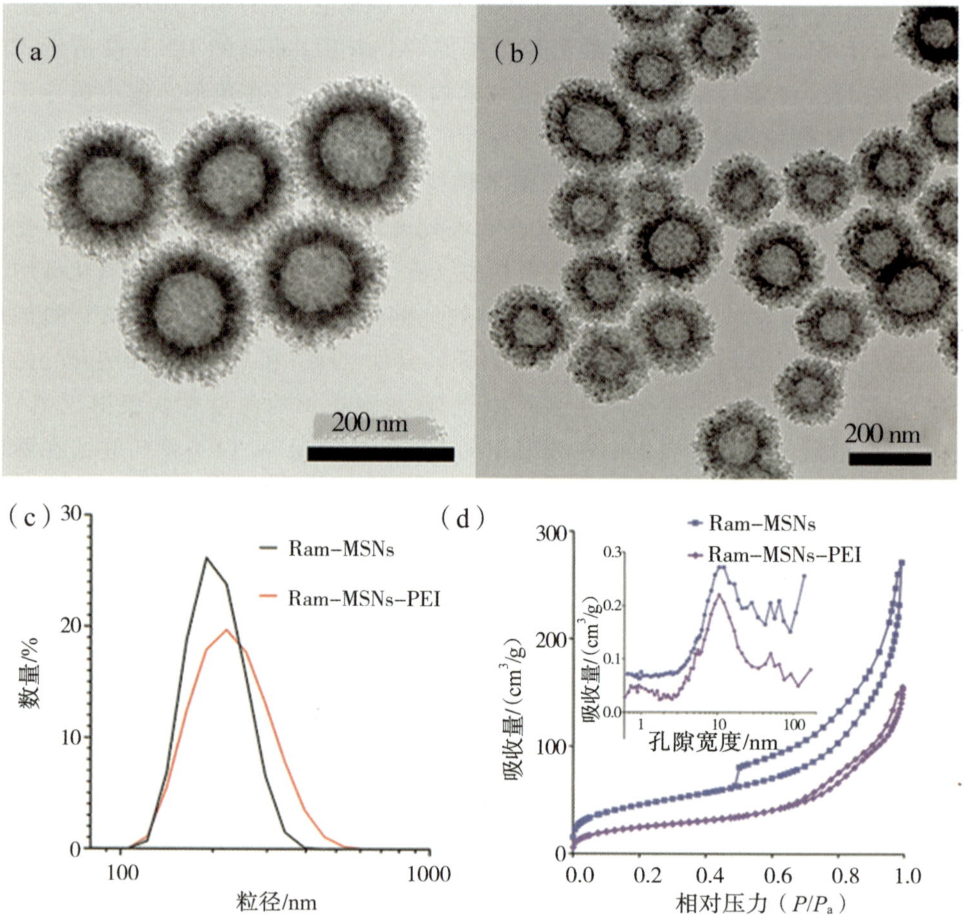

(a)Ram-MSNs 的 TEM 图；(b)Ram-MSNs-PEI 的 TEM 图；(c)由 DLS 测定的相应的粒度分布；(d)氮气吸附等温线。

图 7-4-4　红毛丹样介孔二氧化硅纳米颗粒的相关表征结果[16]

四、基于肽的纳米颗粒系统

用作非病毒基因载体的肽根据其功能可分为以下类型：细胞穿透肽(CPP)、靶向肽、膜活性肽和核定位信号(NLS)肽。

（一）细胞穿透肽(CPP)

CPP 由 10～20 个氨基酸组成，是一类能够穿透生物膜并将生物活性物质转运到细胞中的肽。CPP 通过细胞膜携带亲水蛋白、核酸甚至纳米颗粒等多种物质进入细胞质，以发挥特定功能。CPP 的优势在于这种快速的细胞内转运对细胞膜没有破坏性，无论细胞类型如何，活性物质都可以输送到各种细胞中。因此，使用 CPP 递送核酸和用于基因治疗和其他疾病治疗的药物引起了广泛的关注。鉴于当 CPP 在体内给药时，只能在高浓度下穿透，这会引起许多全身不良反应。在这种情况下，设计新的 CPP 并提高其穿透细胞膜的能力对于提高 CPP 应用的安全性非常重要。

Emma 等[17]设计了一种新的 15 个氨基酸线性 CHAT 肽，其中包含 6 个精氨酸残基，这是细胞摄取所需的最小残基数。位于两端的半胱氨酸残基可以增强输送系统的稳定性，实现细胞中的药物释放。实验表明，CHAT 肽可以将质粒 DNA（pDNA）转染到各种细胞系中，从而在 4T1 和 MDA-MB-231 乳腺异种移植模型中成功表达体内报告基因（见图 7-4-5）。肿瘤部位的转染效率与商业转染剂相当，使其成为一种低成本、易于配置的核酸治疗给药递送系统。

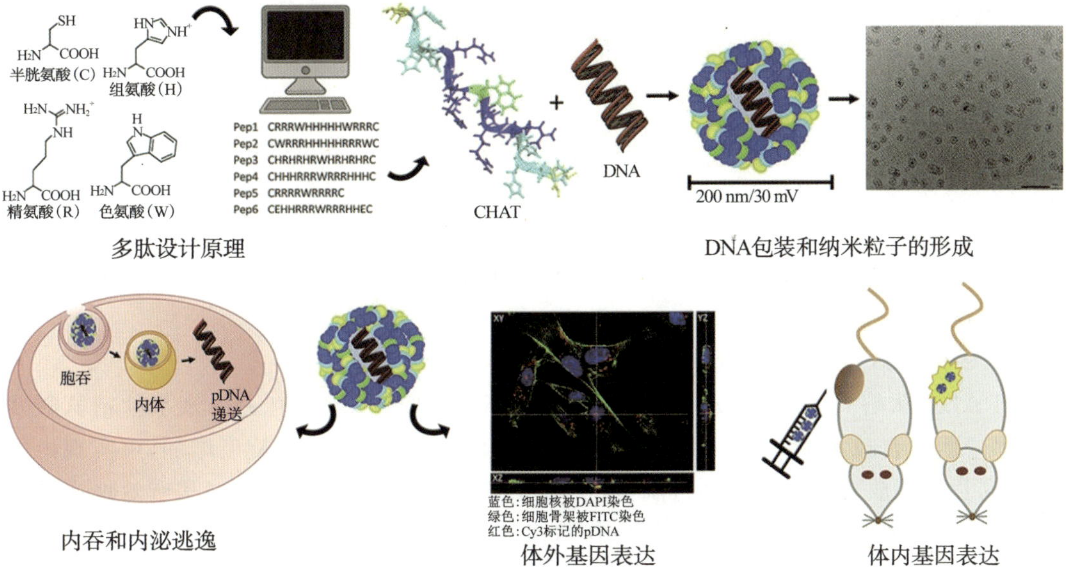

图 7-4-5　CHAT 肽凝聚 pDNA 以产生直径小于 200 nm 的阳离子纳米颗粒[18]

（二）靶向肽

偶联靶向配体，如叶酸、透明质酸和生物分子（包括肽和蛋白质）特异性地与细胞受体结合，可以大大增加基因递送系统的靶向性。肽易于合成和修饰以及对刺激高响应，具有良好的生物相容性，是出色的基因递送靶向配体。到目前为止，已经发现了 700 多种靶向肽，用于靶向不同的细胞。其中应用最广泛的靶肽是 NGR 和 RGD，它们可以特异性识别肿瘤血管生成标志物，为探索肿瘤靶向剂提供新的途径。

1.NGR

NGR 肿瘤靶向能力依赖于其与 CD13（N-氨基肽酶）的特异性相互作用，是从肿瘤归巢肽中鉴定出来的，它通常在新生血管细胞和一些肿瘤细胞中选择性过表达，NGR 现已用于促进治疗药物的靶向递送并增强抗肿瘤作用。

NGR 作为一种靶向肽，使 pcCPP/NGR-LP［光敏笼状细胞穿透肽/天冬酰胺-甘氨酸-精氨酸肽（NGR）分子附着在脂质体表面］双修饰脂质体载体在肿瘤部位积累。在

CPP 的帮助下，加载 siRNA 的载体有效进入靶细胞。

2.RGD

RGD 可以特异性地与肿瘤内皮细胞中的整合素结合，并作为配体靶向过表达 αvβ3 整合素的肿瘤细胞。

（1）合成肽 RRPH（RGD-R8-PEG-HA），由肽（RGD-R8）和透明质酸上的聚乙二醇组成，包被 PFC（质粒复合物）。所获得的 RRPHC 纳米颗粒（RRPH 包被的 PFC 复合物）实现了长期循环和肿瘤组织渗透，同时保持了 PFC 的高转染效率。

（2）具有环状结构的 RGD（cRGD）的无构象组装比线性 RGD 寡肽更具活性，可用于肿瘤靶向研究。Alam 设计的 cRGD 可以选择性地进入过表达 αvβ3 整合素的癌细胞，携带 siRNA 用于基因沉默。进一步的研究表明，cRGD 可以特异性地将 siRNA 引导到表达 αvβ3 的细胞，可有效敲除选定的基因并抑制肿瘤生长。

（三）膜活性肽

细胞摄取后，从内体成功释放载体/核酸复合物成为有效基因治疗的主要障碍。载体/核酸复合物通过内吞作用穿过膜屏障进入细胞后，囊泡将包围它们并发育成早期内体，成熟形成晚期内体，然后与溶酶体融合。为了发挥核酸药物的治疗效果，复合物需要从内体逸出并进入细胞质。否则，核酸药物将被水解酶降解。因此，开发具有内体逃逸能力的载体对于有效的基因传递至关重要。

1.RALA 肽

RALA 肽是一种 30-mer 阳离子两亲性螺旋肽，螺旋一侧含有七个亲水性精氨酸残基，另一侧含有疏水性亮氨酸残基。当 pH 下降时，RALA 的 α 螺旋度增加，可实现内体逃逸和货物释放。现存在一种机制，可使用 RALA 肽包裹 mRNA 并将其有效地递送到树突状细胞，RALA-mRNA 纳米复合物从内体逸出并在细胞质中表达 mRNA，促进抗原特异性 T 细胞增殖，最终在体内唤起 T 细胞免疫（见图 7-4-6）。

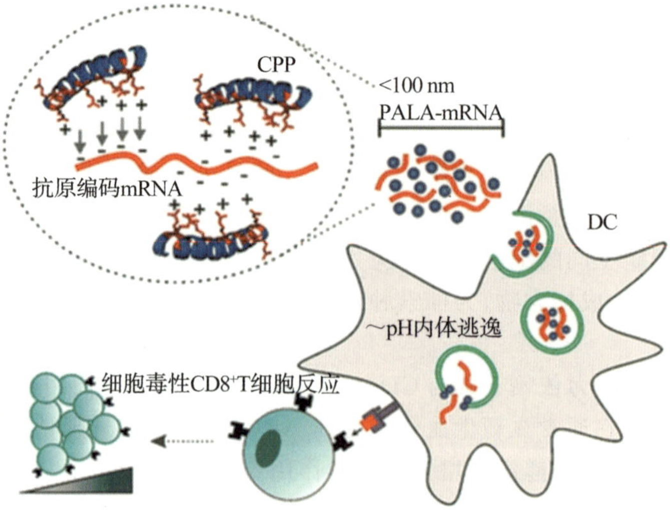

图 7-4-6　RALA 肽将 mRNA 浓缩成纳米颗粒在树突状细胞胞质中释放 mRNA，促进抗原特异性 T 细胞增殖[18]

2.LAH4 的肽

利用具有膜破坏能力的膜活性肽破坏内体膜也可以实现内体逃逸。有学者致力于开发富含组氨酸残基的 pH 响应型阳离子两亲膜活性肽，用于基因传递。他们设计了多种基于 LAH4 的肽，这些肽已被证明能够与质粒 DNA 结合并促进其细胞摄取和内体逃逸。其中，LAH4 的一些衍生肽不仅具有与质粒 DNA 结合的能力，而且具有很强的 siRNA 和 mRNA 递送能力。

3.具有 α 螺旋两亲性结构的抗菌肽（AMP）

Cirillo 等[19]设计了一种短阳离子两亲性 α 螺旋肽 G（IIKK）3I-NH2，其具有内体逃逸能力且对结肠癌细胞有高亲和力。当与带负电荷的 DPPG 小单层囊泡相互作用时，肽折叠成 α 螺旋结构，有助于携带核酸穿过细胞膜并实现内体逃逸，从而能够保护和选择性地将 siRNA 递送到癌细胞。

（四）核定位信号（NLS）肽

在基因递送中，siRNA 和 mRNA 可以在内体逃逸后直接在细胞质中发挥治疗作用。对于质粒 DNA 和 DNA 来说，需要进一步转移到细胞核中才能实现其治疗效果。协助 DNA 进入细胞核是评估非病毒基因载体递送能力的关键因素。蛋白质等大分子由于来自核包膜的强阻抗而无法直接进入细胞核，它们进入细胞核的运输必须由核孔复合物（NPC）调节。当蛋白质进入细胞核时，蛋白质上的 NLS 肽（一种短阳离子肽序列）可以被相应的核转运蛋白识别，这有助于它们在转运蛋白和核蛋白的帮助下通过 NPC 到达细胞核。基于此，将 NLS 肽序列引入非病毒载体可以实现将治疗 DNA 有效递送到细胞核中。

NLS 肽可分为两类：单分子 NLS（MP NLS）和二分子 NLS（BP NLS）。MP NLS 肽通常与 CPP 结合以制备载体，这些载体可以促进跨膜转运、核定位并进一步实现 pDNA 的靶向递送。

NLS 肽作为一种核靶向肽，可以特异性地将载体转运到细胞核中，从而使 Cas9/sgRNA 质粒能够准确地递送到肿瘤部位。研究表明，NLS 肽与其他非病毒载体的组合可以显著提高 Cas9/sgRNA 的基因编辑能力。例如，使用 NLS 肽和 AS1411 适配体作为递送载体，Cas9/sgRNA 可以在靶向肿瘤细胞中实现有效的基因组编辑，下调 FAK 蛋白在肿瘤细胞中的表达，从而导致肿瘤细胞凋亡（见图 7-4-7）。

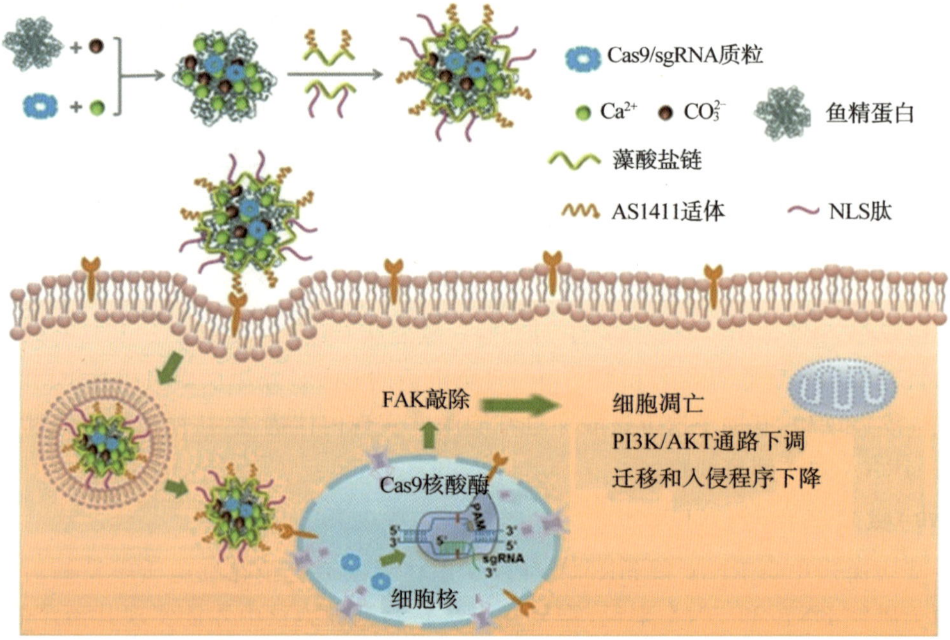

图 7-4-7 采用自组装法制备 Cas9/sgRNA 质粒基因递送系统，通过 NLS 肽靶向将质粒特异性递送到肿瘤细胞核，将蛋白质酪氨酸激酶 2(PTK2)基因敲除，使其与下调的局部黏附激酶(FAK)结合[20]

（五）其他多肽

迄今为止，使用肽、蛋白质、树突状聚合物和脂质体等材料开发非病毒载体已经取得诸多成就，虽然基因转导效率有所提高，但基因表达水平仍远低于病毒载体，无法满足临床要求。然而，病毒载体固有的毒性、免疫原性和复杂的制备工艺极大地限制了其临床应用。由于肽具有良好的生物相容性和低细胞毒性，越来越多的研究集中在通过肽和核酸的共组装来模仿病毒结构。

1.环肽自组装纳米胶囊

受球形病毒的启发，有学者发现番茄丛矮病毒十二面体骨架形成的 24-mer β 环肽可以自发组装成大小为 30～50 nm 的球形人造病毒样衣壳。人造病毒样衣壳的阳离子内部是中空的，可以有效地封装 DNA 分子。使用 β 环 GGGCG 肽作为 AuNP 的结合位点，可自组装成直径为 50 nm 的纳米胶囊。该策略扩展了人工病毒样衣壳的设计，可进一步用于核酸分子的递送。

2.冠状病毒样颗粒

使用从头设计方法设计了一种包含一段人工赖氨酸衣壳的三嵌段肽 C-S10-B。通过静电相互作用，与单链或双链 DNA 的磷酸盐相互作用，共组装成冠状病毒样颗粒，模仿病毒衣壳蛋白的相应功能。

五、临床试验

每种候选 NP 疫苗都需要通过一系列临床试验来评估其在人体中的安全性、免疫原性和保护效力。表 7-4-1 列举了目前正在进行不同阶段临床试验的 NP 疫苗疗法。显然，许多是基于脂质体的，这显示出完善和改进基于聚合物、无机物和肽的 NP 的临床应用前景。此外，只有少数涉及 NP 的临床试验是基于核酸的，表明通过上述 NP 和核酸设计的改进，仍然有很大的机会在临床上填补 NP 介导的核酸递送的空白。

表 7-4-1　已经或正在进行临床试验的纳米颗粒疫苗[20]

名称	疾病类型	临床试验阶段	NCT 编号	药物类型	阶段	是否属于核酸 NP 疫苗
2019nCoV-101	SARS CoV-2 感染	Ⅱ期临床试验	NCT04368988	重组三聚体刺突蛋白	招募	否
w_oval	卵巢癌	Ⅰ期临床试验	NCT04163094	脂质体	招募	是
ConM SOSIPv7 gP140	HIV-1 感染	Ⅰ期临床试验	NCT03961438	脂质体	招募	否
mRNA-1273	SARS CoV-2 感染	Ⅲ期临床试验	NCT04470427	脂质体	招募	是
L.BLP25	肺癌	Ⅱ期临床试验	NCT00828009	脂质体	进行中，未招募	否
RSV-F Vaccine	呼吸道合胞病毒感染	Ⅱ期临床试验	NCT01704365	重组 RSV 融合蛋白纳米颗粒	已完成	否
DNA PEI polyplex Vaccination	复发性神经母细胞瘤	Ⅰ期临床试验	NCT04049864	DNA-PEI 聚合物	招募	是
PAN-301-1	前列腺癌	Ⅰ期临床试验	NCT03120832	蛋白质定向纳米颗粒疫苗	已完成	否
NanoFlu	流行性感冒	Ⅰ期临床试验	NCT03293498	重组三价纳米颗粒流感疫苗	已完成	否
CMP-001	黑色素瘤	Ⅱ期临床试验	NCT04387071	VLP 包封 TLR9 激动剂	尚未招募	是

mRNA 疫苗技术的市场前景在应对新冠病毒感染中得到较大提升。2020 年是 mRNA 技术平台的突破元年，新冠病毒 mRNA 疫苗的推出和广泛使用极大提升了 mRNA 疫苗的融资和市场活力。

目前开发中的 mRNA 制剂有 2 个主要应用：预防性疫苗、治疗性疫苗。截至 2021 年 7 月，31 家 mRNA 公司的 180 个在研产品中，76 个为预防性疫苗，32 个为治疗性疫苗（见图 7-4-8）。

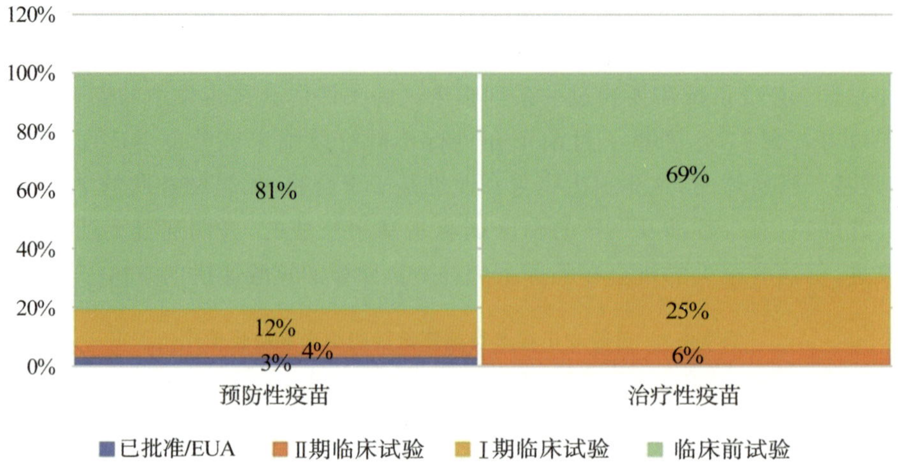

图 7-4-8 全球 mRNA 产品所处临床阶段的分布[20]

76 个预防性疫苗中，新冠病毒疫苗占据 22 个，其他感染性疾病疫苗 40 个，未知 14 个。32 个治疗疫苗中，21 个为肿瘤疫苗，其中 16 个为单一癌种疫苗，5 个为个性化肿瘤疫苗。

第五节　观点、挑战和结论

核酸疫苗为将来安全、高效地接种疫苗带来可能。减毒活疫苗是既激活体液免疫又激活细胞免疫反应效果最好的疫苗种类之一。亚单位疫苗已成功地产生了针对病原体的体液免疫作用，但是它们并不产生细胞免疫作用，而且往往需要佐剂来增强抗原免疫原性。在某些慢性疾病中，产生细胞免疫对于破坏细胞间病原体库至关重要。减毒活疫苗的一个显著缺点是它们在免疫抑制个体中引起疾病的潜在风险，虽然较为罕见但实在令人担忧。因此，通常建议免疫抑制患者不要接种减毒活疫苗。mRNA 和 DNA 疫苗已被开发以期同时解决安全性和有效性问题。

核酸疫苗已被证明可以诱导细胞和体液免疫（如减毒活疫苗），同时也是安全的（如亚单位疫苗），因为它们不包含病原体的全部或部分成分。与减毒活疫苗和灭活疫苗等传统疫苗相比，核酸疫苗的另一个优势是能够快速生产。传统疫苗在制造过程中会出现安全问题，例如有可能受到活病原体的污染。简便且安全的核酸疫苗生产技术是它被广泛研究的一个重要原因，同时核酸疫苗可以快速适应变化的致病株以及具有廉价和快速生产能力等优点。由于与用于 DNA/mRNA 递送的病毒载体相关的限制，非病毒载体，尤其是使用不同的材料（包括脂质、聚合物、无机分子、肽及其组合）制备的具有各种有利于递送特性的纳米颗粒制剂被开发出来。目前 NP 递送策略显示出巨大创造力和独创性，可用于优化有效载荷保护、内涵体逃逸、APC/LN 靶向和转染效率。将核酸靶向递送至DC大大增强了免疫应答,这只是基于NP递送的另一个方面。

自新冠病毒感染暴发以来,针对基于核酸的疫苗的探索和开发出现了爆炸性增长,以满足对可以快速转变的合适和有效疫苗的需求。随着基于核酸的疫苗设计和修饰技术的进步,已经开发了多种纳米颗粒,并在临床前和临床研究中用作核酸疫苗的载体。到目前为止,一些开发的纳米颗粒制剂已在动物实验和临床研究的早期阶段证明了核酸疫苗递送的有效性。然而,仍然存在需要解决的挑战。首先,需要进一步研究NP介导的递送过程的详细机制,以促进内涵体逃逸(用于mRNA疫苗)和核转运(用于DNA疫苗),从而提高转染效率。值得注意的是,在疫苗开发过程中,转染效率不是我们需要考虑的唯一参数。理解转染细胞有效促进保护性免疫应答的生物学过程对于开发和设计新一代核酸疫苗至关重要。

另一个挑战是实现单一或不同核酸疫苗组合的体内靶向递送至相同的目标免疫细胞。多种配体被修饰到NP表面使NP疫苗具有靶向能力,已显示出增强免疫效果的潜力。尽管在动物实验中观察到有效免疫,但可能不适用于人类。由于人和动物模型之间免疫系统的差异,需要对NP处方、核酸剂量和给药途径进行综合评价,以确定人体试验中预期免疫应答的最佳参数。研究人员已经使用脂质体、聚合物、无机物和基于肽的纳米颗粒进行了新的研究,它们有各种各样的形态、大小和修饰,都旨在提高核酸递送的有效性,但缺乏全面的研究来比较所有不同的核酸递送平台,这项研究会为设计最佳的NP介导的核酸疫苗以及预测体内免疫应答提供有价值的指导。最后,优化NP制剂安全性特征的同时保持其疫苗有效性也至关重要。

由于新型冠状病毒大流行导致的许多疫苗在政府层面快速跟进,包括走向Ⅲ期临床试验的基于NP的mRNA疫苗,显著加速了核酸疫苗NP的合理设计和临床试验。如果这种趋势持续下去,第一代NP核酸疫苗即将出现。基于之前在临床开发过程中的成功经验和对NP介导的核酸疫苗诱导的免疫应答的更好理解,对DNA/mRNA有效载荷和NP处方设计的进一步改进将更高效地产生可用的疫苗,在针对传染病和癌症的响应中可能仅需要数月的时间来开发。尽管新冠病毒感染在全球范围内造成了巨大的损害和生命损失,但它也促进了世界设计疫苗新技术和概念的进步。通过解决上述问题,我们相信未来将发掘NP介导的核酸疫苗的全部潜力。核酸疫苗技术在多个领域展示出了不可忽视的潜力,未来设计和优化的核酸疫苗,能够针对每种疾病诱导出适当类型的免疫反应,以实现最大的疗效。

参考文献

[1]PARDI N,HOGAN M J,PORTER F W,et al. mRNA vaccines —a new era in vaccinology[J].Nat Rev Drug Discov,2018,17(4):261-279.

[2]SAHIN U,KARIKÓ K,TüRECI Ö. mRNA-based therapeutics—developing a new class of drugs[J].Nat Rev Drug Discov,2014,13(10):759-780.

[3]ZHOU D W, WANG K, ZHANG Y A, et al. mRNA therapeutics for disease therapy: principles, delivery, and clinical translation[J].J Mater Chem B, 2023, 11(16): 3484-3510.

[4] KOWALSKI P S, RUDRA A, MIAO L, et al. Delivering the messenger: advances in technologies for therapeutic mRNA delivery[J]. Mol Ther, 2019, 27(4): 710-728.

[5]BEZBARUAH R, CHAVDA V P, NONGRANG L, et al. Nanoparticle-based delivery systems for vaccines[J].Vaccines (Basel), 2022, 10(11): 1946.

[6]PARDI N, HOGAN M J, PORTER F W, et al. mRNA vaccines-a new era in vaccinology[J].Nat Rev Drug Discov, 2018, 17(4): 261-279.

[7]ZHANG C, MARUGGI G, SHAN H, et al. Advances in mRNA Vaccines for infectious diseases[J].Front Immunol, 2019, 10: 594.

[8]ALBERER M, GNAD-VOGT U, HONG H S, et al. Safety and immunogenicity of a mRNA rabies vaccine in healthy adults: an open-label, non-randomised, prospective, first-in-human phase 1 clinical trial[J].Lancet, 2017, 390(10101): 1511-1520.

[9]KOWALSKI P S, RUDRA A, MIAO L, et al. Delivering the messenger: advances in technologies for therapeutic mRNA delivery[J].Mol Ther, 2019, 27(4): 710-728.

[10]KUTZLER M A, WEINER D B. DNA vaccines: ready for prime time[J].Nat Rev Genet, 2008, 9(10): 776-788.

[11]MARTIN J E, SULLIVAN N J, ENAMA M E, et al. A DNA vaccine for Ebola virus is safe and immunogenic in a phase Ⅰ clinical trial[J].Clin Vaccine Immunol, 2006, 13 (11): 1267-1277.

[12]LI B, LUO X, DENG B, et al. An Orthogonal array optimization of lipid-like nanoparticles for mRNA delivery in vivo[J]. Nano Lett. 2015, 15(12): 8099-8107.

[13]CORBETT K S, EDWARDS D K, LEIST S R, et al. SARS-CoV-2 mRNA vaccine design enabled by prototype pathogen preparedness[J]. Nature. 2020, 586(7830): 567-571.

[14]ZHAO K, SUN B, SHI C, et al. Intranasal immunization with O-2′-Hydroxypropyl trimethyl ammonium chloride chitosan nanoparticles loaded with Newcastle disease virus DNA vaccine enhances mucosal immune response in chickens[J]. J Nanobiotechnology. 2021, 19 (1): 240.

[15]HINES E, CHENG D, WU W, et al. Rambutan-like silica nanoparticles at tailored particle sizes for plasmid DNA delivery[J]. J Mater Sci.2021; 56, 5830-5844.

[16]MUTHUMANI K, FALZARANO D, REUSCHEL E L, et al. A synthetic consensus anti-spike protein DNA vaccine induces protective immunity against Middle East respiratory syndrome coronavirus in nonhuman primates[J]. Sci Transl Med, 2015, 7(301): 301ra132.

[17]MCERLEAN E M, ZIMINSKA M, MCCRUDDEN C M, et al. Rational design and characterisation of a linear cell penetrating peptide for non-viral gene delivery[J]. J Control Release. 2021,330:1288-1299.

[18]LIN F,SHEN X,MCCOY J R,et al. A novel prototype device for electroporation-enhanced DNA vaccine delivery simultaneously to both skin and muscle[J].Vaccine,2011,29(39):6771-6780.

[19]CIRILLO S, TOMEH M A, WILKINSON R N, et al. Designed Antitumor Peptide for Targeted siRNA Delivery into Cancer Spheroids[J]. ACS Appl Mater Interfaces. 2021,13(42):49713-49728.

[20]TAYLOR G,BRUCE C,BARBET A F,et al. DNA vaccination against respiratory syncytial virus in young calves[J].Vaccine,2005,23(10):1242-1250.

第八章　展　望

第一节　核酸药物的应用机遇

核酸药物属于生物药品，核酸药物治疗是继手术治疗、放疗、化疗之后用于疾病治疗的一类新型生物治疗方法。生物治疗包括疫苗和血液制品治疗、抗体药物治疗、干细胞和免疫细胞治疗、基因治疗和核酸药物治疗等。当前国内外上市品种较多的核酸药物类型主要为小核酸药物和 mRNA 药物[1]。

核酸类药物的发展历史可以追溯到 20 世纪 50 年代，过去几十年，核酸类药物的发展步步艰辛。1978 年哈佛大学科学家 Zamecnik 等发现 ASO 可以抑制肉瘤病毒复制，首次提出了 ASO 的概念。1998 年，美国 FDA 批准了首款基因治疗药物 Vitravene (Fomivirsen)。Vitravene 是一种 ASO 药物，可用于治疗局部免疫缺陷患者(包括获得性免疫缺陷综合征患者)的巨细胞病毒视网膜炎，但由于开发了更高效抗逆转录病毒治疗药物，Vitravene 于 2002 年退出欧洲市场，2006 年退出美国市场[2]。1998 年，美国斯坦福大学医学院的安德鲁·法尔(Andrew Fire)和马萨诸塞大学医学院的克雷格·梅洛(Craig Mello)两位科学家首次揭示了 RNA 干扰现象，并在 8 年后获得诺贝尔生理学或医学奖。过去几十年中，整个领域经历了突破性的发展，技术逐步成熟。后来人们开始关注 siRNA 药物在疾病精准治疗领域的潜力，各大制药公司纷纷开始开展 siRNA 药物的研发工作。其中，Onpattro(Patisiran)是包含 19 个碱基对的双链 siRNA，可被制成脂质纳米复合物后递送至干细胞。Onpattro 能够与转甲状腺素蛋白(transthyretin，TTR)的 mRNA 的基因保守序列特异性结合，特异性沉默 TTR 的表达，从而抑制 TTR 蛋白的产生、减少周围神经中淀粉样沉积物的积累，用于治疗 hATTR。该药由 Alnylam 制药公司研发，于 2018 年 8 月获批上市，这是美国 FDA 批准的首个治疗 hATTR 的药物，也是全球首例获批上市的 siRNA 药物[3]。该事件标志着继小分子化合物、单克隆抗体蛋白类药物后，人类在前沿生物制药领域实现了新的突破，意味着 RNA 干扰疗法从基础研究到临床治疗的开发全过程实现首次贯通，具有里程碑式的意义。

新型冠状病毒疫情加速了核酸药物的上市，新冠病毒感染全球暴发后，BioNTech 和辉瑞共同研发的 Comirnaty(Tozinameran)以及 Moderna 研发的 Spikevax(Elasomeran)两款 mRNA 新冠病毒疫苗获得美国 FDA 紧急使用授权[4,5]。其中,Comirnaty 于 2020 年 12 月首次获美国 FDA 紧急使用授权,2021 年 8 月获得美国 FDA 批准生物制品许可证申请,成为全球首个正式获批的拥有完整Ⅲ期临床数据的新冠病毒疫苗;Spikevax 同样于 2020 年12 月首次获得美国 FDA 紧急授权,但是直到 2022 年 1 月,Spikevax 才获得美国 FDA 批准生物制品许可证申请,正式获批上市。值得关注的是,石药集团首款国产 mRNA 疫苗 SYS6006 于 2023 年 3 月在中国纳入紧急使用。临床试验证实 SYS606 的药物不良反应发生率较低,间隔 21 天给予初步和加强免疫被确定为 SYS606 的最佳策略[6]。

mRNA 疫苗研发的初衷是治疗癌症。早在 2017 年,BioNTech 公司就进行了基于 mRNA 的个性化癌症疫苗的首次临床试验。mRNA 技术借助全球新冠病毒感染而大放异彩。mRNA 药物的免疫原性、翻译效率、递送和稳定性等关键技术问题,在预防性疫苗开发过程中取得了巨大的进展。新冠病毒感染后期,大多数 mRNA 药企又将赛道切换回肿瘤领域。mRNA 治疗性肿瘤疫苗通过 mRNA 序列编码特定抗原并递送到体内,激活患者的自身免疫系统来杀伤肿瘤细胞。目前,采用 mRNA 技术平台研发的肿瘤疫苗有前列腺癌疫苗和三阴性乳腺癌疫苗[7]。其中,德国 Curevacs 公司开发的前列腺癌疫苗 CV9103 和 CV9104 已经成功进入了Ⅰ/Ⅱ期临床试验,这 2 款疫苗包括了前列腺特异性抗原(prostate specific antigen,PSA)、前列腺碱性磷酸酶(prostatic acid phosphatase,PAP)、前列腺特异膜蛋白抗原(prostate specific membrane antigen,PSMA)以及前列腺六段跨膜上皮抗原(six-segment transmembrane epithelial antigen of prostate 1,STEAP1)4 种前列腺癌相关抗原,在接受临床试验的 22 例患者中,从 41% 的接种者血液中检测到了 $CD4^+$ 和 $CD8^+$ 的 T 细胞免疫反应与转化生长因子-β(transforming growth factor-β,TGF-β)、白细胞介素 10(interleukin 10,IL-10)、吲哚胺 2,3-双加氧酶 1(indoleamine2,3-dioxygenase 1,IDO1)和血管内皮生长因子(VEGF)等免疫因子介导的免疫反应,提示前列腺癌 mRNA 疫苗诱导出了较强的抗肿瘤细胞免疫反应。

基于 mRNA 技术的新冠病毒疫苗及肿瘤疫苗能在新冠病毒感染和癌症治疗领域取得如此巨大的成功,采用 mRNA 平台应用于预防性疫苗和治疗性疫苗,除了极短的开发时间和高效的疗效之外,还有其他优势:首先是安全配置,抗原的表达通常只需要几天的时间,并且可以通过 mRNA 的设计进行调节,相对于减毒疫苗和载体疫苗,mRNA 疫苗更加可控。与基于 DNA 平台的方法不同,mRNA 疫苗不需要进入细胞核,因此基因组整合和诱变的风险较低。其次,mRNA 疫苗能够稳健地促进细胞免疫和体液免疫反应,并且可以通过 mRNA 的设计、递送系统的选择或其他方法在一定程度上调控免疫反应水平。此外,mRNA 疫苗和药物的设计过程中通过人工智能(artificial intelligence,AI)的助力,使疫苗的质量和免疫性得到很大的提高,使 mRNA 核酸药物产生的蛋白质替代药物更加高效,同时降低其毒副作用。

从商业化生产角度而言，mRNA 疫苗在生产环节方面也很有优势。虽然目标抗原不尽相同，但多数 mRNA 疫苗的制备纯化过程基本相似，凭借标准化的“套路”就能很快获得目标 mRNA 序列，进而大幅节省时间成本及研发、生产费用。实际上，mRNA 疫苗可凭借简单设备实现标准化量产，随用随制没有存储成本。相比传统疫苗 6～8 个月的生产周期，mRNA 疫苗有望在 40 天内完成样品的制备，3 个月内即可完成良好生产规范(GMP)生产及质量控制(QC)。而且标准化生产对场地要求低，尤其是化学方法合成核酸仅要求普通 GMP 场地即可，安全性高、批次间差异小，具有响应快速、廉价量产的优势，在应对新冠病毒感染等大规模流行性传染病中具有天然优势，这是传统疫苗难以比拟的。

近年来，全球上市的核酸药物数量逐年递增，尤其是 2020 年，获批数量多达 5 款。截至 2023 年 6 月 1 日，已有 22 款核酸药物获批上市，具体信息如表 8-1-1 所示[8]，其中有 16 款小核酸药物，包括 10 款 ASO 药物、5 款 siRNA 药物、1 款核酸适配体药物，以及 6 款 mRNA 疫苗。遗传疾病是目前获批最多的适应证类别，已上市核酸药物中有12 款针对遗传疾病、6 款针对传染性疾病、2 款针对眼科疾病、1 款针对心血管疾病、1 款针对代谢性疾病。

表 8-1-1　全球已上市的核酸药物[8]

分类	通用名	商品名	适应证	靶点	修饰/递送	获批年份
ASO	Fomivirsen	Vitravene	巨细胞病毒视网膜炎	CMVUL123	硫代	1998 年(已退市)
	Mipomersen	Kynamro	纯合子家族性高胆固醇血症	AP08	硫代/2′-MOE	2013 年(已退市)
	Nusinersen	Spinraza	脊髓性肌萎缩症	Exon 7 of SMN2	硫代/2′-MOE	2016 年
	Eteplirsen	Exondys 51	杜氏肌营养不良症	Exon 51 of DMD	PMO	2016 年
	Inotersen	Tegsedi	家族性淀粉样多发性神经病变	TTR	硫代/2′-MOE	2018 年
	Volanesorsen	Waylivra	家族性乳糜微粒血症	ApoC3	硫代/2′-MOE	2019 年
	Golodirsen	Vyondys 53	杜氏肌营养不良	Exon 53 of DMD	PMO	2019 年
	Viltolarsen	Viltepso	杜氏肌营养不良	Exon 53 of DMD	PMO	2020 年
	Casimersen	Amondys 45	杜氏肌营养不良	Exon 45 of DMD	PMO	2021 年
	Tofersen	Qalsody	肌萎缩侧索硬化症	SOD1	硫代/2′-MOE	2023 年

续表

分类	通用名	商品名	适应证	靶点	修饰/递送	获批年份
siRNA	Patisiran	Onpattro	家族性淀粉样多发性神经病变	TTR	LNP	2018 年
	Givosiran	Givlaari	急性肝卟啉病	ALAS1	GalNAc	2019 年
	Lumasiran	Oxlumo	原发性高尿酸血症 1 型	HAO 1	GalNAc	2020 年
	Inclisiran	Leqvio	高胆固醇血症	PCSK9	GalNAc	2020 年
	Vutrisiran	Amvuttra	转甲状腺素蛋白淀粉样变性多发性神经病变	TTR	GalNAc	2022 年
适配体	Pegaptanib	Macugen	新生血管性年龄相关性光斑变性	VEGF-165	PEG 修饰	2004 年（已退市）
mRNA	Tozinameran	Comirnaty	新型冠状病毒感染	SARS-CoV-2	LNP	2020 年
	Elasomeran	Spikevax	新型冠状病毒感染	SARS-CoV-2	LNP	2020 年
	HDT301	Gemcovac	新型冠状病毒感染	SARS-CoV-2	Nano-lipid-emulsion	2022 年
	ARCoVaX	AWcorna	新型冠状病毒感染	SARS-CoV-2	LNP	2022 年
	SW-BIC-213	斯维尔克	新型冠状病毒感染	SARS-CoV-2	LNP	2022 年
	SYS6006	—	新型冠状病毒感染	SARS-CoV-2	LNP	2023 年

第二节　核酸药物递送关键技术

核酸药物是人工合成的在基因或 RNA 水平上发挥作用的 DNA 或 RNA 片段。目前应用较多的核酸药物主要包括小核酸药物（ASO、siRNA）和 mRNA 药物。核酸药物能够根据核苷酸的序列信息调控机体的生物学功能，在细胞中表达或者调节机体内源基因。这一机制使得核酸类药物相较于传统小分子以及抗体类药物具有无可替代的优势，即无论目标分子的结构或定位如何，核酸药物都可以被设计并用来特异性靶向小分子或抗体无法触及的目标分子，进而弥补传统小分子及蛋白质药物受限于不可成药靶点的缺陷。此外，传统药物的靶点是蛋白质而非潜在的基因，治疗效果通常较为短暂。相比之下，核酸类药物通过基因添加、替换、抑制或编辑可以取得更为长期的疗效[9]。基于上述优势，核酸类药物的应用有望解决尚无药物治疗或难治性疾病的难题。1953 年，DNA 双螺旋结构被首次提出，在此后的几十年中，通过研发人员的努力，技术逐步成熟，整个领域取得了突破性的发展。

核酸药物具有传统药物所无法比拟的优异性能，但也面临诸多挑战。目前，核酸药物存在的主要问题是稳定性差，容易在机体内被核酸酶分解或由肾脏清除；其次，核酸类药物在体内的靶向性不强，不能精准到达目标细胞或组织，从而在实际应用中产生脱靶效应，引发不良反应并可能损伤机体；最后，核酸类药物由于自身电荷负电性，难以透过细胞膜到达胞内来发挥作用，并且进入细胞内的药物还可能面临被溶酶体水解的风险。目前，多数已获批准或正在进行Ⅲ期临床试验的核酸药物主要通过局部给药（包括鞘内给药）或全身循环肝脏给药的方式使用[10]。研究人员一直在努力探索如何将核酸药物高效地传递到其他组织。

核酸药物递送的关键技术在于如何克服上述提及的多种挑战，包括稳定性差、靶向性弱、难以穿透细胞膜以及被溶酶体水解等。这些技术挑战需要被精准解决，以确保核酸药物能够高效、安全地到达目标细胞或组织并发挥作用。为了增强核酸药物的稳定性并防止其被核酸酶降解，研究人员设计了多种递送系统。例如，GalNAc 共轭连接递送系统、脂质体纳米递送系统（包括小分子配体、抗体及其他分子）以及其他递送系统（如鱼精蛋白、高分子聚合物、无机纳米颗粒、外泌体、聚合物基质、病毒转染等）。这些递送系统旨在保护核酸药物，防止其被降解，并帮助其精准地到达目标细胞或组织。此外通过对核酸药物进行化学修饰，可以增强其稳定性，在防止其被核酸酶降解的同时提高其穿透膜的能力。这种修饰可以改变核酸药物的电荷性质，使其更容易穿透细胞膜，并避免被溶酶体水解。为了提高核酸药物的靶向性，研究人员通常会在递送系统中加入特定的配体或抗体，使其能够精准地识别并结合目标细胞或组织的受体。这样可以确保药物能够精准地到达目标部位，减少不良反应并提高疗效。通过优化递送系统和化学修饰，可以降低核酸药物的给药剂量，从而减少其不良反应。这不仅可以提高患者的耐受性，还可以降低治疗成本。

第三节　核酸药物递送关键技术面临的挑战

随着科学技术的蓬勃发展，药物递送技术不断突破并逐步走向成熟，这为众多核酸类药物的临床转化提供了推动力，使得目前相关的临床前研究和临床转化得以稳步推进。但核酸药物递送的关键技术仍面临多方面的挑战，这些挑战限制了核酸药物的进一步发展和临床应用。

在早期研究中，因为许多核酸类药物未经化学修饰便直接应用于动物体内，导致它们往往无法达到预期的治疗效果，甚至产生脱靶效应。目前，核酸化学修饰策略已广泛应用于各类核酸类药物，如 mRNA、siRNA 以及 ASO 等，显著提升了这些药物在疾病治疗中的效果。然而，尽管化学修饰能够在一定程度上增强核酸类药物的稳定性、亲和力和递送效率，但由于其大尺寸、负电荷和亲水性的特性，这些药物的细胞通透性仍然很差，难以跨越细胞膜进入细胞，从而限制了其在体内的疗效发挥。

核酸药物递送系统的安全性是限制核酸药物临床应用的关键问题。首先，递送系统，尤其是基于纳米颗粒或病毒载体的系统，可能引起机体的免疫反应。这种免疫反应可能是轻微的局部炎症，但也可能是严重的全身性免疫反应等。其次，某些递送系统具有细胞毒性，导致细胞死亡或功能受损，从而引发一系列不良反应，包括组织损伤和器官功能障碍。另一项重大挑战是基因整合风险，对于基于病毒载体的递送系统，存在基因整合到宿主细胞基因组的风险。这可能导致基因突变、基因激活或基因沉默等不可预测的后果。此外，递送系统需要能够高效、准确地将核酸药物递送到目标细胞或组织。如果递送效率低下或准确性不足，可能导致药物在非目标部位积累，从而引发不良反应。最后，核酸药物递送系统的长期安全性也是一个重要问题，长期使用可能导致不可预测的不良反应或药物耐受性。

为了解决这些安全性问题，研究人员正在不断探索和创新递送技术。例如，通过基因工程改造病毒载体以降低其免疫原性和基因整合风险；开发新型纳米递送系统以提高递送效率和准确性；采用组合递送策略以提高药物疗效和降低不良反应等。这些进展有望推动核酸药物递送技术的不断进步，为核酸药物的临床应用提供更安全的解决方案。

尽管单独的核酸修饰或递送载体在克服技术障碍方面存在一些不足，但将核酸的化学结构修饰与药物递送系统相结合，为核酸类药物实现更好的治疗效果提供了希望。然而，这一策略的技术复杂性和临床转化的成本也随之上升[11]。因此，研究人员正致力于开发更加简单实用、高效且低毒的核酸药物载体和核酸化学修饰方法，以实现核酸药物的精准靶向递送。这些努力使得核酸类药物递送成为一个充满挑战和潜力的研究领域，值得进一步探索和深入研究。

第四节　前景及展望

在对抗疾病的历史进程中，传统药物多将蛋白质作为药物靶点。然而，人体内许多“致病蛋白质”为不可成药靶点，因此许多疾病缺乏有效的治疗手段。为了解决这一问题，人们根据中心法则，利用核酸分子的翻译或调控功能，开发了核酸药物，以解决“不可成药”靶点带来的未被满足的临床需求。近年来，多款重磅核酸药物相继问世，在治疗代谢性疾病和预防传染性疾病方面展现出前所未有的应用价值。

但核酸药物由于不稳定且分子结构较大，带有负电荷，容易被核酸酶降解，较难穿透细胞膜等特性，曾在 2009～2013 年间因安全问题和递送系统问题陷入低谷期。核酸药物研发过程中的不同问题需要相应的技术加以解决。按照核酸药物研发流程的顺序，核心技术分为RNA设计、化学修饰、递送、合成及制剂技术。其中递送系统技术是保证核酸药物的有效性和安全性的关键，在保护RNA结构、增强靶向能力、降低给药剂量和减少不良反应等方面发挥重要作用。在进入临床阶段的管线中，GalNAc共轭连接递送系统凭借其针对肝部优异的靶向性能，在小核酸药物中占据主导地位，LNP则是mRNA药物中最常见的递送系统。脂质纳米颗粒对大多数细胞几乎没有毒性，但在某些情况下仍然会产生肝脏不良反应，有待进一步优化。递送技术的创新突破有助于促进核酸药物不同给药途径的开发。目前研发的核酸药物递送平台，包括偶联递送系统、siRNA/化学药物偶联物的不同组合、肽配体肿瘤靶向、纳米颗粒载体系统的高度优化组合以及通过呼吸道给药进行疾病治疗等，将推动递送技术和多种给药途径（包括皮下注射、静脉注射、雾化吸入、瘤内注射等）的共同发展。

我国核酸药物的研究起步相对较晚，但由于国内患者群体基数大、需求多，未来对于核酸药物的探索研发有待迎来新的突破。尽管目前仍面临众多挑战，但随着技术的不断创新与发展，未来核酸药物将会对更多罕见病乃至常见病产生革命性的影响。

参考文献

[1]KULKARNI J A，WITZIGMANN D，THOMSON S B，et al. The current landscape of nucleic acid therapeutics[J]. Nat Nanotechnol，2021，16(6)：630-643.

[2]HOLMLUND J T. Applying antisense technology：Affinitak and other antisense oligonucleotides in clinical development[J]. Ann N Y Acad Sci，2010，1002(1)：244-251.

[3]SUHR O B，COELHO T，BUADES J，et al. Efficacy and safety of patisiran for familial amyloidotic polyneuropathy：a phase Ⅱ multi-dose study[J]. Orphanet J Rare Dis，2015，10(109).

[4]BADEN L R，EL SAHLY H M，ESSINK B，et al. Efficacy and safety of the mRNA-1273 SARS-CoV-2 Vaccine[J]. N Engl J Med，2021，384(5)：403-416.

[5]MOREIRA E D，KITCHIN N，XU X，et al. Safety and efficacy of a third dose of BNT162b2 Covid-19 vaccine[J]. N Engl J Med，2022，386(20)：1910-1921.

[6]XU K，LEI W，KANG B，et al. A novel mRNA vaccine，SYS6006，against SARS-CoV-2[J]. Front Immunol，2022，13：1051576.

[7]RAUSCH S，SCHWENTNER C，STENZL A，et al. mRNA vaccine CV9103 and CV9104 for the treatment of prostate cancer[J]. Hum Vaccin Immunother，2014，10(11)：3146-3152.

[8]毛化.核酸药物行业发展现状及前景展望[J].张江科技评论，2023(3)：66-69.

[9]谭蔚泓.核酸药物的机遇与挑战[J].张江科技评论,2023(3):1.

[10]董志辉,许小丁.核酸药物研究进展及挑战[J].实用医学杂志,2022,38(11):1305-1308.

[11]王峻峰,谭曼曼,王颖,等.核酸类药物的修饰和递送研究进展[J].浙江大学学报(医学版),2023,52(04):417-428.